高职高等专科规划教材

建筑CAD

（第3版）

JIANZHU CAD

主　编　刘冬梅　陈明杰
　　　　　李艳丽
副主编　苗　飞　司效英
　　　　　徐成贤　张丹宁
　　　　　汤熙海

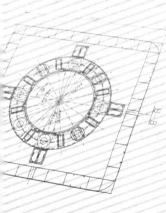

华中科技大学出版社
http://www.hustp.com
中国·武汉

内 容 简 介

本书是项目化教材,是以具体项目——绘制某住宅楼建筑施工图及 BIM 建筑基础模型为本书的主线和 AutoCAD 知识点及 Revit 基础知识点的载体,以完成项目的岗位工作过程为编排顺序编写而成的。本书分为四大部分:第一部分为运用 AutoCAD 绘制建筑施工图的方法、步骤及技巧;第二部分为运用建筑专业软件绘制建筑施工图的方法、步骤及技巧;第三部分为运用 AutoCAD 绘制简单建筑三维建筑效果图的方法、步骤及技巧;第四部分为运用 Revit 平台,创建 BIM 建筑基础模型的方法、步骤和技巧。

全书内容实用、专业性强,特别是将计算机绘图相关知识融于建筑施工图的绘制之中,而且采用了交互式教学方法和教学过程项目任务化的教学模式,为学生掌握运用计算机辅助设计的技能创造了良好的环境与平台。

为了方便教学,本书还配有教学课件等教学资源包,可以登录"我们爱读书"网(www.ibook4us.com)浏览,任课教师可以发邮件至 husttujian@163.com 索取。

本书适合于高职高专土建类及其相关专业的学生学习,既可作为成人教育土建类及其相关专业的教材,也非常适合于从事建筑工程等技术工作及对计算机辅助设计/绘图感兴趣的相关人员作为自学用书和业务参考书。

图书在版编目(CIP)数据

建筑 CAD/刘冬梅,陈明杰,李艳丽主编.—3 版.—武汉:华中科技大学出版社,2021.6(2023.1 重印)
ISBN 978-7-5680-3114-1

Ⅰ.①建… Ⅱ.①刘… ②陈… ③李… Ⅲ.①建筑设计-计算机辅助设计-AutoCAD 软件-高等职业教育-教材 Ⅳ.①TU201.4

中国版本图书馆 CIP 数据核字(2017)第 168000 号

建筑 CAD(第 3 版) Jianzhu CAD(Di 3 Ban)	刘冬梅　陈明杰　李艳丽　主编

策划编辑:康　序
责任编辑:康　序
封面设计:孢　子
责任监印:朱　玢
出版发行:华中科技大学出版社(中国·武汉)　　　　电话:(027)81321913
　　　　　武汉市东湖新技术开发区华工科技园　　　　邮编:430223
录　　排:武汉三月禾文化传播有限公司
印　　刷:武汉开心印刷有限公司
开　　本:787mm×1092mm　1/16
印　　张:19
字　　数:493 千字
版　　次:2023 年 1 月第 3 版第 3 次印刷
定　　价:48.00 元

本书若有印装质量问题,请向出版社营销中心调换
全国免费服务热线:400-6679-118　竭诚为您服务
版权所有　侵权必究

前言

本书打破了传统学科体系,根据本课程对应的岗位工作设计了本课程的项目任务——绘制某住宅楼建筑施工图和BIM建筑基础模型,并以此为AutoCAD和Revit知识点的载体,按照完成项目任务的岗位工作过程编排本书的章节顺序。同时根据这一章节顺序,对AutoCAD和Revit的知识点进行了重组。

在本课程项目任务的设计方面,编者本着涵盖AutoCAD和Revit的知识点更为广泛、全面、常用等原则,以设计、绘制某住宅楼建筑施工图和BIM建筑基础模型的项目任务为本书AutoCAD和Revit知识点的载体,并按岗位工作过程把项目任务划分为若干子项目,以此作为本书的章节顺序;以过程中子项目的成果作为本书中每个章节的成果任务要求。此外,书中还设计了课后拓展的项目任务,真正达到"学有所获,获有所用,用有所成"的学习目的,能够最大限度地调动学习者的兴趣与主观能动性。

在对AutoCAD和Revit的知识点进行重组方面,本书本着操作简单、使用率高的知识点先行,比较专业化,具有一定的使用条件的知识点后行,随着项目任务的深入,通过逐渐渗透的方式把AutoCAD和Revit的知识点糅合到每个子项目任务中。学生可在完成项目任务的过程中学习AutoCAD和Revit的知识点,并在学习过程中,一次次地接触、强化直至熟练掌握AutoCAD和Revit的知识点,真正达到"做中学、学中做、做中悟、悟中通"的学习境界。

本书的项目任务、CAD和Revit知识点和建议课时如下表所示。

章节	项目任务	知识点	建议课时
项目1	子项1.1 一间平房的一层平面图(轴线、墙线)的绘制	绘图命令(如直线),修改命令(如删除),标准(如视窗缩放与视窗平移),工具栏(如图层、特性、查询),菜单栏(如工具(选项-显示)、格式(图形界线)),状态栏(如正交、草图设置)	2~4
	子项1.2 建筑一层平面图(无文本、无尺寸)的绘制	①上述AutoCAD知识; ②新增AutoCAD知识点有绘图命令(如多线、圆、圆弧),修改命令(如修剪、移动、复制、镜像、分解、延伸、拉伸、圆角、倒角、旋转)	4~6
	子项1.3 建筑标准层平面图(无文本、无尺寸)的绘制	①上述AutoCAD知识; ②新增AutoCAD知识点有绘图命令(如矩形、椭圆、图案填充、渐变色),修改命令(如偏移)	2~4
	子项1.4 建筑屋顶平面图(无文本、无尺寸)的绘制	①上述AutoCAD知识; ②新增AutoCAD知识点有绘图命令(如多段线、正多边形),修改命令(如缩放、打断)	2~4

续表

章节	项目任务	知识点	建议课时
项目2	子项2.1 建筑平面图尺寸与文字的编辑	①上述AutoCAD知识； ②新增AutoCAD知识点有绘图命令（如创建块、插入块、属性块）	4～6
	子项2.2 建筑平面图的快速绘制	①上述AutoCAD知识； ②新增AutoCAD知识点有绘图命令（如多行文字），工具栏（如标注、样式），菜单栏（如格式（文字样式）、绘图（单行文本）、标注样式）	4～6
	子项2.3 图幅、图框、图标的绘制	①上述AutoCAD知识； ②新增AutoCAD知识点有编辑多段线	2～4
项目3	建筑立面施工图的绘制	①上述AutoCAD知识； ②新增AutoCAD知识点有修改命令（如阵列）	2～4
项目4	建筑剖面施工图的绘制	上述AutoCAD知识	4～6
项目5	建筑详图的绘制	上述AutoCAD知识	4～6
项目6	建筑施工说明、图纸目录等的编制	①上述AutoCAD知识； ②新增AutoCAD知识点有绘图命令（表格）	2～4
项目7	图形输出	上述AutoCAD知识	2
项目8	建筑三维图的绘制	①上述AutoCAD知识； ②新增AutoCAD知识点有绘图命令（如长方体、面域、拉伸），修改命令（如3D镜像、并集、差集、交集），工具栏（如建模、实体编辑、UCS、视图、视觉样式、图层）	4～6
项目9	BIM建筑基础建模	①上述AutoCAD知识； ②新增Revit知识点	12～26

本书由刘冬梅、陈明杰、李艳丽等编写，由南京科技职业学院刘冬梅、南通职业大学陈明杰、商丘职业技术学院李艳丽担任主编，由永城职业学院苗飞、内蒙古机电职业技术学院司效英、甘肃能源化工职业学院徐成贤、四川城市职业学院张丹宁、南京高等职业技术学校汤熙海担任副主编。其中，刘冬梅编写项目1中子项1.1和子项1.4、项目9及附录部分，陈明杰编写项目2和项目7，李艳丽编写项目8，苗飞编写项目1中子项1.2和子项1.3，徐成贤编写项目3，司效英编写项目5，张丹宁编写项目6，汤熙海编写项目4，全书由刘冬梅统稿。

为了方便教学，本书还配有教学课件等教学资源包，可以登录"我们爱读书"网（www.ibook4us.com）浏览，任课教师还可以发邮件至 husttujian@163.com 索取。

本书的出版，受到同行兄弟院校及华中科技大学出版社的大力支持，在此表示衷心的感谢。由于编写水平有限，错误疏漏之处在所难免，恳请广大的读者和同行批评指正。

编　者

2021年6月

目录

项目1　建筑平面图的绘制 ·· (1)
　　子项1.1　一间平房的一层平面图(轴线、墙线)的绘制 ······································ (2)
　　子项1.2　建筑一层平面图(无文本、无尺寸)的绘制 ··· (54)
　　子项1.3　建筑标准层平面图(无文本、无尺寸)的绘制 ····································· (81)
　　子项1.4　建筑屋顶平面图(无文本、无尺寸)的绘制 ·· (96)

项目2　建筑平面施工图的绘制 ··· (105)
　　子项2.1　建筑平面图尺寸与文字的编辑 ··· (106)
　　子项2.2　建筑平面图的快速绘制 ·· (128)
　　子项2.3　图幅、图框、图标的绘制 ·· (144)

项目3　建筑立面施工图的绘制 ··· (154)
　　子项3.1　AutoCAD的绘图基本知识 ··· (155)
　　子项3.2　建筑正立面图的绘制 ··· (159)
　　子项3.3　绘制建筑背立面施工图 ·· (164)

项目4　建筑剖面施工图的绘制 ··· (169)
　　子项4.1　不带楼梯的建筑剖面施工图的绘制 ·· (170)
　　子项4.2　带楼梯的建筑剖面施工图的绘制 ·· (176)

项目5　建筑详图的绘制 ··· (185)
　　子项5.1　建筑楼梯详图的绘制 ··· (186)
　　子项5.2　墙体详图的绘制 ·· (192)

项目6　建筑施工说明、图纸目录等的编制 ··· (198)
　　子项6.1　建筑施工说明的编制 ··· (199)
　　子项6.2　建筑施工图图纸目录的编制 ·· (200)

项目7　图形输出 ·· (207)
　　子项7.1　配置打印机 ··· (208)
　　子项7.2　打印图形文件 ·· (220)

项目 8　建筑三维图的绘制 …………………………………………………………… (222)
　　子项 8.1　认识三维绘图 ………………………………………………………… (223)
　　子项 8.2　某住宅楼三维建筑效果图的绘制 …………………………………… (229)
项目 9　BIM 建筑基础建模 ………………………………………………………… (241)
　　子项 9.1　认识 BIM …………………………………………………………… (242)
　　子项 9.2　某住宅楼 BIM 建筑基础模型的创建 ………………………………… (243)
附录 A　某住宅楼建筑施工图 ……………………………………………………… (272)
附录 B　某学生宿舍楼建筑施工图 ………………………………………………… (281)
附录 C　某综合楼建筑施工图 ……………………………………………………… (289)
参考文献 ……………………………………………………………………………… (298)

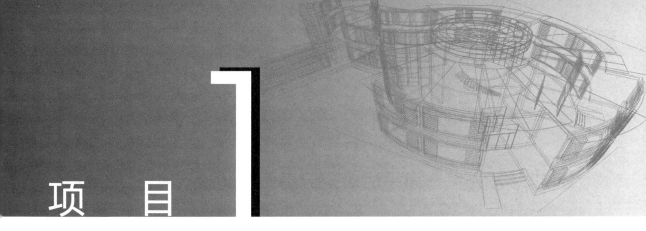

项目 1
建筑平面图的绘制

学习目标

☆ **项目目标**

绘制某住宅楼平面图（详见附录 A，无文本、无标注、无家具）。

☆ **能力目标**

绘制建筑平面图的能力。

☆ **CAD 知识点**

（1）绘图命令　直线（LINE）、多线（MULTILINE）、圆（CIRCLE）、圆弧（ARC）、矩形（RECTANG）、椭圆（ELLIPSE）、图案填充（BHATCH）、渐变色（GRADIENT）、多段线（PLINE）、正多边形（POLYGON）。

（2）修改命令　删除（ERASE）、修剪（TRIM）、移动（MOVE）、复制（COPY）、镜像（MIRROR）、分解（EXPLODE）、延伸（EXTEND）、拉伸（STRETCH）、圆角（FILLET）、倒角（CHAMFER）、旋转（ROTATE）、偏移（OFFSET）、缩放（SCALE）、打断（BREAK）。

（3）标准　视窗缩放（ZOOM）与视窗平移（PAN）。

（4）工具栏　特性、查询（INQUIRY）、图层（LAYER）。

（5）菜单栏　工具（选项（OPTIONS）-显示）、格式（图形界线（LIMITS））。

（6）状态栏　正交（ORTHO）、草图设置（DSETTINGS），草图设置包括捕捉与栅格、对象捕捉及追踪、极轴追踪、动态输入等的设置及其设置的开关。

（7）操作约定　在本书中作如下操作约定：
①单击为用鼠标左键单击；②双击为用鼠标左键双击；③右击为用鼠标右键单击；④右双击为用鼠标右键双击。

 一间平房的一层平面图(轴线、墙线)的绘制

【子项目标】
能够绘制图 1-40 所示的一间平房的一层平面图(无门窗、无文本、无标注)。
【能力目标】
具备绘制一间平房的一层平面图(轴线、墙线)的能力,并对此进行文件管理的能力。
【CAD 知识点】
(1) 绘图命令 直线(LINE)。
(2) 修改命令 删除(ERASE)。
(3) 标准 视窗缩放与视窗平移。
(4) 工具栏 特性、查询、图层(LAYER)。
(5) 菜单栏 工具(选项-显示)、格式(图形界线)。
(6) 状态栏 正交、草图设置,草图设置包括捕捉与栅格、对象捕捉及追踪、极轴追踪、动态输入等的设置及其设置的开关。

任务 1 认识 AutoCAD

认识 AutoCAD

一、AutoCAD 简介

AutoCAD(auto computer aided design)是由美国 Autodesk 公司 1982 年开发的自动计算机辅助设计软件,用于二维绘图、详细绘制、设计文档和基本三维设计,现已经成为国际上广为流行的绘图工具。.dwg 文件格式也成为二维绘图的事实标准格式。AutoCAD 在很多领域已替代了图板、直尺、绘图笔等传统的绘图工具,成为设计绘图人员所依赖的重要工具。尤其是建筑类专业,从过去的图板绘图时代到今天的计算机辅助设计绘图时代,AutoCAD 极大地改善了设计人员的绘图环境,提高了设计质量和工作效率,受到广大使用者的一致好评。建筑设计、制图等领域的相关工作者,要想使 AutoCAD 成为得力的助手,必须熟练掌握其基本技能和使用方法。目前,各行业在 AutoCAD 平台的基础上又开发了自己的绘图软件,使得 AutoCAD 的发展空间更为广阔,如建筑行业的天正软件、建筑设计软件 ABD、中望软件等。

(一) 安装 AutoCAD 的硬件配置

为了使 AutoCAD 的优越性能得到充分发挥,建议用户采用高性能的 CPU 处理器,至少配置 4 GB 内存,6.0 GB 的可用硬盘空间用于安装,1024×768 或更高分辨率(推荐 1600×1050)的显示器,并且配置光驱和鼠标,有条件的用户还可增加打印机或绘图仪等硬件。

(二) AutoCAD 的安装与启动

1. 安装 AutoCAD

AutoCAD 提供了安装向导,按照安装向导的操作提示逐步进行安装即可。

1) 具体操作

将 AutoCAD 的安装盘放入计算机的光驱中→双击桌面上"我的电脑"→单击光盘驱动器图标→单击(启动)AutoCAD 安装程序(Setup.exe)→选择安装产品→根据提示逐步单击"我接受"或"下一步",并且填入相关的内容→单击"完成"按钮。

2) 注意事项

(1) 默认安装直接选择安装即可,若需要自定义安装,请选择配置,在配置完成后点击"安装"按钮即可开始安装,在安装过程中要求关闭浏览器等相关程序,按提示来进行操作即可。

(2) 安装完成后要根据提示重新启动计算机以使配置生效。

(3) 第一次启动 AutoCAD 时,根据需要按要求注册激活。

2. 启动 AutoCAD

AutoCAD 可以在 Windows 7、Windows 8 和 Windows 10 操作环境下运行。软件安装后,系统自动在桌面上生成 AutoCAD 快捷图标。同时,"开始"菜单中也自动添加了 AutoCAD 命令,如图 1-1 所示。

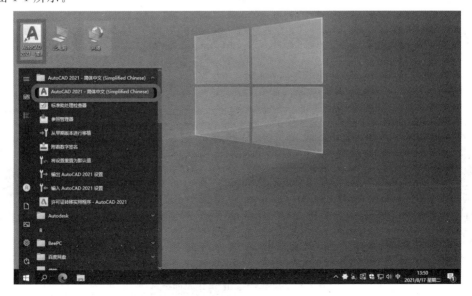

图 1-1 启动 AutoCAD

启动 AutoCAD 可用如下两种方式。

（1）双击桌面上的"AutoCAD 2021-简体中文（Simplified Chinese）"快捷图标，如图 1-1 所示。

（2）选择"开始"→"AutoCAD 2021-简体中文（Simplified Chinese）"命令，如图 1-1 所示。

（三）AutoCAD 的用户界面

启动 AutoCAD 之后，计算机将显示 AutoCAD 的应用程序窗口，AutoCAD 中文版为用户提供了四种工作空间模式。图 1-2 所示为"草图与注释"的工作空间界面，图 1-3 所示为"三维基础"的工作空间界面，图 1-4 所示为"三维建模"的工作空间界面，图 1-5 所示为"AutoCAD 经典"的工作空间界面。下面以"AutoCAD 经典"的工作空间界面为例，介绍 AutoCAD 的用户界面。

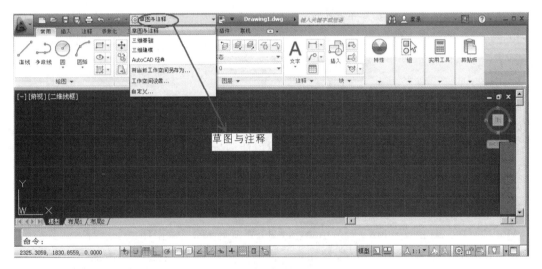

图 1-2　"草图与注释"的工作空间界面

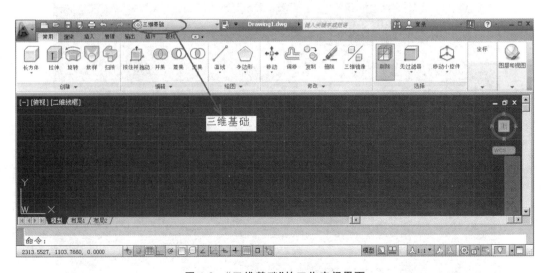

图 1-3　"三维基础"的工作空间界面

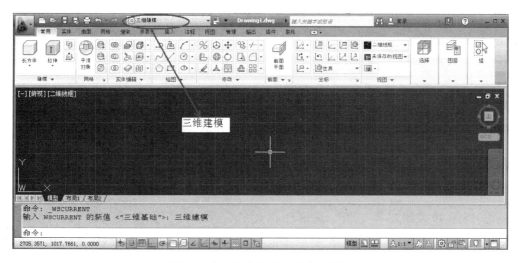

图 1-4 "三维建模"的工作空间界面

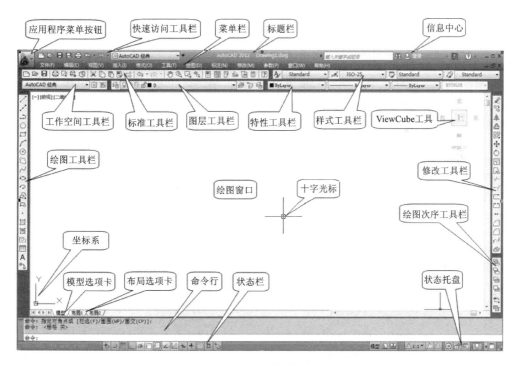

图 1-5 "AutoCAD 经典"的工作空间界面

1. AutoCAD 经典用户界面

AutoCAD 自 2009 版采用 Ribbon(功能区)工作界面后,将经典工作界面保留到 2014 版,用户可以方便地切换 Ribbon 工作界面和经典工作界面。AutoCAD 从 2015 版开始彻底取消了经典工作界面。下面以 AutoCAD 2016 版为例,介绍创建经典工作界面的方法和步骤,具体如下。

打开"AutoCAD 2016";选择左上角向下三角形" ",在下拉菜单中选择"显示菜单栏";选择"工具(T)"→"选项板"→" 功能区(B)"命令,关闭" 功能区(B)";选择"工具(T)"→"工具栏"→

"AutoCAD"命令;根据需要,分别勾选"标准""样式""特性""绘图""修改""绘图次序"等选项;选择"草图与注释"→"将当前工作空间另存为…"→"AutoCAD经典"命令。

用户需要使用经典工作界面,直接点击左下角齿轮小图标选择"AutoCAD经典"即可。

1) 标题栏

标题栏与其他Windows应用程序类似,标题栏用于显示AutoCAD的程序图标以及当前所操作图形文件的名称,图1-5中所示的标题栏为 AutoCAD 2012 Drawing1.dwg 。

2) 菜单栏

菜单栏位于标题栏的下面。菜单栏的左上边是应用程序菜单按钮,右上边是绘图窗口的最小化、还原和关闭操作按钮。菜单栏将大部分命令分门别类地组织在一起,是执行AutoCAD命令的一种方式。使用菜单时,单击菜单名称,打开下拉菜单,选择执行命令,再单击即可,图1-6所示为"绘图"下拉菜单。

下拉菜单中包括普通命令、级联菜单、对话框命令等三种命令形式,具体如下所述。

(1) 普通命令 普通命令无任何标记,选择该命令后即可执行该命令的相应功能。如图1-6所示,在菜单栏中的"绘图(D)"下拉菜单中,"直线(L)"、"多线(U)"、"圆环(D)"、"边界(B)…"等命令为普通命令。

(2) 级联菜单 级联菜单右端有一个黑色小三角,单击该菜单,将弹出下一级子菜单,可进一步在下一级子菜单中选取命令。如图1-6(a)所示,单击"圆(C)",弹出其下一级子菜单,可在此子菜单中选取命令。

(3) 对话框命令 对话框命令后带有"…",选择该命令将弹出一个对话框,用户可以通过对话框进行相应功能的操作。如图1-6(b)所示,选择"块(K)"→"创建(M)…"命令,弹出"块定义"对话框,如图1-7所示,在此对话框中可进行"创建(M)…"命令相应的功能操作。

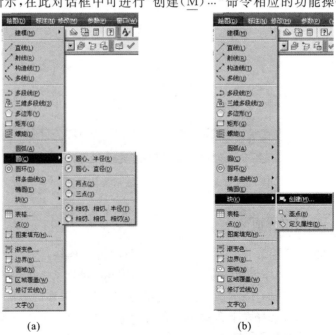

(a) (b)

图1-6 "绘图"下拉菜单

图 1-7 "块定义"对话框

3) 工具栏

AutoCAD 提供了 40 多个工具栏,每一个工具栏都是同一类命令的集合,工具栏上有一些形象化的按钮,单击某一按钮,可以启动 AutoCAD 的对应命令。

AutoCAD 界面中默认情况下显示 8 个工具栏,分别是"标准"工具栏(见图 1-8(a))、"样式"工具栏(见图 1-8(b))、"图层"工具栏(见图 1-8(c))、"工作空间"工具栏(见图 1-8(d))、"特性"工具栏(见图 1-8(e))、"绘图"工具栏(见图 1-8(f))、"修改"工具栏(见图 1-8(g))以及"绘图次序"工具栏。用户可以根据需要打开或关闭某一个工具栏,其方法是:将鼠标放在任一工具栏上并右击,弹出工具栏快捷菜单,单击某一个工具栏的名称,则可以打开(或关闭)该工具栏。此外,通过选择"工具(T)"→"工具栏"→"AutoCAD"命令,也可以打开 AutoCAD 的工具栏。

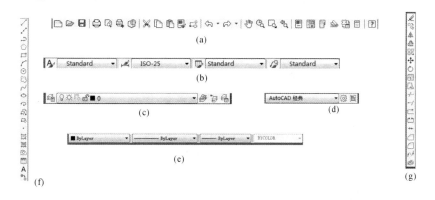

图 1-8 AutoCAD 的默认工具栏

4) 绘图窗口与十字光标

绘图窗口类似于手工绘图时的图纸,是用户用 AutoCAD 绘制、编辑并显示所绘图形的区域。当光标位于 AutoCAD 的绘图窗口时则显示为十字形或十形,所以又称为十字光标。其中,十字线的交点为光标的当前位置。当绘制图形时,光标显示为十字形,当拾取编辑对象时,光标显示为正方形的拾取框。

5）坐标系图标

坐标系图标通常位于绘图窗口的左下角，坐标系图标显示了当前坐标系的形式与坐标方向等。AutoCAD 中提供了世界坐标系（world coordinate system，简称 WCS）和用户坐标系（user coordinate system，简称 UCS）两种坐标系，其中世界坐标系为默认坐标系。

6）命令窗口

命令窗口是输入命令和显示命令提示信息的区域。AutoCAD 的所有命令和系统变量都可以通过命令行启动，与菜单和工具栏按钮操作等效，输入命令的名称或快捷方式，按回车键即可启动命令。默认时，命令窗口显示三个命令行，如图 1-9 所示，用户可以通过拖动窗口边框的方式改变命令窗口的大小，使其显示多于三行或少于三行的信息。

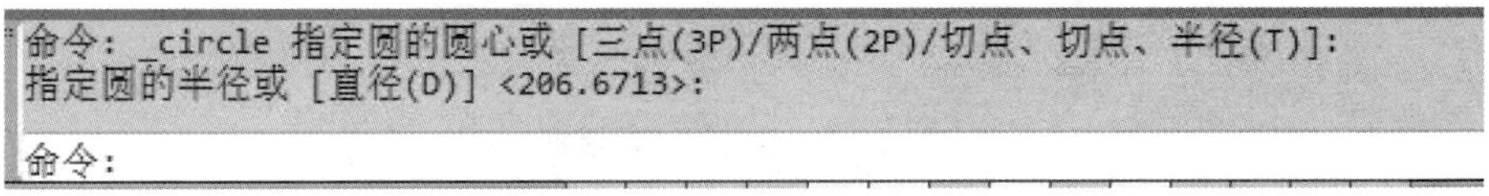
命令: _circle 指定圆的圆心或 [三点(3P)/两点(2P)/切点、切点、半径(T)]:
指定圆的半径或 [直径(D)] <206.6713>:
命令:

图 1-9　命令窗口

7）状态栏

状态栏用于显示或设置当前的绘图状态。状态栏上位于左侧的一组数字反映当前光标的坐标；中间部分各按钮从左到右分别表示推断约束、捕捉模式、栅格显示、正交模式、极轴追踪、对象捕捉、三维对象捕捉、对象捕捉追踪、动态 UCS、动态输入、显示（隐藏）线宽、快捷特性和选择循环等功能，如图 1-10 所示，按钮亮显表示启用该功能，暗显表示关闭该功能；右侧部分为状态栏托盘，提供了一些显示工具、注释工具和模型空间与图纸空间切换工具等，如图1-11所示。

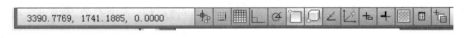

3390.7769, 1741.1885, 0.0000

图 1-10　状态栏

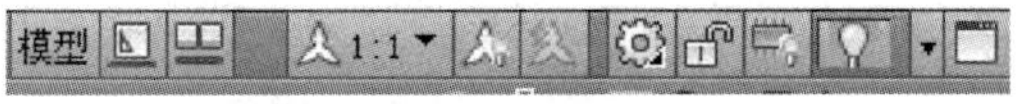
模型
1:1

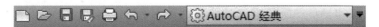

图 1-11　状态栏托盘

8）模型/布局选项卡

模型/布局选项卡用于实现模型空间与图纸空间的切换。

9）快速访问工具栏

快速访问工具栏提供对定义的命令集的直接访问的功能。默认状态下，快速访问工具栏包括工作空间控件、新建、打开、保存、另存为、放弃、重做、打印和特性匹配命令，如图 1-12 所示。用户也可以通过右边的下拉菜单添加、删除和重新定位命令和控件。单击快速访问工具栏中的工作空间下拉列表，可以切换工作空间，如图 1-12 所示表明当前位于“AutoCAD 经典”工作空间。

AutoCAD 经典

图 1-12　快速访问工具栏

10) 工具选项板

工具选项板是一个选项卡形成的区域,它提供了一种组织、共享、放置块及填充图案的有效方法。单击"标准"工具栏中的工具选项板窗口按钮 可以完成工具选项板的显现或关闭操作。

2. AutoCAD用户界面的修改

在AutoCAD用户界面,选择"工具(T)"→"选项…"命令,将弹出"选项"对话框,如图1-13所示。单击"显示"选项,切换到"显示"选项卡,其中包括"窗口元素"、"显示精度"、"布局元素"、"显示性能"、"十字光标大小(Z)"、"淡入度控制"等六个选项组,用户分别对其进行操作,即可以修改原有用户界面中的某些内容,下面将对常用内容修改的操作进行说明。

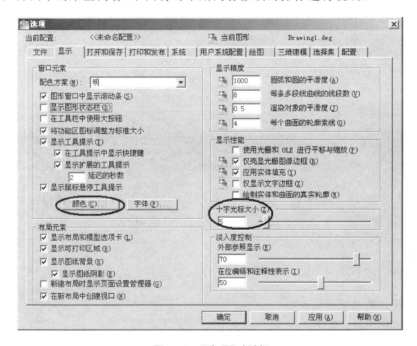

图1-13 "选项"对话框

1) 图形窗口中十字光标大小的修改

AutoCAD系统中预设的十字光标的大小为屏幕大小的5%,用户可以根据绘图的实际需要对其比例进行修改。其具体操作方法为:在"十字光标大小(Z)"选项组中的文本框中直接修改比例数值,或者拖动文本框右边的滑块,即可对十字光标的大小进行调整。

2) 图形窗口中背景颜色的修改

在默认情况下,AutoCAD的绘图窗口中背景颜色是黑色,窗口中的黑/白对象是白色。利用"选项"对话框中的"窗口元素"选项组,可对其背景、线条等的颜色进行修改,具体步骤如下。

(1) 单击"窗口元素"选项组中的"颜色(C)…"按钮,将弹出"图形窗口颜色"对话框,如图1-14(a)所示。

(2) 单击"颜色(C)"下拉列表框中的下拉箭头,弹出颜色下拉列表。如果在颜色下拉列表中选择"黑",此时预览中的背景将变成黑色,黑/白图素将变为白色,如图1-14(b)所示。单击"应用并关闭(A)"按钮,则AutoCAD的绘图窗口将变为黑色背景,黑/白图素将显示为白色。

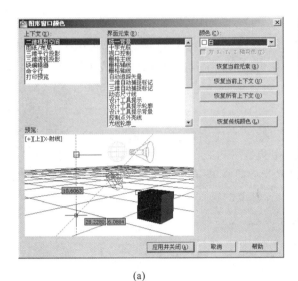 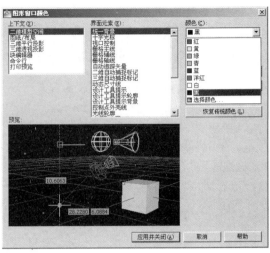

(a)　　　　　　　　　　　　　　(b)

图 1-14　图形窗口中背景颜色的修改

二、命令的使用与操作

在 AutoCAD 中，用户选择某一项或单击某个工具，在大多数情况下都相当于执行了一个带选项的命令，通常情况下，每个命令都不止一个选项，因此，命令是 AutoCAD 的核心。在绘图中，每一步操作基本上都是以命令形式来进行的。

（一）命令的激活

命令的激活方式有如下几种：
（1）选择菜单中的菜单项；
（2）在工具栏中单击命令按钮；
（3）在命令行中直接输入命令；
（4）在右键快捷菜单中选择相应的命令。

（二）命令的响应

命令被激活后，需要进一步的操作，比如给定坐标、选取对象、执行命令选项等，这些可以通过键盘输入、鼠标选取或右键快捷菜单等来响应。

1. 通过动态输入响应

AutoCAD 增加了动态输入工具，使响应命令快速而直接。当状态栏上的"动态输入"按钮打开时，在激活命令后，屏幕上出现动态的提示窗口，可以在窗口中直接输入数值或选项，也可以使用键盘上的"↓"键调出菜单以选择选项。例如，绘制一个圆，当激活圆命令后，按键盘上的"↓"键，则出现绘制圆时可执行的选项，如图 1-15 所示。

图 1-15 圆的动态输入响应

2. 通过命令行响应

无论是否打开动态输入工具,都可以通过命令行进行响应。在出现指定点的提示下,可以在命令行输入点的坐标;如果输入命令行提示文字后面的[ ]内的内容,可以执行命令的选项。例如,在绘制圆时,当激活圆命令后,命令行出现如下提示。

命令:_Circle 指定圆的圆心或 [三点(3P)/两点(2P)/切点、切点、半径(T)]:

如果需要给定圆心,可以直接输入圆心的坐标,如果需要采用"三点"方式绘制圆时,则输入"3P"并按回车键,AutoCAD 会要求给出圆周上的三个点。

3. 通过鼠标响应

(1) 在命令行中出现指定点的提示下,可以用鼠标在绘图窗口拾取一个点,这个点的坐标便是响应的坐标值。

(2) 在出现选择对象的提示下,可以通过鼠标结合选择对象的方法选取对象。

(3) 在激活一个命令后或在命令执行过程中,在绘图窗口单击鼠标右键,会弹出快捷菜单,可以在快捷菜单中选择相应的操作。

4. 重复执行上一个命令

如果要重复执行刚刚执行过的命令,按回车键即可。

5. 命令的终止

有些命令当执行完操作后便自动结束,如圆命令;有些命令需要按回车键后才能结束。如果在命令执行过程中需要终止命令,可以按 Esc 键,有时需要按几次才能完全终止某个命令。

(三)快捷键操作

快捷键是 Windows 系统提供的功能键或普通键组合,目的是为用户快速操作提供条件。AutoCAD 中同样包括 Windows 系统自身的快捷键和 AutoCAD 设定的快捷键,在每一个菜单命令的右边有该命令的快捷键的提示。表 1-1 列出了常用快捷键及其功能。

表 1-1 常用快捷键及其功能

快捷键	功能	快捷键	功能
F1	AutoCAD 帮助	Ctrl+N	新建文件
F2	打开文本窗口	Ctrl+O	打开文件
F3	对象捕捉开关	Ctrl+S	保存文件
F4	数字化仪开关	Ctrl+P	打印文件
F5	等轴侧平面转换	Ctrl+Z	撤销上一步操作
F6	坐标转换开关	Ctrl+Y	重做撤销操作
F7	栅格开关	Ctrl+C	复制
F8	正交开关	Ctrl+V	粘贴
F9	捕捉开关	Ctrl+1	对象特性管理器
F10	极轴开关	Ctrl+2	AutoCAD 设计中心
F11	对象跟踪开关	DEL	删除对象

（四）透明命令

透明命令是指 AutoCAD 中在不中止当前命令的前提下,在当前命令运行的过程中暂时调用的另一条命令。透明命令执行完毕后将再执行当前命令。

当在绘图过程中需要执行某一透明命令时,可直接选择对应的菜单命令或单击工具栏上的对应按钮,然后根据提示执行对应的操作。透明命令执行完毕后,AutoCAD 会返回到执行透明命令之前的窗口,即继续执行以前的命令。

通过命令行执行透明命令的方法为:在当前提示信息后输入""符号,再输入对应的透明命令,然后按回车键,就可以根据提示执行该命令的对应操作,执行后 AutoCAD 会返回到执行透明命令之前的提示窗口。

常用的透明命令有视图缩放(ZOOM)、平移(PAN)、计算器(CAL)、测量两点间距离(DIST)、点样式(DDPTYPE)、图层(LAYER)、测量点坐标(ID)等命令。

（五）鼠标操作

鼠标是用户和 Windows 应用程序进行信息交流的最主要工具。对于 AutoCAD 来说,鼠标是使用 AutoCAD 进行绘图、编辑的主要工具。灵活地使用鼠标,对于加快绘图速度、提高绘图质量有着至关重要的作用。

当握着鼠标在垫板上移动时,状态栏上的三维坐标数值也随之改变,以反映当前十字光标的位置。通常情况下,AutoCAD 显示在屏幕区的光标为一短十字光标,但在一些特殊情况下,光标形状也会相应改变。表 1-2 列出了 AutoCAD 绘图环境在默认情况下各种光标的形状及其含义。

表 1-2　AutoCAD 绘图环境默认情况下各种光标的形状及其含义

光标的形状	含义	光标的形状	含义
↖	正常选择	↕	调整垂直大小
✛	正常绘图状态	↔	调整水平大小
＋	输入状态	↘	调整左上-右下符号
□	选择目标	↗	调整右上-左下符号
⧗	等待符号	✣	任意移动
↖⧗	应用程序启动符号	☞	帮助跳转符号
🔍	视图动态缩放符号	Ｉ	插入文本符号
🔍	视图窗口缩放	↖?	帮助符号
↕	调整命令窗口大小	✋	视图平移符号

鼠标的左右两个键在 AutoCAD 中有特定的功能:通常左键执行选择实体的操作,右键执行回车的操作,其基本作用如下。

1. 单击左键

单击鼠标左键,可完成多种选择操作,常见操作如下。

(1) 选择菜单:将光标移至下拉菜单,要选择的菜单将浮起,这时单击鼠标左键将选中此菜单。

(2) 选择执行命令:光标在弹出的下拉菜单上移动,选择的命令变亮,单击鼠标左键,将执行此命令;或将光标移至工具条上,选择的图标按钮浮起时,单击鼠标左键,将执行此命令。

(3) 选中图形对象:将光标放在所要选择的图形对象上,单击鼠标左键即选中此图形对象。

2. 单击右键

将光标移至任一工具栏中的某一工具按钮上,单击鼠标右键,将弹出快捷菜单,用户可以定制工具栏;选择目标后,单击右键的作用就是结束目标选择;在绘图区内任一处单击鼠标右键,会弹出菜单。

3. 双击

双击鼠标左键,一般是执行应用程序或打开一个新的窗口。

4. 拖动

将光标放在工具栏或对话框上的标题栏,按住鼠标左键并拖动,可以将工具栏或对话框移到新位置;将光标放在屏幕滚动条上,按住鼠标左键并拖动即可滚动当前屏幕。

5. 转动滚动轮

将光标放在绘图区某一点,转动滚动轮,图形显示将以该点为中心放大或缩小。

(六) 菜单操作

在应用程序中,把一组相关的命令或程序选项归纳为一个列表,以便于查询和使用,此列表称为菜单。其内容通常是预先设置好并放在屏幕上可供用户选择使用的命令,图1-16显示了AutoCAD的菜单。

图 1-16 AutoCAD 的菜单

1. 激活菜单

可通过下述方法激活菜单。
(1) 用鼠标左键单击菜单名,打开菜单。
(2) 按 Alt+括号内带下画线字母键,可打开某一相应菜单。
(3) 按 Alt 键激活菜单栏,用左右方向键选择菜单,用向下的方向键或按回车键,可打开某一菜单。

2. 选择菜单命令

激活菜单后,可通过下述方法选择菜单命令。
(1) 移动鼠标指针选取菜单命令,再单击鼠标左键。
(2) 使用键盘的上下方向键选取菜单命令,再按回车键确定,若有子菜单先用键盘的右方向键将其打开。
(3) 按带下画线的快捷字母键即可,如直接按 N 键表示执行"新建图形(N)"菜单命令。

有些带快捷键的菜单命令,可在不打开菜单的情况下直接执行。例如,Ctrl+P 快捷键是"打印"命令,Ctrl+N 快捷键是"新建图形"命令。

(七) 工具栏操作

工具栏是一组图形操作、编辑等命令组合,它包含了最常用的 AutoCAD 命令,是另外一种调用命令和实现各种绘图操作的快捷执行方式,可使用户非常容易地创建或修改图样。单击工具栏上的某一按钮图标,即可执行相应的命令。

1. 打开或关闭工具栏

在 AutoCAD 的用户界面中,右击任意工具栏,将弹出工具栏名称快捷菜单,如图 1-17(a)所示,单击所选的工具栏,将打开或关闭选中的工具栏。

 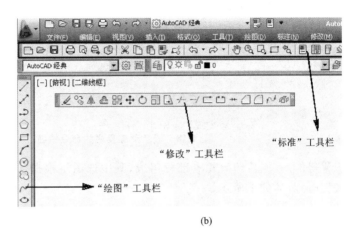

(a) (b)

图 1-17　工具栏

2. 工具栏显示方式

在用户界面中,工具栏的显示方式有固定和浮动两种,与之对应,工具栏分别被称为固定工具栏和浮动工具栏,其具体操作如下。

（1）浮动工具栏将显示该工具栏的标题,如图 1-17(b)中的"修改"工具栏。按其右上角的关闭按钮,可关闭该工具栏;将鼠标指针移动到工具栏,按住鼠标左键,可以在屏幕上自由移动该工具栏,当移动到绘图区边界时,浮动工具栏将变为固定工具栏。

（2）固定工具栏被锁定在绘图区域的顶部、底部和两侧等四个边界,工具栏的关闭按钮被隐藏,如图 1-17(b)所示的"标准"工具栏、"绘图"工具栏等,也可以把固定工具栏拖出,使其变为浮动工具栏。

3. 嵌套型工具栏

在工具栏中,有些按钮是嵌套型的,有些是单一型的。嵌套型工具栏的命令按钮图标的右下角将带有一个黑色三角形图标,如图 1-18 所示,将鼠标的指针移动到该图标上,按住鼠标左键,将弹出相应的工具栏;此时按住鼠标左键不放,移动鼠标指针到某一图标上松手,则该图标成为当前图标;单击当前图标,将执行相应的命令。

（八）对话框操作

在 AutoCAD 中执行某些命令时,需要通过对话框进行操作。对话框可以移动,但大小固定,不像一般的窗口那样大小可调。对话框是程序与用户进行信息交换的重要形式,它方便、直观,可使复杂的信息、要求反映得清晰明了。

1. 典型对话框的组成

图 1-19 所示是一个"文字样式"的典型对话框,由标题栏、选项组(图中选项组包括样式、字

图 1-18 嵌套型工具栏的命令按钮

体、大小、效果等)和控制按钮等几个部分组成,其中选项组根据功能不同,又包含文本框、复选框和命令按钮等,具体如下所述。

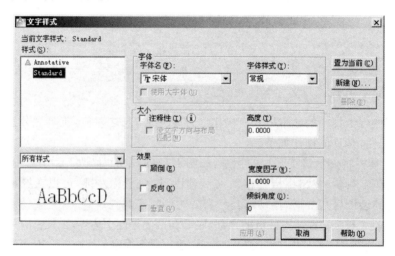

图 1-19 "文字样式"对话框

(1) 标题栏　标题栏位于对话框顶部,左边是对话框的名称,右边是控制按钮。

(2) 文本框　文本框又称编辑框,是用户输入、选择信息的地方。如图 1-19 所示,在"大小"选项组中的"高度(T)"文本框中,激活后直接输入文本的字体高度即可;在"字体"选项组中的"字体名(F)"文本框,激活后按右边箭头出现字体下拉列表,直接选用即可在文本框中显现所选字体。

(3) 复选框　选中时方框内出现"√"标记,否则是空白,如"效果"选项组中的"颠倒(E)"、"反向(K)"、"垂直(V)"等。

(4) 命令按钮　如图 1-19 中的"取消"、"帮助(H)"、"置为当前(C)"等按钮为命令按钮,单击命令按钮,将执行一个命令项。

2. 对话框的操作

1) 移动和关闭对话框

(1) 移动:用鼠标左键单击标题栏并拖动至目的地,然后释放即可。

(2) 关闭:单击控制按钮或命令按钮中的"取消"按钮,即可关闭对话框。

2）对话框中的激活选项

单击"字体名(F)"文本框右边的箭头,弹出一个下拉菜单,光标移至某选项上将产生一个虚线框,表示激活了该选项。激活选项后,可用下述方法对选项进行选择。

(1) 利用 Tab 键可以使虚线框从左至右、从上至下在各选项之间切换。

(2) 使用 Shift+Tab 键,可以使虚线框从右至左、从下至上在各选项之间移动。

三、参数的输入

当启动一个命令后,往往还需要提供执行此命令所需要的参数,这些参数包括点坐标、数值、角度、位移等。

(一) 坐标的输入

1. 坐标系

AutoCAD 采用直角坐标系(笛卡儿坐标系)和极坐标系两种方式确定坐标。

直角坐标系如图 1-20 所示。X 轴为水平方向,Y 轴为竖直方向,原点的坐标为(0,0),X 轴右方向为正方向,Y 轴上方向为正方向。如图 1-20 所示,A 点的坐标为(40,20),B 点的坐标为(−20,−30)。

极坐标系如图 1-21 所示。极坐标系通过某点到原点(0,0)的距离及其与 0°方向(X 轴正方向)的夹角来表示该点的坐标位置,角度的计量以逆时针方向为正方向。AutoCAD 中,极坐标的表示方法为"距离<角度",距离和角度之间用小于号"<"分隔。如图 1-21 所示,C 点的极坐标为(40<45),D 点的极坐标为(30<120),E 点的极坐标为(20<242),E 点的极坐标也可以表示为(20<−118)。

> **注意**:在输入坐标时,不需要输入括号。

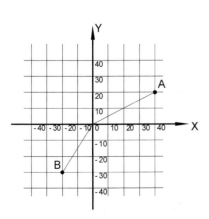

图 1-20　直角坐标系

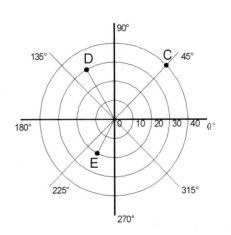

图 1-21　极坐标系

2. 绝对坐标和相对坐标

坐标又分为绝对坐标和相对坐标。

绝对直角坐标是以原点(0,0)为基点来定位所有的点,如在指定点的提示下输入"50,20",则输入了一个 X 坐标为 50、Y 坐标为 20 的点。相对直角坐标是相对于前一个点的坐标值,相对直角坐标需要在坐标前面加"@"符号,如"@30,70"。相对直角坐标以某点相对于前一点的位置来确定正负方向。

绝对极坐标是以原点(0,0)为基点来定位所有的点,如输入"100<20",则输入了一个与原点距离为 100、角度为 20°的点。相对极坐标是相对于前一个点的极坐标,其表示方法为"@距离<角度",如"@100<20"表示与前一个点的距离为 100、角度为 20°。

在实际绘图中,由于用户只关心图形本身的尺寸和位置关系,所以主要采用相对坐标的方式。

例 1-1 分别用绝对直角坐标和相对直角坐标方式绘制图 1-22 所示的图形。

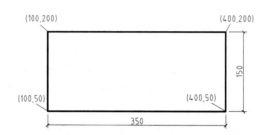

图 1-22 用绝对直角坐标和相对直角坐标绘制图形

解 （1）用绝对直角坐标绘制图形　单击"绘图"工具栏上的"直线"命令按钮,启动"直线"命令,命令行提示如下。

```
命令:_line 指定第一点:100,50//输入起点的绝对坐标并按回车键
     指定下一点或[放弃(U)]:400,50//输入第二点的绝对坐标并按回车键
     指定下一点或[放弃(U)]:400,200//输入第三点的绝对坐标并按回车键
     指定下一点或[闭合(C)/放弃(U)]:100,200//输入第四点的绝对坐标并按回车键
     指定下一点或[闭合(C)/放弃(U)]:C//输入闭合选项并按回车键,命令结束
```

（2）用相对直角坐标绘制图形　单击"绘图"工具栏上的"直线"命令按钮,启动"直线"命令,命令行提示如下。

```
命令:_line 指定第一点://在绘图窗口任意单击一点
     指定下一点或[放弃(U)]:@ 350,0//输入第二点相对于第一点的坐标
     指定下一点或[放弃(U)]:@ 0,150//输入第三点相对于第二点的坐标
     指定下一点或[闭合(C)/放弃(U)]:@ -350,0//输入第四点相对于第三点的坐标
     指定下一点或[闭合(C)/放弃(U)]:C//输入闭合选项并按回车键,命令结束
```

3. 直接输入距离

当执行某一个命令需要指定两个或多个点时,除了用绝对坐标或相对坐标指定点外,还可用直接输入距离的方式来确定下一个点,即在指定了一点后,可以通过光标来指示下一点的方

向,然后输入该点与前一点的距离便可以确定下一点。这实际上就是相对极坐标的另一种输入方式。它只需要输入距离,而角度由光标的位置确定。这种方法配合正交或极轴追踪功能一起使用更为方便。

(二) 数值的输入

在使用 AutoCAD 绘图时,经常会提示要求输入数值,如距离、半径等,这些数值可由键盘直接输入。例如,画圆时,在确定了圆心位置后,提示要求输入圆的半径,此时可以直接输入半径值;也可由鼠标在绘图窗口拾取两点,将这两点的距离作为圆的半径值;还可以先给出圆心的位置(第一点的位置),提示要求输入圆的半径时,在绘图窗口拾取一点(第二点的位置),这两点之间的距离就是半径值。

(三) 角度的输入

通常 AutoCAD 中的角度以十进制度数为单位,以从左向右的水平方向为 0°,逆时针为正,顺时针为负。根据具体要求,角度可设置为弧度或度、分、秒等。角度既可像数值一样用键盘输入,又可通过输入两点来确定,即以第一点和第二点连线方向与 0°方向所夹角度为输入的角度。

四、对象的精确绘制

(一) 对象捕捉

对象捕捉是 AutoCAD 中最为重要的工具之一,使用对象捕捉可以在绘图过程中直接利用光标来确定点,如圆心、端点、垂足等,从而能够精确地绘制图形。

1. 设置对象捕捉参数

选择"工具"→"选项"命令,在弹出的"选项"对话框中单击"绘图"选项卡,如图 1-23 所示。在这里可以设置对象捕捉的方式,调整自动捕捉标记的大小、自动捕捉靶框大小等,一般情况下可以不做任何调整。

2. 执行对象捕捉

1) 启用对象捕捉

启用对象捕捉的快捷方法如下。

(1) 快捷键 F3:F3 为对象捕捉切换键,如果当前对象捕捉功能关闭,按 F3 键可打开对象捕捉功能,反之则关闭对象捕捉功能。

(2) 状态栏:单击状态栏上的"对象捕捉"按钮,如果按钮亮显,则打开了对象捕捉功能,如果按钮暗显,则关闭了对象捕捉功能。

2) 自动对象捕捉

如果需要多次使用同一个对象捕捉,可以设置为自动对象捕捉方式,其方法如下。

(1) 在状态栏上的"对象捕捉"按钮上右击,在弹出的快捷菜单中单击"设置",弹出"草图设置"对

图 1-23 "绘图"选项卡

话框,如图 1-24 所示,根据需要勾选相应的对象捕捉选项,然后单击"确定"按钮即可。

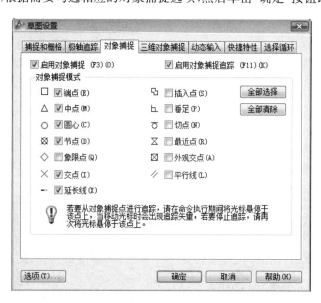

图 1-24 "草图设置"对话框设置自动对象捕捉

(2)设置自动对象捕捉更快捷的方式是:在状态栏上的"对象捕捉"工具栏上右击,在弹出的快捷菜单中直接选中需要的对象捕捉选项即可,如图 1-25 所示。

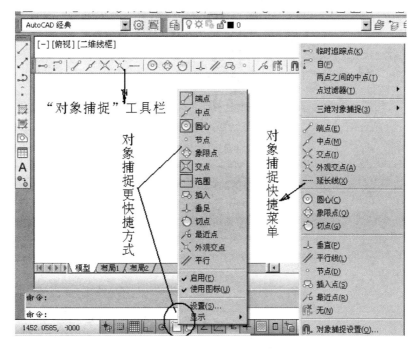

图 1-25 自动对象捕捉的快捷方式

由于捕捉具有磁吸功能,如果设置过多的自动对象捕捉选项,在操作时会出现很多的捕捉标记而影响快速定位,所以一般仅设置几个自动对象捕捉,对于偶尔用到的捕捉选项,可以采用临时对象捕捉。

3)临时对象捕捉

临时对象捕捉在操作一次后便自动退出,临时对象捕捉的调用方法如下。

(1)选择"对象捕捉"工具栏,如图 1-25 所示,各按钮的功能如表 1-3 所示。

(2)在绘图窗口中,在按住 Shift 键的同时右击,将会弹出对象捕捉快捷菜单,如图 1-25 所示。

(3)在指定点的提示下输入对象捕捉的代号并按回车键,这需要记住对象捕捉代号,如表 1-3 所示。

表 1-3 对象捕捉工具及其代号

对象捕捉模式	工具栏按钮	代号	功能
端点		END	捕捉端点
中点		MID	捕捉中点
圆心		CEN	捕捉圆、圆弧、椭圆、椭圆弧的中心点
节点		NOD	捕捉到点对象、标注定义点或标注文字原点

续表

对象捕捉模式	工具栏按钮	代号	功能
象限点		QUA	捕捉圆、圆弧、椭圆以及椭圆弧的在0°、90°、180°、270°方向上的点,即象限点
交点		INT	捕捉交点
延长线		EXT	捕捉延伸点,从线段或圆弧段端点开始沿线段或圆弧方向捕捉一点
插入点		INS	捕捉到块、属性、形及文字的插入点
垂足		PER	捕捉垂足
切点		TAN	捕捉切点
最近点		NEA	捕捉到线性对象的最近点
外观交点		APP	捕捉不在同一平面但在当前视图中看起来可能相交的两个对象的视觉交点
平行线		PAR	将直线段、多段线线段、射线或构造线限制为与其他线性对象平行
两点间中点	—	M2P	定位两点间的中点
捕捉自		FROM	定位某个点相对于参照点的偏移
临时追踪点		TT	指定一个临时追踪点

例 1-2 用对象捕捉的方式绘制直线,将图 1-26 的左图完善为右图的形式。

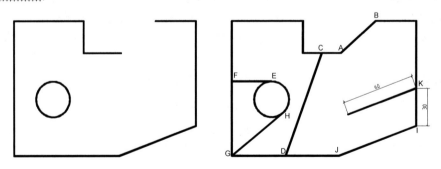

图 1-26 用对象捕捉绘制图形

解 具体操作如下。

(1) 在状态栏上的"对象捕捉"工具栏上右击,在弹出的快捷菜单中单击"设置",弹出"草图设置"对话框,在"对象捕捉"选项卡中的"对象捕捉模式"选项组中选中"端点(E)"、"中点(M)"、"延长线(X)"复选框,并选中"启用对象捕捉(F3)(O)"复选框,如图 1-27 所示,单击"确定"按钮完成设置。

项目1
建筑平面图的绘制

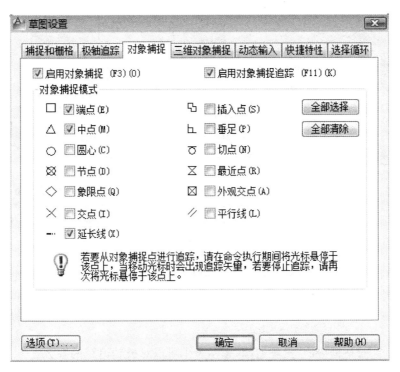

图1-27 "对象捕捉"选项卡的相关设置

(2) 命令行输入L并按回车键,启动"直线"命令,将光标移到图1-26中的A点附近,当A点处出现端点捕捉标记"□"时,表明捕捉成功,此时单击鼠标左键,A点即为直线的起点,然后用同样的方式拾取B点,按回车键结束命令。

(3) 继续执行"直线"命令,拾取C点(C点为直线的中点,捕捉标记为"△")和D点(中点),按回车键结束命令。

(4) 执行"直线"命令,按住Shift键并在绘图窗口右击,在对象捕捉快捷菜单中选择"象限点",然后拾取E点(E点为象限点,捕捉标记为"◇"),再次按住Shift键并在绘图窗口右击,在对象捕捉快捷菜单中选择"垂直",然后拾取F点(F点为垂足,捕捉标记为"⊥"),按回车键结束命令。

(5) 执行"直线"命令,端点捕捉拾取G点,在"指定下一点:"后输入"TAN"并按回车键,然后将光标移向H点附近,出现切点捕捉标记"⌒"后单击,按回车键结束命令。

(6) 执行"直线"命令,将光标移到I点上,出现端点捕捉标记后不拾取,沿竖直线向上移动光标,此时出现延伸线捕捉标记(在I点处出现十字标记,且出现一条显示为虚线的追踪线,同时出现"范围"窗口),如图1-28所示,当出现这样的标记时,输入"30"并按回车键,这样就定位了K点,K点就是直线的起点。在"指定下一点:"后输入"PAR"并按回车键,然后将光标移到直线段IJ上,出现平行捕捉标记"∥"后不拾取,向上方移动光标到平行位置,在出现如图1-29所示的平行追踪线后输入"60"并按回车键。

(二) 极轴追踪和对象追踪

使用极轴追踪的功能可以用指定的角度来绘制对象。用户在极轴追踪模式下确定目标点

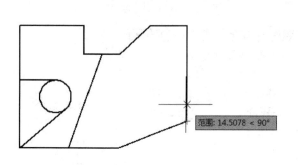
图1-28　I点的操作

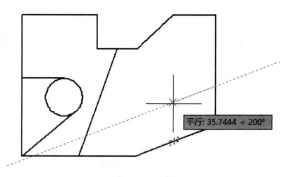
图1-29　K点的操作

时，系统会在光标接近指定的角度方向上显示临时的对齐路径，并自动地在对齐路径上捕捉距离光标最近的点（即极轴角固定、极轴距离可变），同时给出该点的信息提示，用户可据此准确地确定目标点。

在AutoCAD中还提供了"对象捕捉追踪"功能，该功能可以看成是"对象捕捉"功能和"极轴追踪"功能的结合。用户先根据"对象捕捉"功能确定对象的某一特征点（只需将光标在该点上停留片刻，当自动捕捉标记中出现"＋"标记即可），然后以该点为基准点进行追踪，来得到准确的目标点。

在"草图设置"对话框中的"极轴追踪"选项卡中可以对极轴追踪的参数进行设置，如图1-30所示。如果要进行对象追踪，需要在"对象捕捉"选项卡上选中"启用对象捕捉追踪(F11)(K)"复选框，参考图1-27。

图1-30　"极轴追踪"选项卡

使用极轴追踪和对象追踪功能的关键是设置极轴角、追踪的方式和对象捕捉的模式。

1. 极轴角

在"极轴追踪"选项卡中的"极轴角设置"选项组中可以设置增量角和附加角。在"增量角(I)"文本框中输入某一增量角或从下拉列表中选择某一增量角后,系统将沿与增量角成整倍数的方向上显示极轴追踪的路径。例如,设置增量角为 45°,系统将沿着 45°、90°、135°、180°、225°、270°、315°和 360°(0°)方向显示极轴追踪的路径。如果选中"附加角(D)"复选框并单击"新建(N)"按钮,则可以自定义其他的极轴角度。

2. 追踪的方式

即便设置了极轴角,也不能保证在所有的极轴角方向上都能追踪,这需要在"对象捕捉追踪设置"选项组中进行设置。"仅正交追踪(L)"表示仅在水平或竖直方向上追踪,即在 0°、90°、180°、270°方向上追踪。"用所有极轴角设置追踪(S)"表示在所有极轴角方向上都进行追踪。

3. 极轴角测量的方式

极轴角的测量方法有两种。

(1) 绝对:以当前坐标系为基准计算极轴追踪角。

(2) 相对上一段:以最后创建的两个点之间的直线为基准计算极轴追踪角,如果一条直线以其他直线的端点、中点或最近点等为起点,极轴角将相对该直线进行计算。

(三)正交模式

正交模式用于约束光标在水平或垂直方向上的移动。如果打开正交模式,则使用光标所确定的相邻两点的连线必须垂直或平行于坐标轴。因此,如果要绘制的图形完全由水平或垂直的直线组成,那么使用这种模式是非常方便的。正交模式并不影响从命令行以坐标方式输入点。

打开或关闭正交的方式有如下两种。

(1) 状态栏:单击状态栏上的"正交"按钮 。

(2) 快捷键:F8。

五、对象的选择

在 AutoCAD 中,进行编辑修改操作,一般均需要先选择操作的对象,然后进行编辑修改操作。所选择的图元便构成了一个集合,称之为选择集。在构造选择集的过程中,被选中的物体将呈虚线显示。

(一)对象选择方法

构造选择集的方法比较多,本节只介绍几种常用的方法。

1. 单选

将光标移动到需要的图元上,单击鼠标左键进行选取,每次只能选取一个图元。

2. 窗选

在空白区域单击一点,然后从左向右拖曳鼠标,拖动出一个矩形窗口(矩形窗口边线为实线,内部颜色为浅蓝色),然后单击鼠标,确定矩形的另一个角点,只有完全包含在矩形窗口内的图形对象才会被选中。

3. 窗交

在空白区域单击一点,然后从右向左拖曳鼠标,拖动出一个矩形窗口(矩形窗口边线为虚线,内部颜色为浅绿色),然后单击鼠标确定矩形的另一个角点,完全包含在矩形窗口内的对象或与矩形窗口边线相交的对象都会被选中。

4. 圈围

在"选择对象"提示后输入"WP"并按回车键,然后指定一系列点以构成封闭的多边形,最后按回车键结束选择,只有完全包含在多边形内的对象才被选中。

5. 圈交

在"选择对象"提示后输入"CP"并按回车键,然后指定一系列点以构成封闭的多边形,最后按回车键结束选择,完全包含在多边形内的对象或与多边形相交的对象都将被选中。

6. 栏选

在"选择对象"提示后输入"F"并按回车键,然后绘制一条多段的折线,按回车键结束选择,所有与折线相交的对象将被选中。

7. 全部

使用快捷键"Ctrl+A",或在"选择对象"提示后输入"ALL"并按回车键,将会选中所有的对象。

8. 从选择集中删除

如果想把某一个或某一些对象从选择集中去除,只要按住 Shift 键,然后选择相应的对象,则对象将从选择集中被删除。

9. 取消选择

按 Esc 键,将取消构造选择集。

10. 其他选择方式

在"选择对象"提示后输入"?"号,命令行将会出现如下提示。

需要点或窗口(W)/上一个(L)/窗交(C)/框(BOX)/全部(ALL)/栏选(F)/圈围(WP)/圈交(CP)/编组(G)/添加(A)/删除(R)/多个(M)/前一个(P)/放弃(U)/自动(AU)/单个(SI)/子对象(SU)/对象(O)

如果执行某一选项,将采用相应的选择方式,读者可自行尝试。

（二）选择方式的设置

对于复杂的图形，一次要同时对多个实体进行编辑操作或在执行命令之前先选择图形目标。为了提高绘图速度，此时可通过对话框对图形目标的选择方式及其附属功能进行设置。在 AutoCAD 中，打开"选项"对话框中的"选择集"选项卡即可进行选择方式相关内容的设置。可通过下面三种方法打开"选项"对话框。

(1) 选择"工具(T)"→"选项(N)…"命令。
(2) 在"草图设置"对话框中单击"选项(T)…"按钮。
(3) 在命令窗口中"命令:"后输入"OPTIONS"（简捷命令 OP）再按回车键。

在"选项"对话框中，选择"选择集"选项卡，如图 1-31 所示，在其中可以根据需要灵活地对图形目标的选择方式及其附属功能进行设置。

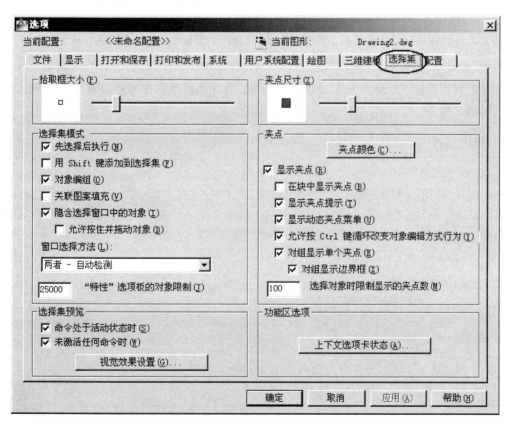

图 1-31 "选择集"选项卡

六、对象的显示与量测

AutoCAD 中提供了许多命令来改变视图的显示状态。用户在绘图或编辑命令时，可以使用 Pan 和 Zoom 命令来改变视图的显示范围，这样可以使绘图工作更加方便。下面就为读者简要介绍几个常用的视图控制方法，如视图缩放、视图平移、重生成视图及视图量测等。

(一)视图缩放

视图缩放功能如同摄像机的变焦镜头,它可以增大或缩小对象的显示尺寸,但对象的真实尺寸保持不变。当增大对象的显示尺寸时,就只能看到视图的一个较小区域,但能看得更清楚;当缩小对象的显示尺寸时,就可以看到更大的视图区域。

1. 实时缩放

启动"实时缩放"命令,主要有如下几种方法。

(1) 选择"视图(V)"→"缩放"→"实时"命令。

(2) 在命令窗口中"命令:"后输入"ZOOM"(简捷命令 Z)并按回车键。

(3) 没有选定对象时,在绘图区域右击并选择"缩放"选项进行实时缩放。

(4) 在"标准"工具栏中单击"实时缩放"按钮。

(5) 单击鼠标中键,上下滚动滚轮就可以缩放视图,双击可以最大化视图。

启动"实时缩放"命令后,光标变为形状,按住鼠标左键并拖曳鼠标,向上则放大视图,向下则缩小视图。按 Esc 键或回车键,或者右击后,在弹出的快捷菜单中选择"退出"选项,则退出"实时缩放"命令。

2. 范围缩放

启动"范围缩放"命令,主要有如下几种方法。

(1) 选择"视图(V)"→"缩放"→"范围"命令。

(2) 在命令窗口中"命令:"后输入"ZOOM"(简捷命令 Z)并按回车键,根据提示,输入"E"后按回车键。

(3) 在"标准"工具栏中单击"范围缩放"按钮。

执行"范围缩放"命令后,文件中所有对象完全并尽可能最大化地显示在绘图窗口中,不受图形界线的影响,这样有利于整体地观察图形。

3. 全部缩放

启动"全部缩放"命令,主要有如下几种方法。

(1) 选择"视图(V)"→"缩放"→"全部"命令。

(2) 在命令窗口中"命令:"后输入"ZOOM"(简捷命令 Z)并按回车键,根据提示,输入"A"后按回车键。

(3) 在"标准"工具栏中单击"全部缩放"按钮。

全部缩放将按图形范围或图形界线三者中的较大者显示视图。当图形对象完全在图形界线内,则按图形界线设定的范围显示,当图形对象超出了图形界线,则将图形对象和图形界线都显示在绘图窗口中。所以,"全部缩放"命令也用于整体地观察图形。

4. 窗口缩放

启动"窗口缩放"命令,主要有如下几种方法。

(1) 选择"视图(V)"→"缩放"→"窗口"命令。

(2) 在命令窗口中"命令:"后输入"ZOOM"(简捷命令 Z)并按回车键,根据提示,输入"W"后按回车键。

(3) 在"标准"工具栏中单击"窗口缩放"按钮。

"窗口缩放"命令通过给定一个矩形窗口区域,将所有图形完全显示在绘图窗口中。矩形区域可以通过鼠标指定,也可以通过输入坐标确定,"窗口缩放"命令有利于局部观察图形。

5．其他缩放工具

除了上面提到的四种常用缩放工具外,还提供了其他缩放工具,这些工具可以通过 Zoom 命令的相应选项执行,也可以从"缩放"工具栏调用。

(二)视图平移

用户可以使用"平移"命令来移动图形在当前窗口中的位置,它不会改变图形的大小,也不会改变图形之间的相对位置。平移命令用于将要观察的图形拖动到绘图窗口的适当位置以便观察。

启动"平移"命令,主要有如下几种方法。

(1) 选择"视图(V)"→"平移"→"实时"命令。

(2) 在命令窗口中"命令:"后输入"PAN"(简捷命令 P)并按回车键。

(3) 在"标准"工具栏中单击"平移"按钮。

(4) 不选定任何对象,在绘图区域右击后选择"平移"选项进行平移。

(5) 按住鼠标左键并拖曳,即可进行平移操作。

"平移"命令激活后,光标变为手形光标,按住鼠标左键可以向各个方向拖动图形,以调整图形的显示位置。按 Esc 键或回车键,或者右击后,在弹出的快捷菜单中选择"退出"选项,则退出"平移"命令。

(三)重生成视图

"重生成"命令用于重新生成当前视窗内全部图形并在屏幕上显示出来,而"全部重生成"命令用于重新生成所有视窗的图形。

启动"重生成"命令,主要有如下几种方法。

(1) 选择"视图(V)"→"重生成"或"全部重生成"命令。

(2) 在命令窗口中"命令:"后输入"REGEN(或 REGENALL)"(简捷命令 RE)并按回车键。

执行该命令后,AutoCAD 重新计算图形组成部分的屏幕坐标,使图形呈现出理想的显示效果。例如,对于圆形来说,当放大图形时,将不再平滑显示,而显示成折线,看起来像是正多边形;此时,如果执行重生成命令,将会使圆重新平滑显示。

注意:当图形很复杂,或者图形文件很大时,重生成将会花费一定的时间。

(四)对象量测

在绘制、设计工程图时,经常要量取、计算已绘制线段的距离、所围区域的图形面积等数据。

AutoCAD 为用户提供了"距离(D)"、"面积(A)"、"面域/质量特性(M)"、"列表显示(L)"等查询图形特性的命令,如图 1-32 所示。下面介绍建筑工程图中常用的"距离(D)"、"面积(A)"两个查询命令。

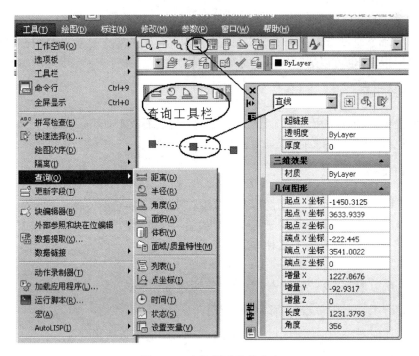

图 1-32　查询图形特性命令

1. 距离查询

"距离(D)"查询命令可用于测量两点之间的直线距离和该直线与 X 轴的夹角等。

1）启动命令

启动"距离"查询命令可通过以下三种方法。

(1) 在"查询"工具栏中单击"距离"按钮 ，如图 1-32 所示。

(2) 选择"工具(T)"→"查询(Q)"→"距离(D)"命令,如图 1-32 所示。

(3) 在命令窗口中"命令:"后输入"DIST"(简捷命令 DI)并按回车键。

2）具体操作

启动"距离(D)"查询命令后,根据命令行提示按下述步骤进行操作。

命令:'_dist 指定第一点://选择第一点
　　　 指定第二点://选择第二点

此时,命令行出现如下结果(表示各相应的数据)。

距离= ＊＊＊,XY 平面中的倾角= ＊＊＊,与 XY 平面的夹角= 0,X 增量= ＊＊＊,Y 增量= ＊＊＊,Z 增量= ＊＊＊

3）其他选项

其他各项选项的含义如下。

(1) "距离":所选第一点与第二点之间的线段距离。

(2)"XY 平面中的倾角":两点之间的连线与 X 轴正方向的夹角。
(3)"与 XY 平面的夹角":该直线与 XY 平面的夹角。
(4)"X 增量":两点在 X 轴方向的坐标值之差。
(5)"Y 增量":两点在 Y 轴方向的坐标值之差。
(6)"Z 增量":两点在 Z 轴方向的坐标值之差。

2．面积查询

"面积(A)"查询命令可用于查询由若干点所确定区域或由指定实体所围成区域的面积和周长,还可对面积进行加减运算。

1) 启动命令

启动"面积(A)"查询命令,主要有以下三种方法。

(1) 在"查询"工具栏中单击"面积"按钮 ▱ ,如图 1-32 所示。
(2) 选择"工具(T)"→"查询(Q)"→"面积(A)"命令,如图 1-32 所示。
(3) 在命令窗口中"命令:"后输入"AREA"并按回车键。

2) 具体操作

启动"面积(A)"查询命令后,根据命令行提示按下述步骤进行操作。

```
命令:area
    指定第一个角点或[对象(O)/加(A)/减(S)]://选择第一角点
    指定下一个角点或按 ENTER 键全选://选择第二角点
```

此时将会连续出现"指定下一个角点或按 ENTER 键全选:"的提示,继续输入点,AutoCAD 将根据各点连线所围成的封闭区域来计算其面积和周长,最后按回车键,命令行出现如下结果。

```
面积 = ＊＊＊,周长 = ＊＊＊
```

3) 其他选项

其他选项的含义如下。

(1)"对象(O)":该选项允许用户查询由指定实体所围成区域的面积。
(2)"加(A)":该选项为面积加法运算,将把新选图形实体的面积加入总面积中。
(3)"减(S)":该选项为面积减法运算,将把新选图形实体的面积从总面积中减去。

3．利用对象特性直接查询

如图 1-32 所示,单击标准工具栏中的"对象特性"命令按钮 ▤ ,弹出"特性"选项板,选择相应对象,即可显现该对象的长度、坐标、角度等信息。

七、绘图区域的设置

一般来说,如果用户不进行任何设置,AutoCAD 对作图范围没有限制。此时,可以将绘图区看成是一幅无穷大的图纸,但所绘图形的大小是有限的,因此为了更好地绘图,可以设定作图的区域。在 AutoCAD 中,使用 Limits 命令可以在模型空间中设置一个想象的矩形绘图区域,也称为图形界线。它确定的区域是可见栅格指示的区域,也是选择"视图(V)"→"缩放"→"全部"命令时决定显示多大图形的一个参数。

设置图形界线的步骤如下。

(1) 选择"格式(O)"→"图形界线"命令,或在命令行中输入"LIMITS",命令行提示如下。

指定左下角点或[开(ON)/关(OFF)]<0.0000,0.0000>:∥按回车键
　　指定右上角点<420.0000,297.0000>:

(2) 在执行"LIMITS"命令过程中,将出现4个选项,分别是"指定左下角点"、"指定右上角点"、"开(ON)"、"关(OFF)",具体含义如下。

① "开(ON)":表示打开图形界线检查,如果所绘图形超出了设定的界线,则系统不绘制出此图形并给出提示信息。

② "关(OFF)":表示关闭图形界线检查,一般情况下都是关闭的,关闭图形界线检查将不再限制将图形绘制到图形界线外。

③ "指定左下角点":表示设置图形界线左下角坐标。

④ "指定右上角点":表示设置图形界线右上角坐标。

(3) 输入"Z"(ZOOM命令),按回车键,输入"A"后按回车键,所设置的图形界线范围全部显示在屏幕上。

八、文件管理

本节主要介绍 AutoCAD 图形文件的基本操作,如新建图形文件、打开已有的图形文件、保存图形文件、设置图形文件密码等,在一个 AutoCAD 窗口中可以同时打开和编辑多个图形文件。

(一) 新建图形文件

在 AutoCAD 中新建图形文件有如下三种方法。

(1) 选择"文件(F)"→"新建(N)…"命令。

(2) 在"标准"工具栏中单击"新建"按钮。

(3) 在命令窗口中"命令:"后输入"NEW"(简捷命令 N)并按回车键。

执行"新建"命令后,弹出"选择模板"对话框,该对话框中列出了 AutoCAD 所有可供选择使用的样板,样板文件是已经进行了某些设置的特殊图形。用户可以运用样板创建新图形,单击选择某样板,单击"打开(O)"按钮,出现 AutoCAD 绘图界面,此时的绘图环境将与选定的样板文件的绘图环境一致。用户也可以直接创建新图形,单击"选择模板"对话框中"打开(O)"按钮右侧的箭头按钮,如图 1-33 所示,出现如图 1-34 所示的下拉列表框,选择"无样本打开-公制(M)"命令,也将出现 AutoCAD 绘图界面,此时的绘图环境将与 AutoCAD 默认的绘图环境一致。用户可以根据需要对新建图形文件的绘图环境进行修改。

实际上,样板图形与普通图形并无区别,只是作为样板的图形具有一定的通用性,可以用作绘制其他图形的模板。样板图形中通常包含以下设置和图形元素:① 单位类型、精度和图形界线;② 捕捉、栅格和正交设置;③ 图层、线型和线宽;④ 标题栏和边框;⑤ 标注和文字样式。

项目1
建筑平面图的绘制

图1-33 "选择样板"对话框

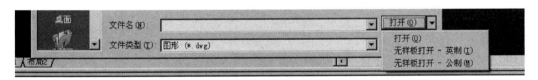

图1-34 "选择样板"对话框的下拉列表框

（二）打开已有图形文件

打开已有图形文件可通过如下三种方法。

(1) 选择"文件(F)"→"打开(O)…"命令。

(2) 在"标准"工具栏中单击"打开"按钮 。

(3) 在命令窗口中"命令:"后输入"OPEN"（简捷命令O）并按回车键。

执行"打开"命令后，弹出"选择文件"对话框，如图1-35所示。在该对话框中，可以直接输入文件名来打开已有文件名，也可在列表框中双击需打开的文件，或者选中列表框中需打开的文件，单击"打开(O)"按钮即可打开所选文件。

（三）同时打开多个图形文件

在一个任务下同时打开多个图形文件的功能为重复使用过去的设计，以及在不同图形文件之间进行移动、复制图形对象及其特性提供了方便。其具体方法为：在如图1-35所示的"选择文件"对话框中，在按Ctrl键的同时选中几个要打开的文件，然后单击"打开(O)"按钮即可。

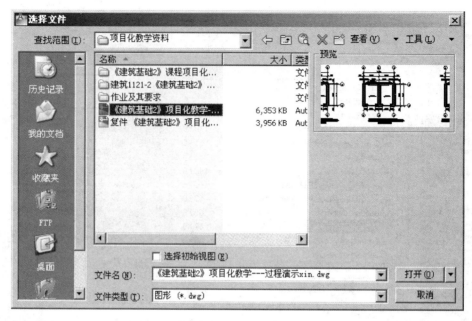

图1-35 "选择文件"对话框

(四)保存图形文件

在绘图过程中,为了防止意外情况,如死机、断电等,必须随时保存图形文件。保存图形文件可通过如下三种方法。

(1)选择"文件(F)"→"保存(S)…"命令。

(2)在"标准"工具栏中单击"保存"按钮 。

(3)在命令窗口中"命令:"后输入"SAVE"并按回车键。

如果当前图形已经命名,则"保存"命令将以已命名的名称保存文件;若当前文件尚未命名,在输入存盘命令后,将出现"图形另存为"对话框,如图1-36所示,可在该对话框中为图形文件命名,并为其选择合适的位置,然后单击右下角的"保存(S)"按钮。

(五)图形文件密码

1. 设置图形文件密码

设置了密码的图形文件,可以确保未经授权的用户无法打开或查看图形。设置图形密码可按如下方法操作。

(1)选择"工具(T)"→"选项(N)…"命令,弹出"选项"对话框,如图1-37所示。

(2)选择"打开和保存"选项卡,单击"文件安全措施"选项组中的"安全选项(O)…"按钮,弹出"安全选项"对话框,如图1-38所示。

(3)在"用于打开此图形的密码或短语(O)"文本框中输入所设置的密码文本,单击"确定"按钮,出现"确认密码"对话框,如图1-39所示。

(4)在"再次输入用于打开此图形的密码(O)"文本框中再次输入密码文本,单击"确定"按钮。

项目1
建筑平面图的绘制

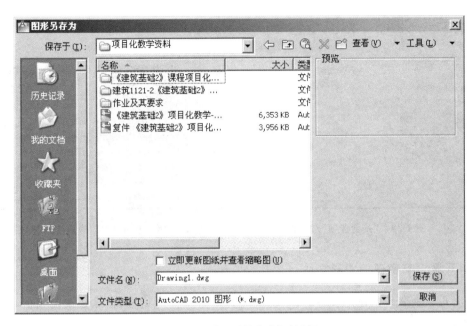

图 1-36 "图形另存为"对话框

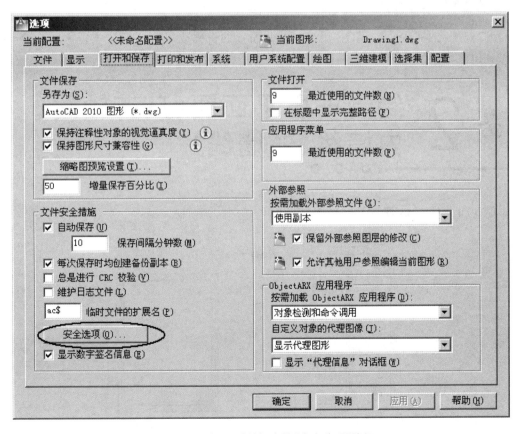

图 1-37 "选项"对话框中的"安全选项"按钮

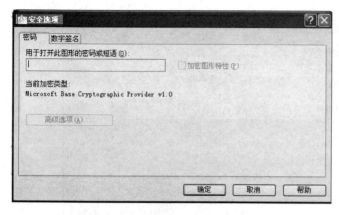
图 1-38 "安全选项"对话框

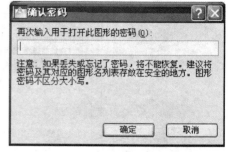
图 1-39 "确认密码"对话框

2. 打开设置有密码的图形文件

在打开设置有密码的图形文件时,系统首先弹出"密码"对话框,输入正确的密码后即可打开图形文件。

3. 取消图形文件密码

打开"安全选项"对话框,清空"用于打开此图形的密码或短语(O)"文本框中的内容,单击"确定"按钮即可。

任务 2 绘制一层平面图(只有轴线、内墙线、外墙线)

绘制如图 1-40 所示的 3 600 mm×4 900 mm 的一层平面图。

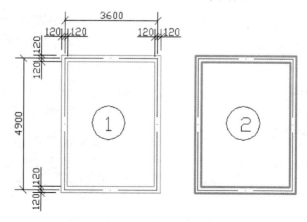

图 1-40 绘制一层平面图

一、学习命令

1. 直线（LINE）

"直线"命令用于创建直线段。

1）启动命令

启动"直线"命令有如下三种方法。

(1) 选择"绘图(D)"→"直线(L)"命令。

(2) 在"绘图"工具栏中单击"直线"按钮 ╱ 。

(3) 在命令窗口中"命令："后输入"LINE"（简捷命令L）并按回车键。

2）具体操作

启动"直线"命令后，根据命令行提示按下述步骤进行操作。

  命令：_line 指定第一点：//确定线段起点
    指定下一点或[放弃(U)]：//确定线段终点或输入U取消上一条线段
    指定下一点或[放弃(U)]：//如果只想绘制一条线段，可在该提示下直接按回车键，以结束绘制直线操作

执行"直线"命令，一次可绘制一条线段，也可以连续绘制多条线段（其中每一条线段都彼此相互独立）。当连续绘制两条以上的直线段时，命令行将反复提示："指定下一点或[闭合(C)/放弃(U)]："，来确定线段的终点，或输入"C"(Close)将最后一条直线段的终点和第一条直线段的起点连线形成闭合的折线，也可输入"U"以取消最近绘制的直线段。

3）注意事项

直线段是由起点和终点来确定的，可以通过鼠标或键盘输入坐标来确定起点或终点。

例 1-3 绘制水平直线段 AB=20 mm。

解 可通过如下两种方式绘制。

(1) 正交方式 在状态栏选中"正交"按钮→在"绘图"工具栏单击"直线"按钮 ╱ →在屏幕上合适位置单击鼠标左键确定 A 点→把光标放在 AB 直线段方向，此时在屏幕上出现水平直线段→在命令行输入 20（见图 1-41(a)）后按回车键，结束数据输入（见图 1-41(b)）→按回车键，结束直线命令。

(2) 一般方式 单击"直线"按钮 ╱ →在屏幕上适合位置单击鼠标左键确定 A 点→在命令行输入@20<0，并按回车键结束数据输入→按回车键，结束直线命令。

> 注意：如果是 $\alpha°$ 斜线，则输入@20<α。

2. 删除（ERASE）

"删除"命令用于直接从图形中删除对象。

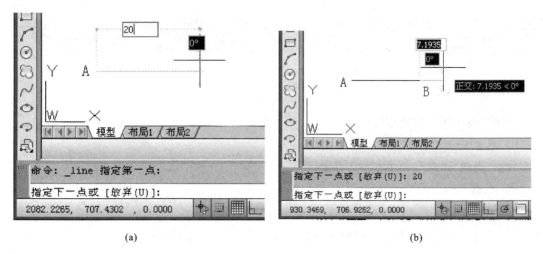

图 1-41 正交方式下绘制直线段

1) 启动命令

启动"删除"可用如下三种方法。

(1) 选择"修改(M)"→"删除(E)"命令。

(2) 在"修改"工具栏中单击"删除"按钮 ![icon]。

(3) 在命令窗口中"命令:"后输入"ERASE"(简捷命令 E)并按回车键。

2) 具体操作

启动"删除"命令后,根据命令行提示按下述步骤进行操作。

选择对象://选择需要删除的实体
　　选择对象://继续选择需要删除的实体或按回车键结束命令操作

3) 注意事项

(1) 在"选择对象:"提示下,除可选择实体对象进行删除,还可以输入"C"或"W"并按回车键,选择使用交叉方式或窗口方式来选择要删除的实体。用窗口方式选择时,只有实体图形完全落在矩形框内才被选中;用交叉方式选择时,实体图形只要部分落在矩形框内就会被选中。

(2) 在不执行任何命令的状态下,分别单击或用窗口方式或交叉方式选择要删除的图形实体,按 Delete 键或选择"删除"命令,也可以删除所选实体。

(3) 使用"删除"命令,有时很可能会误删一些有用的图形实体。如果在删除实体后,发现操作失误,可用"OOPS"命令来恢复删除的实体。其操作方法为:在命令窗口"命令:"提示后直接输入"OOPS"并按回车键即可,或选择"标准"工具栏中的"放弃"按钮 ![icon],或直接在键盘上按 Ctrl+Z。

二、对象特性与图层

在 AutoCAD 中,对象特性是一个比较广泛的概念,既包括颜色、图层、线型、线宽等通用特性,也包括各种几何信息,还包括与具体对象相关的附加信息,如文字的内容、样式等。这里只介绍对象的颜色、线型、线宽、图层等特性。

(一)对象特性

1. 颜色

1) 颜色概述

AutoCAD 提供了如下的颜色特性。

(1) ByLayer(随层):逻辑颜色,表示对象与其所在图层设置的颜色保持一致。

(2) ByBlock(随块):逻辑颜色,表示对象与其所在块设置的颜色保持一致。未组建块之前对象的颜色为黑/白色。

(3) 具体颜色:包括红、黄、绿等 255 种具体颜色,其中有 9 种标准颜色和 6 种灰度颜色,如图 1-42(a)所示。

2) 颜色的设置

用户可以通过"颜色"命令设置当前的颜色,启动该命令的方法如下。

(1) 选择"格式(O)"→"颜色(C)"命令。

(2) 选择"特性"工具栏上的"颜色控制"下拉列表,单击"选择颜色…"按钮。

(3) 在命令窗口中"命令:"后输入"COLOR"(简捷命令 Col)并按回车键。

启动"颜色"命令后,弹出"选择颜色"对话框,如图 1-42(a)所示。在"选择颜色"对话框中选择一种颜色,如红色,然后单击"确定"按钮,则该颜色即成为当前颜色,以后所绘制的对象都具有该种颜色的特性,直至选择新的颜色为止。

3) 注意事项

(1) 设置颜色更快捷的方式是在"特性"工具栏的"颜色控制"下拉列表框中选择颜色,所选择的颜色成为当前颜色。例如,选择图 1-42(b)中的绿色,可使绿色为当前颜色,如图 1-43 所示。

(2) 如果需要改变某些对象的颜色,只需要选中这些对象,然后在"颜色控制"下拉列表中选择相应的颜色即可,这样做只改变选中对象的颜色,并不改变当前颜色。

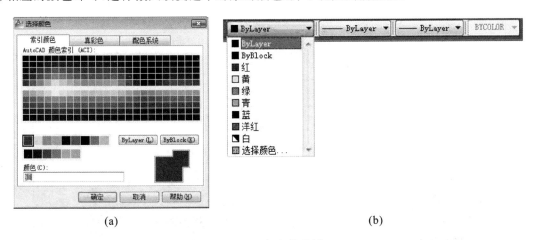

图 1-42 颜色的设置

图 1-43 在"颜色控制"下拉列表中设置绿色

2. 线型

1) 线型的概念

线型是指由点、横线和空格等按一定规律重复出现而形成的图案，复杂线型还可以包含各种符号。如果为图形对象指定某种线型，则对象将根据此线型的设置进行显示和打印。

当用户创建一个新的图形文件后，通常会包括如下三种线型。

（1）ByLayer（随层）：逻辑线型，表示对象与其所在图层设置的线型保持一致。

（2）ByBlock（随块）：逻辑线型，表示对象与其所在块设置的线型保持一致。未组建块之前对象的线型为"Continuous"（连续）。

（3）Continuous（连续）：连续的实线。

当然，用户可使用的线型远不只这几种。AutoCAD 提供了公制的线型库文件"acadiso.lin"，该文件中包含了数十种的线型定义，用户可随时加载该文件，并使用其定义的各种线型。

2) 线型的设置

可以通过"线型"命令设置当前的线型，启动该命令的方法如下。

（1）选择"格式(O)"→"线型(N)"命令。

（2）选择"特性"工具栏中的"线型控制"下拉列表，单击"其他…"按钮。

（3）在命令窗口中"命令："后输入"LINETYPE"（简捷命令 LT）并按回车键。

启动"线型"命令后，弹出"线型管理器"对话框，如图 1-44 所示。可以看到，在该对话框中只有前面介绍的三种线型。对话框下半部分"详细信息"选项组的内容可以通过点击"隐藏细节(D)"按钮使之显示或隐藏。

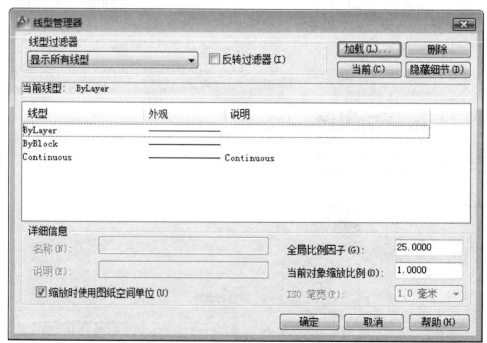

图 1-44　"线型管理器"对话框

下面以加载常用的点画线线型"ACAD_ISO04W100"为例,介绍加载线型的方法,具体步骤如下。

(1) 在"线型管理器"对话框中单击"加载(L)…"按钮,弹出"加载或重载线型"对话框,如图1-45 所示。可以看到,在"文件(F)…"按钮后显示的文件名为"acadiso.lin",这说明下面显示的可用线型都是公制的线型库文件"acadiso.lin"中的线型。

图1-45 "加载或重载线型"对话框

(2) 在"加载或重载线型"对话框中的线型列表中找到点画线线型"ACAD_ISO04W100"并选中,然后单击"确定"按钮,回到"线型管理器"对话框,此时,在"线型管理器"对话框的线型列表中就增加了"ACAD_ISO04W100"线型,选中该线型并单击"当前(C)"按钮,则"ACAD_ISO04W100"线型成为当前线型,以后所绘制的对象都具有"ACAD_ISO04W100"线型的特性,直至将其他线型设置为当前线型为止。

(3) 如果绘制线条的线型不能合理显示,可以在"线型管理器"对话框的"详细信息"选项组中设置线型的"全局比例因子(G)"或"当前对象缩放比例(O)"的值。如果"全局比例因子(G)"发生变化,则当前文件中的所有线型都会按新的比例值进行更新,而"当前对象缩放比例(O)"仅对设置后绘制的图形线型起作用,以前绘制的图形线型不发生变化。

(4) 在"线型管理器"对话框中单击"确定"按钮,线型设置完毕。

3) 注意事项

(1) 确认线型库文件为"acadiso.lin"这一点很重要,这是因为 AutoCAD 还提供了另外一个英制的线型库文件"acad.lin",这两个文件中的线型名称一致,极易混淆。但这两个文件定义的线型原始尺度是不同的,有近 25.4 倍的差距,所以这两个线型库中的线型不能共用于同一个文件中,否则不论线型比例设置为多少,线型的显示都不可能合理。

(2) 设置线型更快捷的方式是在"特性"工具栏的"线型控制"下拉列表中选择线型,所选择的线型将成为当前线型。

(3) 如果需要改变某些对象的线型,只需要选中这些对象,然后在"线型控制"下拉列表中选择相应的线型即可,这样做只改变选中对象的线型,并不改变当前线型。

3. 线宽

1) 线宽的概念

线宽指的是图线打印输出时的宽度,可用于除 TrueType 字体、光栅图像、点和实体填充(二维实体)之外的所有图形对象。如果为图形对象指定线宽,则对象将根据此线宽的设置进行显示和打印。

在 AutoCAD 中,可用的线宽预定义值包括 0.00 mm、0.05 mm、0.09 mm、0.13 mm、0.15 mm、0.18 mm、0.20 mm、0.25 mm、0.30 mm、0.35 mm、0.40 mm、0.50 mm、0.53 mm、0.60 mm、0.70 mm、0.80 mm、0.90 mm、1.00 mm、1.06 mm、1.20 mm、1.40 mm、1.58 mm、2.00 mm 和 2.11 mm 等。此外还包括如下几种。

(1) ByLayer(随层):逻辑线宽,表示对象与其所在图层设置的线宽保持一致。

(2) ByBlock(随块):逻辑线宽,表示对象与其所在块设置的线宽保持一致。未组建块之前对象的线宽为"默认"线宽。

(3) 默认:创建新图层时的默认线宽设置,默认值为 0.25 mm。

2) 线宽的设置

可以通过"线宽"命令设置当前的线型,启动该命令的方法如下。

(1) 选择"格式(O)"→"线宽(W)"命令。

(2) 在命令窗口中"命令:"后输入"LWEIGHT"(简捷命令 LW)并按回车键。

启动"线宽"命令后,弹出"线宽设置"对话框,如图 1-46 所示。

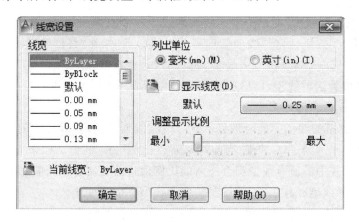

图 1-46 "线宽设置"对话框

在"线宽设置"对话框的"线宽"列表中可以选择一种线宽作为当前线宽;如果选中"显示线宽(D)"复选框,则线宽将会在屏幕上显示出来;拖动"调整显示比例"选项组下的滑块,可以调整线宽显示的粗细程度,但并不改变线宽的真实值;在"默认"下拉列表中可以改变默认的线宽值。

3) 注意事项

(1) 设置线宽更快捷的方式是在"特性"工具栏的"线宽控制"下拉列表中选择线宽,所选择的线宽成为当前线宽。

(2) 如果需要改变某些对象的线宽,只需要选中这些对象,然后在"线宽控制"下拉列表中选择相应的线宽即可,这样做只改变选中对象的线宽,并不改变当前线宽。

（二）图层

1. 图层的概念

图层是用来组织和管理图形的一种方式。

AutoCAD 中的图层就相当于完全重合在一起的透明纸，用户可以任意地选择其中一个图层绘制图形，而不会受到其他图层上图形的影响。例如，在建筑施工图中，可以将墙体、门窗、尺寸标注、轴线、图形注释等放在不同的图层上进行绘制。在 AutoCAD 中，每个图层都以一个名称作为标志，并具有各自的颜色、线型、线宽等特性，以及开和关、冻结和解冻、锁定与解锁等不同的状态，熟练运用图层可以大大提高图形的清晰度和工作效率，这在复杂的工程制图中尤其明显。

在 AutoCAD 中，图层设置包括创建和删除图层、设置颜色和线型、控制图层状态等内容。图层可通过"图层特性管理器"对话框来进行设置。

启动"图层"命令，打开"图层特性管理器"对话框可用如下三种方法。

(1) 选择"格式(O)"→"图层(L)"命令。

(2) 在"图层"工具栏中单击"图层特性管理器"按钮 。

(3) 在命令窗口中"命令:"后输入"LAYER"（简捷命令 LA）并按回车键。

启动"图层"命令后，将弹出"图层特性管理器"对话框，如图 1-47 所示，在此对话框中，用户可完成创建图层、删除图层、重设当前层、颜色控制、状态控制、线型控制及打印状态控制等操作。

图 1-47 "图层特性管理器"对话框

2. 创建图层

在"图层特性管理器"对话框中，单击"新建图层"按钮 ，AutoCAD 将自动生成名称为"图层 1"（图层 2，图层 3……）的图层，如图 1-48(a)所示。

在"名称"栏中可以修改新图层的名称，选中该图层，在"名称"上单击，"名称"字段被激活后即可输入新名称，如图 1-48(b)所示，"图层 1"、"图层 2"、"图层 3"分别被修改成"中心线"、"细投影线"、"粗投影线"。在对话框内任一空白处单击，或按回车键即可结束创建图层的操作。

在"图层特性管理器"对话框中，单击"置为当前"按钮 ，可以将选中的图层置为当前图层。

> 注意：为图层命名时，名称中不得含有"《》/?"";*1,="字符，后面关于标注样式、多线样式等的命名也有此规定，不再赘述。

3. 删除图层

在绘图过程中,用户可随时删除一些不用的图层。

1) 具体操作

(1) 在"图层特性管理器"对话框的图层列表框中单击要删除的图层,此时该图层名称呈高亮度显示,表明该图层已被选择。

(2) 单击"删除"按钮,即可删除所选择的图层。

2) 注意事项

0 层、当前层(正在使用的图层)、含有图形对象的图层不能被删除。

4. 设置当前层

当前层就是当前绘图层,用户只能在当前层上绘制图形,而且所绘制实体的属性将继承当前层的属性。当前层的层名和属性状态都显示在"图层"、"特性"工具栏上。AutoCAD 默认 0 层为当前层。设置当前层主要有如下四种方法。

(1) 在"图层特性管理器"对话框中,选择用户所需的图层名称,使其呈高亮度显示,然后单击当前按钮 ,如图 1-48(b)所示。选择"中心线"层,然后单击按钮 ,此时"中心线"层的状态栏将出现 ,如图 1-48(c)所示,表明此时"中心线"层已设置为当前层。如果单击对话框下面"应用(A)"按钮,再单击"确定"按钮,回到绘图界面,此时"中心线"层将出现在"图层"工具栏和"特性"工具栏上,如图 1-49 所示。

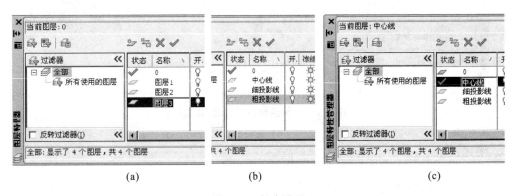

图 1-48 创建图层

(2) 在"图层"工具栏中单击"将对象的图层置为当前"按钮,如图 1-49 所示,然后选择某个图形实体,即可将实体所在的图层设置为当前层。

(3) 在"图层"工具栏上的"图层控制"下拉列表框中,将高亮度光条移至所需的图层名上,单击鼠标左键,此时新选的当前层就出现在图层控制区内,如图 1-49 所示。

(4) 在命令窗口中"命令:"后输入"CLAYER"并按回车键,根据提示输入新图层名称并按回车键即可。

5. 图层的特性

图层的特性包括图层的颜色、线型、线宽、透明度、是否打印等。

图 1-49 设置当前图层

1) 图层的颜色

设定图层颜色可在"图层特性管理器"对话框中进行。如图 1-50 所示,选择"中心线"图层,单击该图层"颜色"栏相应位置,弹出如图 1-50 所示的"选择颜色"对话框,选择红色,单击"确定"按钮。此时,中心线的颜色就由图 1-50 中的默认的黑色变为红色。由于中心线也是当前图层,文件中当前颜色为"ByLayer",此时绘图界面上的"图层"及"特性"中的中心线的颜色改变为红色 ,如图 1-51 所示。

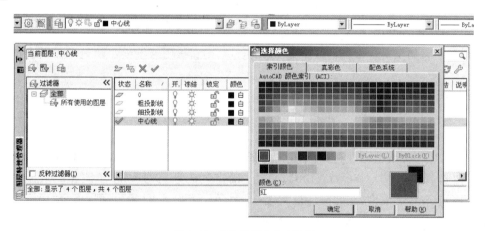

图 1-50 "选择颜色"对话框

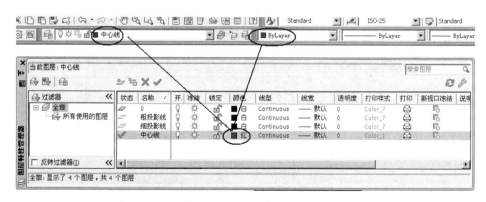

图 1-51 设置中心线图层的颜色

同理,可以把"粗投影线"图层的颜色设定为绿色,"细投影线"图层的颜色设定为白色,此时,打开绘图界面中的"图层"下拉菜单中各个图层显示的颜色和设定的一致,如图 1-52 所示。

2) 图层的线型

(1) 设置线型 在"图层特性管理器"对话框的图层列表中,单击某图层的线型,将会弹出

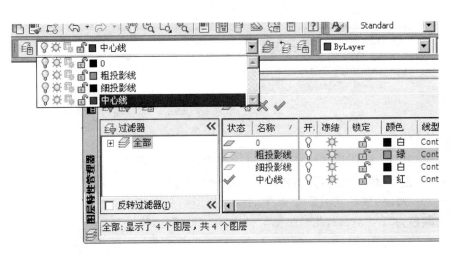

图 1-52　设置其他图层的颜色

"选择线型"对话框,可以从中选择所需要的图层线型,如果该线型还没有加载,则要先加载该线型,然后再选中。如果文件中当前线型为"ByLayer",则在该图层上绘制的对象将具有该图层的线型。

如图 1-51 所示,把"中心线"图层线型由默认线型设置为"ACAD_ISO04W100",具体操作如下。

如图 1-53 所示,选择中心线图层,单击该图层"线型"栏的相应位置,弹出"选择线型"对话框,此时,框内无相关线型可供选择,单击"加载(L)…"按钮,弹出"加载或重载线型"对话框,在此对话框内选择"ACAD_ISO04W100",单击"确定"按钮。此时"选择线型"对话框中出现"ACAD_ISO04W100"线型,在此对话框中选择"ACAD_ISO04W100"线型,单击"确定"按钮,此时中心线图层线型由以前的"Continuous"变为"ACAD_ISO04W100",显示在界面中的图层及特性中的"中心线"图层的线型也改为该线型,如图 1-54 所示。

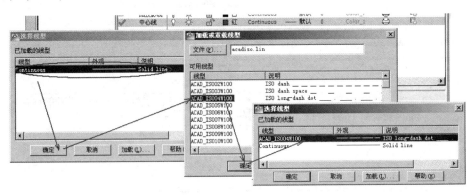

图 1-53　设置中心线图层的线型

(2) 确定线型比例　线型比例是指线型的短线和空格的相对比例,用户可以用 LTSCALE 命令来更改线型比例,线型比例的默认值为 1。

通常,线型比例应和绘图比例相协调,即如果绘图比例是 1∶10,则线型比例应设为 10。线型比例在"线型管理器"中可进行设置,用户可以采用下述两种方式设置线型比例。

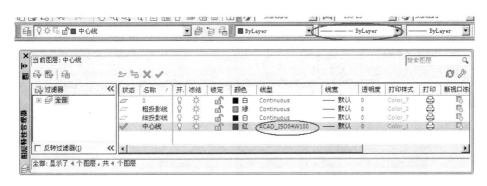

图 1-54 设置成功

① 利用对话框设置。选择"格式(O)"→"线型(N)…"命令；或在对象特性工具栏线型下拉列表中选择"其他…"，弹出"线型管理器"对话框，单击"隐藏细节(D)"按钮，如图 1-55 所示。在"全局比例因子(G)"文本框中输入全局缩放比例值，单击"确定"按钮。

图 1-55 利用对话框设置线型比例

② 利用命令行设置。在命令行窗口中"命令:"后输入"LTSCALE"并按回车键，出现如下提示。

命令: ltscale

输入新线型比例因子 <＊＊＊>: //输入新的线型比例，并按回车键即可

其中，"＊＊＊"表示原先线型比例，更改线型比例后，AutoCAD 自动生成新线型下的图形。

3) 图层的线宽

在"图层特性管理器"对话框的图层列表中，单击某图层的线宽，将会弹出"线宽"对话框，可以从中选择所需要的图层线宽。如果文件中当前线宽为"ByLayer"，则在该图层上绘制的对象将具有该图层的线宽。

如果把"中心线"、"粗投影线"、"细投影线"图层中的默认线宽分别改为 0.2 mm、0.9 mm、0.2 mm，具体操作如下。

在"图层特性管理器"对话框中，选择"中心线"图层，单击该图层"线宽"栏相应位置，弹出"线宽"对话框。选择 0.2 mm 线宽，单击"确认"按钮，如图 1-56 所示。此时，中心线就由图 1-54 中的默认值变为 0.2 mm，如图 1-57 所示。

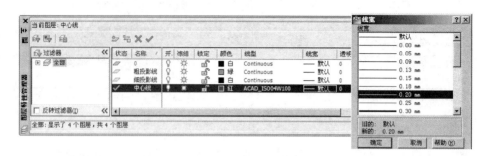

图 1-56 设置"中心线"图层的线宽

同理,把"粗投影线"的线宽改为 0.9 mm,"细投影线"的线宽改为 0.2 mm,并把"粗投影线"图层设为当前图层,显示在界面中的"粗投影线"图层及特性中的线宽也改为 0.9 mm,如图 1-57 所示。

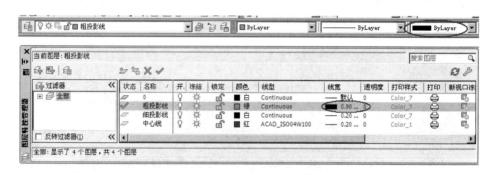

图 1-57 设置所有图层的线宽

4) 图层的透明度

在"图层特性管理器"对话框的图层列表中,单击某图层的"透明度"栏,将会弹出"图层透明度"对话框,如图 1-58 所示。可以从该对话框中选择或输入所需要的图层透明度,透明度为 0 时表示图层颜色正常显示,透明度越大则颜色越淡,透明度值介于 0～90 之间。

图 1-58 "图层透明度"对话框

5) 图层的打印特性

在默认状态下,所有图层上的对象都是可以打印的,如果需要让某一个图层上的对象不打印,可以设置该图层为禁止打印的图层,只需要在"图层特性管理器"对话框的图层列表中,单击某图层的允许打印图标,此时该图标变为禁止打印图标,则图层被禁止打印。

6. 图层的状态

图层的状态包括图层的开和关、冻结和解冻、锁定和解锁等。

1) 图层的开和关

图层的开关控制钮显示为 ，一般情况下，图层处于打开状态，图层上的对象可见。如果此时单击开关控制钮，则图层被关闭，控制钮显示为 ，被关闭的图层上的对象不可见也不能被打印，但会重生成，当前图层可以被关闭。暂时关闭与当前工作无关的图层可以减少干扰，更加方便工作。

2) 图层的冻结和解冻

图层的"冻结/解冻"控制钮显示为 ，一般情况下，图层处于解冻状态，图层上的对象可见。如果单击该控制钮，则图层被冻结，此时控制钮显示为 ，被冻结的图层上的对象不可见、不能被打印、不能重生成。当前图层不能被冻结，用户可以将长期不需要显示的图层冻结，以提高对象选择的性能，减少复杂图形的重生成时间，提高计算机的运算速度，提高绘图效率。

3) 解锁与锁定

图层的"解锁/锁定"控制钮显示为 ，一般情况下，图层处于解锁状态，图层上的对象可以被选择和编辑。如果单击该控制钮，则图层被锁定，此时控制钮显示为 ，被锁定的图层上的对象不可以被选择和编辑，但可以在被锁定的图层上绘制对象。在编辑很复杂的图形时，为了避免误操作，常将一些不需要编辑的对象所在的图层锁定。

7. "图层控制"下拉列表

在"图层"工具栏上有"图层控制"下拉列表，如图 1-59 所示，"图层控制"下拉列表具有如下功能。

图 1-59 "图层控制"下拉菜单

(1) 通过"图层控制"下拉列表，可以快速、便捷地控制图层的状态，包括将某一层设置为当前层、图层的开关控制、图层的锁定与解锁控制、图层的冻结与解冻控制。

(2) 当不选择任何对象时，列表中显示当前的图层名和图层状态；如果选择了对象，列表中将显示选定对象所在的图层名及图层状态。因此，可以很方便地知道当前工作在哪个图层以及选定的对象在哪个图层。

(3) 如果需要把某些对象从一个图层（或多个图层）转移到另一个图层，只需选中这些对象，然后单击"图层控制"下拉列表中目标图层的图层名称就可以了。

（三）特性匹配

特性匹配功能用于复制对象的特性，类似于 Word 软件中的格式刷，可以复制的特性包括图层、颜色、线型、线型比例、线宽、透明度、厚度等。

1) 启动命令

启动"特性匹配"命令可用如下三种方法。

（1）选择"修改(M)"→"特性匹配(M)"命令。

（2）在"标准"工具栏中单击"特性匹配"按钮 ![icon]。

（3）在命令窗口中"命令:"后输入"MATCHPROP"（简捷命令 MA）并按回车键。

2) 具体操作

启动"特性匹配"命令后，根据命令行提示按下述步骤进行操作。

```
命令：'_matchprop
选择源对象：//选择源对象，被复制特性的对象，只能选择一个源对象
当前活动设置：颜色 图层 线型 线型比例 线宽 透明度 厚度 打印样式 标注 文字
              图案填充 多段线 视口 表格材质 阴影显示 多重引线
选择目标对象或［设置(S)］：//选择需要复制特性的对象
选择目标对象或［设置(S)］：//继续选择，或按回车键结束命令
```

3) 注意事项

如果需要设置对象的哪些特性可以被复制，可以在选择源对象后右击，在弹出的快捷菜单中单击"设置"，弹出"特性设置"对话框，如图1-60所示，在"特性设置"对话框中可以确认哪些特性可以被复制。

（四）"特性"选项板

对象除了具有图层、颜色、线型、线宽等特性外，还具有更广泛的其他特性，如直线具有长度、角度、端点坐标等特性，圆具有圆心坐标、半径、周长、面积等特性。可以在"特性"选项板中查看或修改对象的完整特性，如图1-61所示。

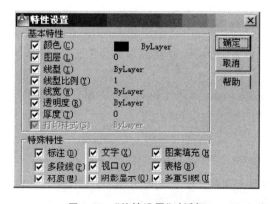

图1-60　"特性设置"对话框

图1-61　"特性"选项板

1)启动命令

启动"特性"选项板可用如下四种方法。

(1) 选择"修改(M)"→"特性(P)"命令。

(2) 在"标准"工具栏中单击"特性"按钮 。

(3) 在命令窗口中"命令:"后输入"PROPERTIES"(简捷命令 CH)并按回车键。

(4) 键盘输入快捷键"Ctrl+1"。

2)具体操作

"特性"选项板如图 1-61 所示。如果选择对象,该对象的相关特性即在"特性"选项板中显示,可以在该选项板中进行对象相关属性的查看或修改。

3)注意事项

(1)"特性"选项板与 AutoCAD 绘图窗口相对独立,在打开"特性"选项板的同时可以在 AutoCAD 中输入命令、使用菜单和对话框等。因此,如果有需要,在 AutoCAD 中工作时可以一直将"特性"选项板打开。

(2) 如果在绘图区域中选择某一对象,"特性"选项板中将显示此对象所有特性的当前设置,用户可以修改任何允许修改的特性。根据所选择的对象种类的不同,其特性内容也有所变化。

三、绘制一间平房的一层平面图(不带门窗)

绘制如图 1-40 所示一间平房一层平面图(不带门窗、文本和尺寸),图层设置如表 1-4 所示。

表 1-4 图层设置

名称	颜色	线型	线宽	备注
中心线	红色■	ACAD_ISO04W100(点画线)	0.2 mm	轴线
细投影线	白色□	Continuous(实线)	0.2 mm	
粗投影线	绿色■	Continuous(实线)	0.9 mm	被剖切到的轮廓线
其他	蓝色■	Continuous(实线)	0.2 mm	根据需要设置

(一)绘制步骤

1. 建立图层

在"图层特性管理器"对话框中设置图层,使其满足如表 1-4 所示的条件。此时,可以直接在图 1-57 的基础上加上"其他"层,如图 1-62 所示,关闭对话框,回到绘图界面。

2. 设置状态栏

设置"对象捕捉"功能。

① 选中"对象捕捉"模式中的"端点(E) □ ☑端点(E)"复选框。

② 启用状态栏中的"正交"功能、"对象捕捉"功能。

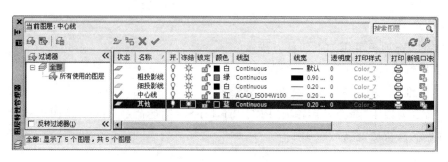

图 1-62 "图层特性管理器"对话框

3. 绘制轴线

(1) 设置图层　如图 1-63 所示,将当前图层设为"中心线"层,在"图层"工具栏的"图层控制"中选择"中心线"层;"特性"工具栏中颜色为■ByLayer、线型为——－——ByLayer、线宽为——ByLayer。

图 1-63　设置轴线图层

(2) 绘制轴线　用"直线"命令绘出 3 600 mm×4 900 mm 的矩形框,如图 1-66(a)所示;也可用 1∶100 比例绘制,此时输入的开间、进深分别为 36 mm、49 mm。

(3) 注意事项　用 1∶1 比例绘制,而出图比例为 1∶100 时,线型的全局比例一般设定为100;用 1∶100 比例绘制时,出图比例也是 1∶100 时,线型的全局比例一般设置为 1。

4. 绘制外墙线的起点

(1) 设置图层　如图 1-64 所示,将当前图层设为"其他"层,在"图层"工具栏的"图层控制"中选择"其他"层;"特性"工具栏中颜色为■ByLayer、线型为——ByLayer、线宽为——ByLayer。

图 1-64　设置外墙线的起点的图层

(2) 绘制辅助线　用"直线"命令绘出如图 1-66(b)所示的辅助线。

(3) 注意事项　绘图比例同轴线。

5. 绘制外墙线

(1) 设置图层　如图 1-65 所示,将当前图层设为"粗投影线"层,在"图层"工具栏的"图层控制"中选择"粗投影线"层;"特性"工具栏中颜色为■ByLayer、线型为——ByLayer、线宽为——ByLayer。

图 1-65　设置外墙线的图层

(2) 绘制外墙线　用"直线"命令绘出 3 840 mm×5 140 mm 的矩形框,如图 1-66(c)所示;

也可用1∶100比例绘制,此时输入的开间、进深分别为38.4 mm、51.4 mm。

6. 删除辅助线

用"删除"命令删除辅助线得到图1-66(d)。

7. 绘制内墙线的起点

步骤同绘制外墙线的起点,得到图1-66(e)。

8. 绘制内墙线

步骤同上述绘制外墙线,得到图1-66(f)。

9. 删除辅助线

用"删除"命令删除辅助线,得到图1-66(f)。

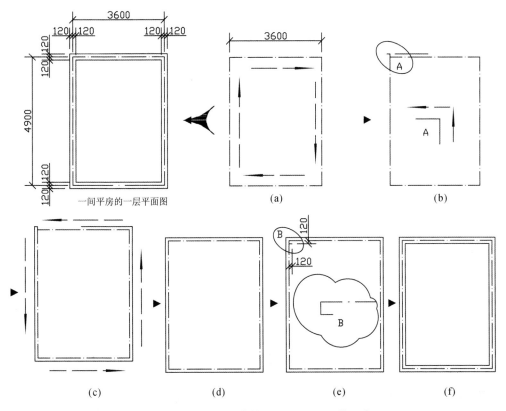

图1-66 绘制一间平房的一层平面图(不带门窗)

(二) 效果显示

在状态栏中选中"线宽",此时将得到如图1-67所示的显示线宽的一间平房的一层平面图(不带门窗)。

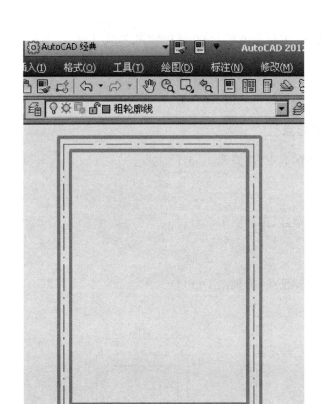

图 1-67　显示线宽的一间平房的一层平面图（不带门窗）

子项 1.2　建筑一层平面图（无文本、无尺寸）的绘制

【子项目标】
　　能够绘制某住宅楼一层平面图（详见附录 A，无文本、无尺寸标注、无家具）。
【能力目标】
　　具备绘制建筑一层平面图（无文本、无尺寸标注、无家具）的能力。
【CAD 知识点】
　　(1) 绘图命令　多线（MULTILINE）、圆（CIRCLE）、圆弧（ARC）。
　　(2) 修改命令　修剪（TRIM）、移动（MOVE）、复制（COPY）、镜像（MIRROR）、分解（EXPLODE）、延伸（EXTEND）、拉伸（STRETCH）、圆角（FILLET）、倒角（CHAMFER）、旋转（ROTATE）。

任务 1 绘制一间平房一层平面图

绘制 n×m 房屋的一层平面图,其中 n 为房屋开间,m 为房屋进深,在开间 1 处开设居中窗户,在开间 2 处开设门,距离最近进深方向轴线为 240 mm。

一、AutoCAD 绘图基本知识

1. 修改命令——修剪(TRIM)

1) 启动命令

启动"修剪"命令可用如下三种方法。

(1) 选择"修改(M)"→"修剪(T)"命令。

(2) 在"修改"工具栏中单击"修剪"按钮 。

(3) 在命令窗口中"命令:"后输入"TRIM"(或 TR)并按回车键。

绘制一间平房一层平面图

2) 具体操作

启动"修剪"命令后,根据命令行提示按下述步骤进行操作。

(1) 命令行提示如下。

选择对象或<全部选择>

此时,光标由十字变为方框,用方框选择作为剪切边界的实体,如选择图 1-68 左图中的直线

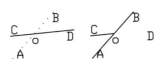

图 1-68 "修剪"命令(一)

段 AB;可连续选中多个实体作为边界(或选择所有剪切边界和被剪切体),如图 1-69 左所示,选择直线段 AB、CD、EF、GH,选择完毕后按回车键确认(或右击,在弹出的下拉菜单中确认)。

(2) 命令行提示如下。

选择要修剪的对象,或按住 Shift 键选择要延伸的对象,或
[栏选(F)/窗交(C)/投影(P)/边(E)/删除(R)/放弃(U)]:

此时,单击选中要剪切实体的被剪部分,将其剪掉。如选择 1-68 左图中的直线段 CD,选择图 1-69 左图中的直线段 BG、DH、AE、CF,选择完毕后按回车键(或右击,在弹出的下拉菜单中确认)即可退出命令,可得到图 1-68 右图及图 1-69 右图。如果要恢复被剪部分,选择下拉菜单中的"放弃(U)"选项。

3) 其他选项

(1) 按住 Shift 键选择要延伸的对象:如果修剪边与被修剪边不相交,此时按住 Shift 键选

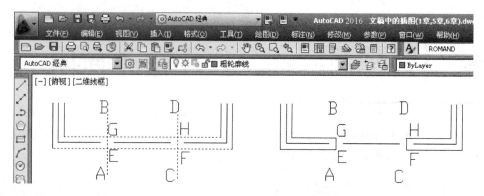

图 1-69 "修剪"命令(二)

择对象,表示该对象将延伸到修剪边。

(2)"栏选(F)":利用栏选修剪对象,最初拾取点将决定选定的对象是怎样进行修剪或延伸的。

(3)"窗交(C)":利用窗口选择修剪对象。

(4)"投影(P)":选择 3D 编辑中进行实体剪切的不同投影方法。

(5)"边(E)":设置剪切边界的属性,选择该项即在命令行输入"E"并按回车键,将出现如下命令行提示。

   输入隐含边延伸模式[延伸(E)/不延伸(N)]<延伸>:

选择默认<延伸>并按回车键,表示剪切边界可以无限延长,边界与被剪实体不必相交;选择不延伸即输入"N",表示剪切边界只有与被剪实体相交时,才有效。

(6)放弃(U):取消所进行的剪切,选择该项即在命令行输入"U"并按回车键,即可恢复被剪部分。

2. 移动(MOVE)

移动图形,使其与其他图形之间的相对位置发生变化。

1) 启动命令

启动"移动"命令可用如下三种方法。

(1)选择"修改(M)"→"移动(M)"命令。

(2)在"修改"工具栏中单击"移动"按钮 。

(3)在命令窗口中"命令:"后输入"MOVE"(简捷命令 M)并按回车键。

2) 具体操作

启动"移动"命令后,根据命令行提示按下述步骤进行操作。

  选择对象://选择要移动的实体,光标由十字变为方框,用方框选择要移动的实体,按回车键(或单击鼠标右键)确认

  指定基点或位移://确定移动的基点,通过对对象捕捉(Osnap)中点的设置,选择一些特征点,或直接在绘图界面上选点

  指定位移的第二点或<用第一点作位移的起点>://确定终点,输入相对坐标"@ 距离"或通过对象捕捉(Osnap)来准确定位位移的终点位置

二、绘制一间平房的一层平面图

1. 具体项目任务

如图 1-70 所示,绘制一间平房的一层平面图(只考虑轴线、墙线、门窗)。

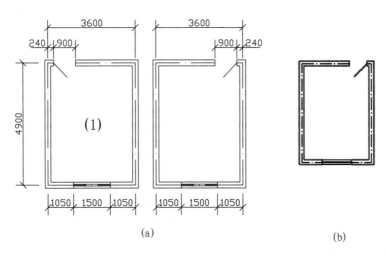

图 1-70　一间平房的一层平面图

2. 绘制步骤

(1) 绘制图 1-71(a)　利用"直线"、"删除"等命令绘制轴线、内外墙线(见图 1-66(f))。

(2) 绘制辅助线　当前图层为 , 特性为 ![ByLayer] ——ByLayer ■ByLayer,选择"正交"→"直线"绘图命令绘制门窗洞辅助线,如图 1-71(b)所示。

(3) 修剪门窗洞　利用"修剪"命令修剪门窗洞处的内外墙线,修剪辅助线,如图 1-71(c)中虚线部分;运用"删除"命令删除多余辅助线,得到图 1-71(d),也可仿图 1-69 所示的窗洞的绘制方法和步骤。

(4) 完善　利用"直线"命令、"移动"命令绘制门扇及窗框、扇线,得到图 1-71(e)。

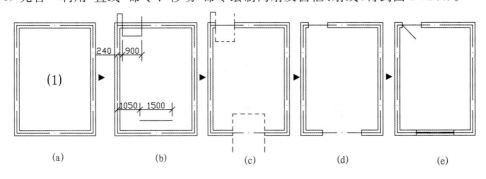

图 1-71　绘制一间平房的一层平面图

对于步骤(4)中图 1-71(e)中窗框、窗扇线的绘制,按如图 1-72 所示进行操作,具体步骤如下。

图 1-72 绘制窗框、窗扇线

当前图层为 细投影线 ,特性为 ByLayer —— ByLayer —— ByLayer,选择"正交"→"直线"命令绘制窗洞处内外墙的投影线 A、B,选择"移动"命令移动 A、B 至 A′、B′,选择"直线"命令重新绘制窗洞处内外墙的投影线。

3. 效果显示

在状态栏中选中"线宽"按钮,此时将得到如图 1-70(b)所示的显示线宽的一间平房一层平面图。

任务 2　绘制两间平房的一层平面图

绘制 $n_1 \times m_1 + n_2 \times m_2$ 平房一层平面图,其中 n_1、n_2 为房屋开间、m_1、m_2 为房屋进深,在每间开间 1 处开设居中窗户,在开间 2 处开设门,距离最近进深方向轴线为 240 mm。

一、绘制两间平房的一层平面图

绘制如图 1-73 所示的平面图(不考虑文本、尺寸标注),图 1-73(a)为不对称的两间平房的一层平面图,图 1-73(b)为对称的两间平房的一层平面图。

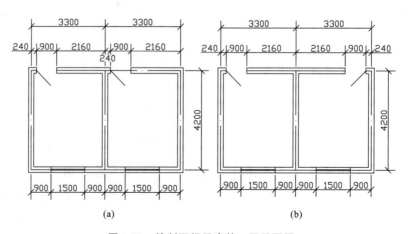

图 1-73 绘制两间平房的一层平面图

（一）AutoCAD 绘图基本知识

1. 复制（COPY）

对图形实体进行复制。

1）启动命令

启动"复制"命令可用如下三种方法。

(1) 选择"修改(M)"→"复制(C)"命令。

(2) 在"修改"工具栏中单击"复制"按钮 。

绘制两间平房
的一层平面图

(3) 在命令窗口中"命令:"后输入"COPY"(简捷命令 CO 或 CP)并按回车键。

2）具体操作

启动"复制"命令后，根据命令行提示按下述步骤进行操作。

> 选择对象：//此时,光标由十字变为方框,用方框单击选中需复制的实体;也可运用窗口方式或交叉方式选择需复制的实体。如只有部分复制实体选中,则反复多次选择,直到全部选中。选择完毕后按回车键(或右击)确认,此时,光标由方框变为十字
>
> 当前设置：　复制模式 ＝ 多个
>
> 指定基点或［位移(D)/模式(O)］＜位移＞ ：//要求确定复制操作的基准点位置,选择绘图区任一点或图形实体中的特征点
>
> 指定位移的第二点或＜用第一点作位移＞：//要求确定复制目标的终点位置,输入位移数字,或选中图形实体中的特征点并单击,即可完成复制实体成品定位

3）其他选项

其他2个选项的含义如下。

(1)"模式(O)"　AutoCAD 提供了两种复制模式,输入"O"并按回车键,命令行将出现"输入复制模式选项［单个(S)/多个(M)］＜多个＞:"。其中,"多个(M)"表示连续复制多个图形实体的功能。输入"M"并按回车键,即选择了重复(Multiple)选项。此时命令行将出现"当前设置:复制模式＝多个"提示。在此设置下,完成一个复制实体后,命令行将反复出现"指定第二个点或［退出(E)/放弃(U)］＜退出＞:"提示,要求确定另一个复制实体成品位置,直至按回车键结束命令。

(2)"用第一点作位移"　终点位置通常还可借助相对坐标来确定,即输入相对基点的终点坐标来确定,输入"@a"或"@a＜b"并按回车键。如果在正交打开的情况下水平或垂直方向复制,此时输入"@a"表示终点在当前十字光标位置方向距离第一点的距离为 a。

4）相关信息

将图形复制到 Windows 剪贴板中是 Windows 提供的一个实用工具,可方便地实现应用程序间图形数据和文本数据的传递。AutoCAD 提供的带基点复制命令,将用户所选择的图形复制到 Windows 剪贴板上或另一个图形文件上。打开编辑菜单,单击"带基点复制命令(B)"命令,即可启动该命令。启动该命令后,根据命令行提示,逐一操作,由此复制的图形文件可保存在 Windows 剪贴板中,进行相应的粘贴操作。

2. 镜像(MIRROR)

以对称图形的一部分为复制对象,镜像复制对称的另一部分图形。

1) 启动命令

启动"镜像"命令可用如下三种方法。

(1) 选择"修改(M)"→"镜像(M)"命令。

(2) 在"修改"工具栏中点击"镜像"按钮 ![镜像按钮]。

(3) 在命令窗口中"命令:"后输入"MIRROR"并按回车键。

2) 具体操作

启动"镜像"命令后,根据命令行提示按下述步骤进行操作。

选择对象:∥选择需要镜像的实体。选择图 1-74(a)中的实体,此时实体变为虚线,如图 1-74(b)所示,光标变为十字,选择完毕后按回车键。
指定镜像线的第一点:∥确定镜像线的起点位置,选择图 1-74(b)中直线段 AB 中的 A 点
指定镜像线的第二点:∥确定镜像线的终点位置,选择图 1-74(b)中直线段 AB 中的 B 点
是否删除源对象? [是(Y)/否(N)]<N>:∥确定是否删除原来所选择的实体

AutoCAD 的默认选项为否(N),按回车键即可,此时将得到成品图形,如图 1-74(c)所示;如果输入"Y"并按回车键,则屏幕上原来所选的实体将被删除,此时将得到成品图形,如图 1-74(d)所示。

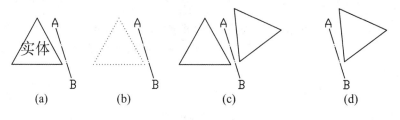

图 1-74 镜像操作

3) 注意事项

(1) 确定的两点 A、B 构成的直线段将作为镜像线,系统将以该镜像线为轴,镜像另一部分图形。

(2) 如果选定 AB 作为镜像线,则命令行提示选择镜像线的第一点、第二点时,可选择 AB 直线段上的任意不重合的两点,此时,需把"对象捕捉"模式中的"最近点"选中,并启用"对象捕捉"功能。

(二) 完成项目任务

1. 绘制两间大小一致的不对称平房(见图 1-73(a))

绘图过程如图 1-75 所示,具体步骤如下所述。

(1) 绘制图 1-75(a) 绘制 3 300 mm×4 200 mm 一间平房的一层平面图,可仿图 1-70 的绘制过程。

(2) 绘制图 1-75(b) 设置"对象捕捉"功能,设定对象捕捉模式中的端点,并启用"对象捕

捉"中的"复制"命令。选择需复制的实体图形,如图 1-75(a)中 a 轴线不选;选择基点,如图 1-75(a)中的基准点、选择第二点,如图 1-75(a)中的终点。

(3)绘制图 1-75(c)　用"删除"命令删除图 1-75(b)中所标示的需删除的直线段。

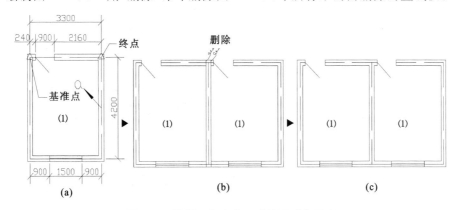

图 1-75　绘制两间大小一致的不对称平房

2. 绘制两间大小一致的对称平房(见图 1-73(b))

绘图过程如图 1-76 所示,具体绘图步骤如下所述。

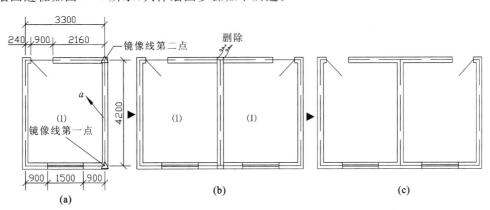

图 1-76　绘制两间大小一致的对称平房

(1)绘制图 1-76(a)　绘制 3 300 mm×4 200 mm 一间平房的一层平面图,可仿图 1-70 的绘制过程。

(2)绘制图 1-76(b)　设置"对象捕捉"功能,设定"对象捕捉"模式中的端点,并启用"对象捕捉"中的"镜像"命令。选择需镜像的实体图形,如图 1-76(a)中的 a 轴线不选。选择镜像线的第一点,如图 1-76(a)中的基准点;选择镜像线的第二点,如图 1-76(a)所示;选择不删除源对象。

(3)绘制图 1-76(c)　用"删除"命令删除图 1-76(b)中所标示的需删除的直线段。

二、绘制两间普通平房的一层平面图

绘制如图 1-77 所示的平面图(不包括文本)。

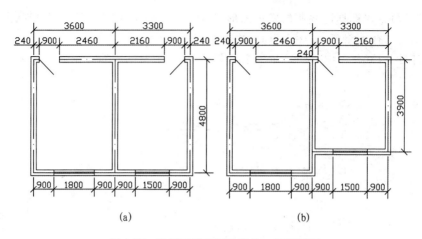

图 1-77　绘制两间普通平房的一层平面图

（一）AutoCAD 的绘图基本知识

1. 多线（MULTILINE）

绘制两间
普通平房的
一层平面图

多线可创建多条平行线（多条平行线称为多线），常用于内外墙线、窗台投影线、窗投影线等图素的绘制。

1）启动命令

启动"多线"命令可使用如下两种方法。

（1）选择"绘图(D)"→"多线(U)"命令。

（2）在命令窗口中"命令："后输入"MULTILINE"（简捷命令 ML）并按回车键。

2）具体操作

启动"多线"命令后，根据命令行提示按下述步骤进行操作。

    当前设置：对正= 无，比例= 某数，样式= 某样式
    指定起点或［对正(J)/比例(S)/样式(ST)］：//确定多线的第一点并按回车键
    指定下一点：//确定多线的第二点并按回车键
    指定下一点或［放弃(U)］：//确定多线的下一点并按回车键，或直接按回车键（或右击鼠标）放弃

3）其他选项

其他选项含义如下。

（1）"对正(J)"　选择偏移，包括零偏移、顶偏移和底偏移三种。

（2）"比例(S)"　设置绘制多线时采用的比例，即组成多线的两线段之间的距离。

（3）"样式(ST)"　设置多线的类型。

4）多线样式设置

激活"多线"命令后，命令行当前设置中有"样式＝某样式"的标示，AutoCAD 提供了"STANDARD"样式，此样式绘制出的图形实体的颜色、线型等特性是特定的，用户可通过"新建多线样式"对话框新建、设置用户需要的"多线"样式，具体操作如下所述。

（1）打开对话框　可通过下述方法打开"多线样式"对话框。

选择"格式(O)"→"多线样式(M)…"命令。

(2) 新建多线样式　激活"多线样式(M)…"命令后,将弹出"多线样式"对话框,如图1-78所示。

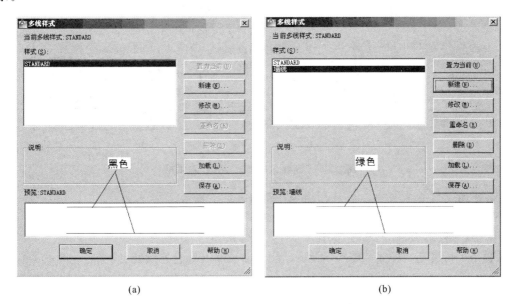

图1-78　"多线样式"对话框

在此对话框的"样式(S)"选项组中有系统的默认样式:STANDARD。在预览中两条线的特性与绘图界面中当前图层的特性相同;选择"新建(N)…"按钮,将弹出如图1-79所示的"创建新的多线样式"对话框。

图1-79　"创建新的多线样式"对话框

在"新样式名(N)"文本框中输入新样式名"墙线",然后单击"继续"按钮,将弹出如图1-80(a)所示的"新建多线样式:墙线"对话框。此对话框中的设置是默认样式"STANDARD"中的默认设置,如图元中的线的特性为"ByLayer",即用此样式绘制出的对象的特性和绘图界面上的当前图层一样,无论特性栏显示是否为"ByLayer"。

在"新建多线样式:墙线"对话框中选中"图元(E)"选项组中设置第一行图元:在颜色下拉菜单中选择"绿";单击"线型(Y)…"按钮,在"选择线型"对话框里选择线型"Continuous"后单击"确定"按钮,回到"新建多线样式:墙线"对话框。同样再设定第二个图元,如图1-80(b)所示。单击"确定"按钮回到"多线样式"对话框,如图1-80(b)所示。

比较图1-78中的(a)、(b)可发现,(b)中的"样式(S)"选项组中多了"墙线"选项。当在图1-78(b)中选择"墙线"选项时,其"预览:墙线"选项组中将显示"墙线"多线的特性:颜色为绿;线型为"Continuous"。单击"置为当前(U)"按钮,单击"确定"回到绘图界面。

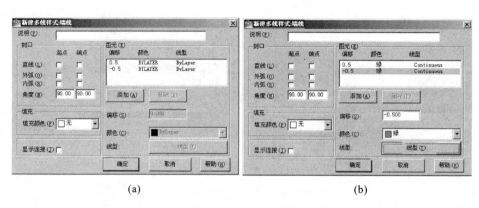

(a)　　　　　　　　　　　　　　(b)

图 1-80　"新建多线样式:墙线"对话框

(3) 运用　当激活"多线"命令时,命令行将出现如下提示。

前设置:对正= 无,比例= 2.40,样式= 墙线
指定起点或[对正(J)/比例(S)/样式(ST)]:

从提示中可发现,"样式=墙线",此时绘出的多线将是绿色连续线(线宽与此时的"特性"栏中显示的线宽相同)。如果想改变"样式=墙线"为"样式=STANDARD",则打开"多线样式"对话框,如图 1-78(b)所示,在"样式(S)"选项组选中"STANDARD",单击"置为当前(U)"按钮,单击"确定"即可。

同理可设置"墙线-随层"的多线样式,图元中的颜色、线型皆设置为"ByLayer"。

5) 注意事项

运用多线绘制成的图形实体是一个图块,如果需对图块内部的图形实体进行编辑,必须运用"分解"命令对其进行分解。关于分解命令将在后面内容中详细介绍。

例 1-4　沿轴线 2 400 mm×3 600 mm(比例为 1∶100)绘制厚 240 mm 的内外墙线,特性随层,符合制图标准的规定,如图 1-81(d)所示。操作过程如图 1-81 所示,操作步骤如下。

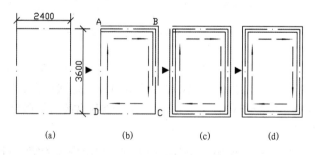

(a)　　　　(b)　　　　(c)　　　　(d)

图 1-81　运用多线绘制内外墙线

解　(1)相关设置。设置图层、多线样式,启动命令,具体如下。

① 图层、特性设置为 ![图层设置] ,其中颜色为 ![绿];线型为 Continuous,线宽为 0.6 mm。

② 设置"墙线-随层"多线样式,其中图元的特性、颜色、线型均为"ByLayer",启动"多线"命令。

(2) 修改"多线"当前设置,具体操作如下。

当前设置:对正= 上,比例= 某数,样式= STANDARD
指定起点或[对正(J)/比例(S)/样式(ST)]://输入 J 并按回车键
输入对正类型[上(T)/无(Z)/下(B)]<无> ://输入 Z 并按回车键
当前设置:对正= 无,比例= 某数,样式= 某样式
指定起点或[对正(J)/比例(S)/样式(ST)]://输入 S 并按回车键
输入多线比例<某数> ://输入 2.4(注:2.4= 实际尺寸(单位为 mm)×比例(本例中比例为 1∶100)),
　　按回车键
当前设置:对正= 无,比例= 2.4,样式= STANDARD
指定起点或[对正(J)/比例(S)/样式(ST)]://输入 ST,按回车键
输入多线样式名或[?]://输入墙线-随层,按回车键

(3) 绘制"多线"图形实体。经过步骤(2)的操作后,命令行出现新的提示,具体操作如下。

当前设置:对正= 无,比例= 2.4,样式= 墙线-随层
指定起点或[对正(J)/比例(S)/样式(ST)]://选择 A 点,如图 1-81(b)所示
指定下一点://选择 B 点,如图 1-81(b)所示
指定下一点或[放弃(U)]://选择 C 点,如图 1-81(b)所示
指定下一点或 [闭合(C)/放弃(U)]://选择 D 点,如图 1-81(b)所示
指定下一点或 [闭合(C)/放弃(U)]://选择 A 点,或输入 C 按回车键,直接结束命令操作,得到图 1-81(b)
指定下一点或 [闭合(C)/放弃(U)]://直接按回车键,结束命令的操作,得到图 1-81(c)

在图 1-80(c)对象上双击左键,出现" 多线编辑工具 "对话框,选择"角点结合" 编辑工具,此时命令行出现提示,具体操作如下。

命令:_mledit
选择第一条多线://选择图 1-81(c)中 AB 段多线任一点
选择第二条多线://选择图 1-81(c)中 AD 段多线任一点
选择第一条多线 或 [放弃(U)]://按回车键,即可得到图 1-81(d)

2. 分解(EXPLODE)

分解图块,使用户无法单独编辑内部的图块成为可编辑的图形实体。

1) 启动命令

启动"分解"命令可用如下三种方法。

(1) 选择"修改(M)"→"分解(X)"命令。

(2) 在"修改"工具栏中单击"分解"按钮 。

(3) 在命令窗口中"命令:"后输入"EXPLODE"(简捷命令 X)并按回车键。

2) 具体操作

启动"分解"命令后,根据命令行提示按下述步骤进行操作。

选择对象://选择要分解的图块
选择对象://继续选择图块或直接按回车键结束命令

3) 注意事项

(1) 除了图块之外,利用"分解"命令还可以分解三维实体、三维多段线、填充图案、平行线(MLINE)、尺寸标注线、多段线矩形、多边形和三维曲面等实体,用户即可对实体进行内部修改、编辑。

(2) 图1-81(c)中的内、外墙线需进行"分解"命令操作之后,才可进行对内、外墙线的相应修改命令操作。

3. 延伸(EXTEND)

延伸命令可使线段延伸到某一边界。

1) 启动命令

启动"延伸"命令可用如下三种方法。

(1) 选择"修改(M)"→"延伸(D)"命令。

(2) 在"修改"工具栏中单击"延伸"按钮 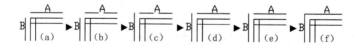。

(3) 在命令窗口中"命令:"后输入"EXTEND"(简捷命令 EX)并按回车键。

2) 具体操作

启动"延伸"命令后,根据命令行提示按下述步骤进行操作。

选择对象: //选择作为边界的实体目标,可以是弧、圆、多段线、直线、椭圆和椭圆弧等

选择要延伸的对象,或,

[栏选(F)/窗交(C)/投影(P)/边(E)/放弃(U)]: //选择要延伸的实体

在 AutoCAD 中,可以是延伸直线、多段线和弧这三类实体,一次只能延伸一个实体。

3) 其他选项

其中,"按住 Shift 键选择要修剪的对象"、"栏选(F)"、"窗交(C)"等选项的功能同"修剪"命令相应选项,其他选项含义如下。

(1) "放弃(U)":可以取消上次的延伸误操作。

(2) "投影(P)":输入"P"按回车键,即选择该项命令后,命令行将出现如下提示。

输入投影选项[无(N)/UCS(U)/视图(V)]<UCS>: //确定延伸三维实体对象时的投影方法

(3) "边(E)":输入"E"按回车键,即选择该项命令后,命令行将出现如下提示。

输入隐含边延伸模式[延伸(E)/不延伸(N)]<延伸>: //确定延伸实体目标是否一定和边界相交

例 1-5 修改图1-81(c)中外墙(使 A、B 墙线相交),操作过程如图1-82所示,具体操作如下所述。

图 1-82 修改图1-80中外墙操作

解 (1) 启动"延伸"命令。

(2) 选择边界 启动"延伸"命令后,根据命令行提示按下述步骤进行操作。

命令:_extend
当前设置:投影= UCS,边= 无
选择边界的边…
选择对象://选择线段 A,此时 A 变成虚线,如图1-82(b)所示
选择对象://直接按回车键

(3) 修改当前设置　继续根据提示进行如下操作进行命令操作。
选择要延伸的对象,或按住 Shift 键选择要修剪的对象,
或[栏选(F)/窗交(C)/投影(P)/边(E)/放弃(U)]://输入"E",按回车键
输入隐含边延伸模式[延伸(E)/不延伸(N)]<不延伸>://输入"E",按回车键
(4) 选择延伸对象　继续根据提示进行如下操作进行命令操作。
选择要延伸的对象,或按住 Shift 键选择要修剪的对象,或
[栏选(F)/窗交(C)/投影(P)/边(E)/放弃(U)]://用鼠标左键单击线段 B,得到图 1-82(c)
选择要延伸的对象,或按住 Shift 键选择要修剪的对象,或
[栏选(F)/窗交(C)/投影(P)/边(E)/放弃(U)]://按回车键结束"延伸"命令操作,得到图 1-82(d)
(5) 延伸直线段 A　再次启动"延伸"命令,单击线段 B 得图 1-82(e),按回车键,根据命令行提示按下述步骤进行操作。

命令:_extend
当前设置:投影= UCS,边= 延伸
选择边界的边…
选择对象或 <全部选择>:　找到 1 个
选择对象:
选择要延伸的对象,或按住 Shift 键选择要修剪的对象,或
[栏选(F)/窗交(C)/投影(P)/边(E)/放弃(U)]://选择直线 A,并按回车键结束操作,得到图 1-82(f)

4) 注意事项
(1) 当前设置中的边的默认设置为上一次对边进行设置的选择结果。
(2) 当需延伸的线段与延伸的边界线段有交点时,无须进行当前设置。
(3) 当需延伸的线段与延伸的边界线段无交点,但此时当前设置已是"投影＝UCS,边＝延伸"时,无须进行当前设置。

4. 拉伸(STRETCH)

拉伸命令使图(形)素沿着某一方向伸长或缩短。

1) 启动命令
启动"拉伸"命令可用如下三种方法。
(1) 选择"修改(M)"→"拉伸(H)"命令。
(2) 在"修改"工具栏中选择"拉伸"按钮 ▨。
(3) 在命令窗口中"命令:"后输"STRETCH"(简捷命令 S)并按回车键。

2) 具体操作
启动"拉伸"命令后,根据命令行提示按下述步骤进行操作。

命令:_stretch
以交叉窗口或交叉多边形选择要拉伸的对象…
选择对象://选择要拉伸图(形)素实体,指定交叉窗口或交叉多边形的一个角点
选择对象:指定对角点://指定交叉窗口或交叉多边形的另一角点,按回车键
选择对象:
指定基点或 [位移(D)]<位移>://指定拉伸基点或输入位移坐标
指定第二个点或 <使用第一个点作为位移>://指定拉伸终点或按回车键使用以前的坐标作为位移,
可直接用十字光标或坐标参数方式来确定终点位置

3) 注意事项

(1) "拉伸"命令可拉伸实体,也可移动实体。如果新选择的实体全部落在选择窗口内,AutoCAD 将把该实体从基点移动到终点;如果所选择的图形实体只有部分包含于选择窗口内,那么 AutoCAD 将拉伸实体。

(2) 如果不用交叉窗口或交叉多边形选择要拉伸的对象,AutoCAD 将不会拉伸任何实体。

(3) 并非所有实体只要部分包含于选择窗口内就可被拉伸,AutoCAD 只能拉伸由直线(LINE)、圆(ARC)(包括椭圆弧)、实体(SOLID)、多线(PLINE)和轨迹线(TRACE)等命令绘制的带有端点的图形实体。

(4) 选择窗口内的那部分实体及被选中的图素被拉伸,而选择窗口外的那部分实体将保持不变。

例 1-6 把图 1-83(a)中的房屋的进深由 2 700 mm 改为如图 1-83(c)所示的 3 000 mm,绘图过程如图 1-83 所示,具体操作如下所述。

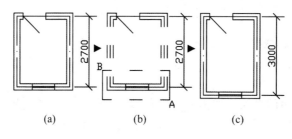

图 1-83 平面图

解 (1) 启动"拉伸"命令。

(2) 选择拉伸对象。启动"拉伸"命令后,根据命令行提示按下述步骤进行操作。

命令:_stretch
以交叉窗口或交叉多边形选择要拉伸的对象…
选择对象://在屏幕上任选一点 A,并使十字光标指向 B
选择对象:指定对角点://十字光标选中 B,如图 1-83(b)所示

(3) 确定位移。打开"正交"方式,继续根据提示进行如下操作。

指定基点或位移://单击屏幕上任一点,并拖向图形要拉伸方向(垂直向下)
指定位移的第二个点或 <用第一个点作位移>://输入"1"按回车键(1 为拉伸位移= 实际拉伸位移×比例,如果此图的绘图比例为 1∶100,则 l= 3),得到图 1-83(c)

(二) 完成项目任务

1. 绘制两间进深相同、开间不同的普通平房

如图 1-77(a)所示,绘制进深相同、开间不同的两间普通平房的一层平面图,绘图比例为 1∶100,图层设置如表 1-5 所示。操作过程如图 1-84 所示,具体操作如下所述。

项目1 建筑平面图的绘制

表1-5 图层设置

名称	颜色	线型	线宽	备注
中心线	红色■	ACAD_ISO04W100（点画线）	0.2 mm	轴线
细投影线	白色□	Continuous（实线）	0.2 mm	
中粗投影线	绿色■	Continuous（实线）	0.6 mm	被剖切到的投影线
其他	蓝色■	Continuous（实线）	0.2 mm	根据需要设置

（1）设置图层　图层可按表1-5所示进行设置。

（2）绘制轴线　如图1-84（a）所示，具体操作如下。当前图层为 ▣▣▣▣▣▣ 中心线 ▾ ，特性皆为"ByLayer"，选中状态栏中的"正交"命令，用"直线"命令绘制3 600 mm×4 800 mm的矩形框。按1∶100的比例绘制，则开间和进深应分别输入"36"、"48"。

（3）绘制墙线　如图1-84（b）、（c）所示，具体操作如下。当前图层设为 ▣▣▣▣▣▣ 中粗投影线 ▾ ，特性、正交设置不变，选择"多线"命令绘制墙线，可参照图1-81所示的绘制过程，得到图1-84（b），选择"分解"命令分解墙线；选择"延伸"命令修改外墙线，可参照图1-82所示的操作过程；选择"修剪"命令修改内墙，得到图1-84（c）。也可选择"多线"命令中的"闭合（C）"选项，直接得到图1-84（c），再选择"分解"命令分解墙线。

（4）绘制门窗线　可得图1-84（d），可参照图1-71所示的操作过程。

（5）复制已有图形　选择"镜像"命令镜像复制图1-84（d）并进行修改得图1-84（e），可参照图1-76所示的操作过程。

（6）修改右边房间开间与窗洞尺寸　启动"正交"功能，选择"拉伸"命令选择拉伸对象，如图1-84（f）所示；确定拉伸位移，大小为3 600 mm，方向如图1-84（f）所示，得图1-84（g），也即1-77（a）。

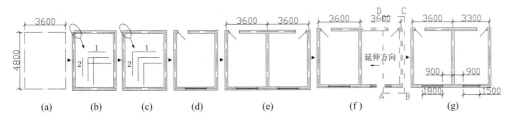

图1-84　绘制两间进深相同、开间不同的普通平房

如果本例中的窗洞尺寸不变，则还要进行如下修改：拉伸位移皆为150 mm，本图输入"1.5"即可。绘制过程如图1-85所示。

2. 绘制两间进深、开间都不同的普通平房

图1-77（b）所示为进深、开间均不同的两间普通平房的一层平面图，操作过程如图1-86所示，具体操作如下所述。

（1）绘制3 600 mm×4 800 mm房间　如图1-86（a）所示，可以参照"绘制两间进深相同、开间不同的普通平房/（1）～（4）"的操作过程。

（2）绘制3 300 mm×3 900 mm房间　选择"复制"命令复制图1-85（a），选择"拉伸"命令收

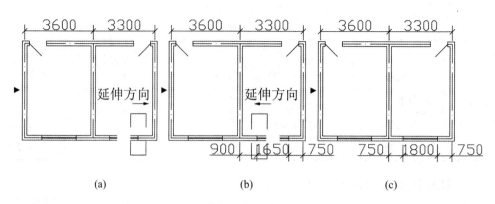

图 1-85 窗洞尺寸不变的普通平房

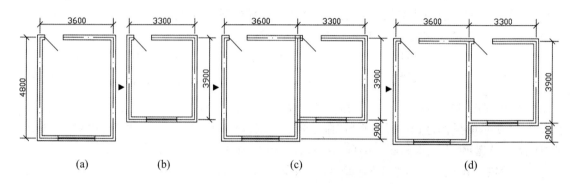

图 1-86 绘制两间进深、开间都不同的普通平房

缩房间的开间、进深得图 1-85(b)。

(3) 合并　选择"移动"命令完成图 1-85(a)与(b),得图 1-85(c)。

(4) 完善　利用"修剪"、"删除"命令修改图 1-86(c),得到图 1-86(d)。如果本例中的门洞对开,则可按图 1-87 所示进行绘制。绘制步骤:直接运用"绘制两间进深相同、开间不同的普通平房"的成图,即复制图 1-84(g),利用"拉伸"命令拉伸房间 2 的右墙和下墙,如图 1-87(a)所示。先用窗口方式自左上方向右下方绘矩形框选中下墙,再用窗交方式选中右墙,如图 1-87(a)所示,收缩房间 2 的进深使房间 2 变为房间 3,得图 1-87(b),选择"修剪"、"延伸"命令修改墙角,得到图 1-87(c)。

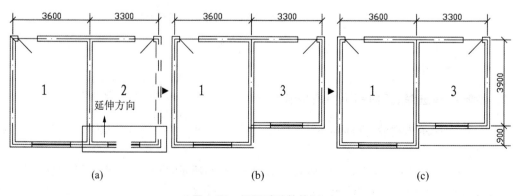

图 1-87 门洞对开的绘制

任务 3 绘制建筑的一层平面图

绘制某住宅楼的一层平面图(无文本、无标注、无家具布置、无阳台),如图 1-97 所示。

一、AutoCAD 绘图基本知识

(一) 绘图命令

1. 圆(CIRCLE)

圆是工程绘图中常见的基本实体之一,可以用来表示轴圈编号、详图符号等。

1) 启动命令

启动"圆"命令可用如下三种方法。

(1) 选择"绘图(D)"→"圆(C)"命令。

(2) 在"绘图"工具栏中单击"圆"按钮 ⊙。

(3) 在命令窗口中"命令:"后输入"CIRCLE"(简捷命令 C)并按回车键。

2) 具体操作

启动"圆"命令后,根据命令行提示按下述步骤进行操作。

  指定圆的圆心或 [三点(3P)/两点(2P)/相切、相切、半径(T)]://确定圆心
  指定圆的半径或 [直径(D)]<默认值>://确定圆的半径

3) 其他选项

输入任何一个其他选项,都将代表着一种绘圆方式,图 1-88 所示是"绘图(D)"下拉菜单中"圆(C)"的级联菜单,其中列出了几种不同的绘制圆弧方式,具体如下所述。

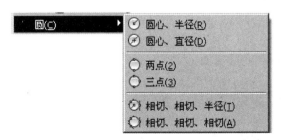

图 1-88 绘制圆弧的方式

(1) 圆心、直径(D) 该选项表示用圆心、直径绘制圆的方式,这种方式要求用户确定圆心、直径。输入"D"按回车键,用户在命令行"指定圆的直径<默认值>"提示下输入圆的直径即可。

(2) 三点(3) 该选项表示用圆周上三点绘制圆的方式,这种方式要求用户输入圆周上的任

意三个点。输入"3P"按回车键,用户根据命令行的提示,依次确定圆上第一点、第二点、第三点即可。

(3) 两点(2)　该选项表示用直径两端点绘制圆的方式,这种方式要求用户指点直径上的两端点。输入"2P"按回车键,用户根据命令行的提示,依次确定圆的直径第一端点、第二端点即可。

(4) 相切、相切、半径(T)　当需要绘制两个实体的公切圆时,可采用这种方式。该方式要求用户选择与公切圆相切的两个实体以及输入公切圆半径的大小。输入"2P"按回车键,用户根据命令行的提示,依次选择与公切圆相切的两个实体目标、输入公切圆的半径即可。

(5) 相切、相切、相切(A)　当需要绘制三个实体的公切圆时,可采用这种方式。该方式要求用户选择与公切圆相切的3个实体。输入"A"并按回车键,用户根据命令行的提示,依次选择与公切圆相切的3个实体目标即可。

2. 圆弧(ARC)

圆弧(ARC)是工程绘图中另一种最常见的基本实体,在建筑施工图中可以用来表示门窗的轨迹线。

1) 启动命令

启动"圆弧"命令可用如下几种方法。

(1) 选择"绘图(D)"→"圆弧(A)"命令。

(2) 在"绘图"工具栏中单击"圆弧"按钮 。

(3) 在命令窗口中"命令:"后输入"ARC"(简捷命令 A)并按回车键。

2) 具体操作

启动"圆弧"命令后,根据命令行提示按下述步骤进行操作。

　　Arc 指定圆弧的起点或[圆心(C)]://确定圆弧第一点
　　指定圆弧的第二个点或[圆心(C)/端点(E)]://确定圆弧第二点
　　指定圆弧的端点://确定圆弧终点

3) 其他选项

AutoCAD 提供了多种绘制圆弧的方式,这些方式是根据起点、方向、圆心、角度、端点、弦长等控制点来确定的。上述命令操作中,每一种选项都代表着几种绘制圆弧的方式,具体如下所述。

(1) 如在上述"指定圆弧的第二个点或[圆心(C)/端点(E)]"中输入"C"并按回车键,可根据提示进行下述操作。

　　指定圆弧的圆心://确定一点作为圆弧圆心
　　指定圆弧的端点或[角度(A)/弦长(L)]://确定一点作为圆弧终点结束命令

或输入"A"按回车键,根据"指定包含角:"提示,输入包含角结束命令;或输入"L"按回车键,根据"指定弦长:"提示,输入弦长结束命令。

(2) 如在上述"指定圆弧的第二个点或[圆心(C)/端点(E)]"中输入"E"并按回车键,可根据提示进行下述操作。

　　指定圆弧的端点://确定一点作为圆弧终点
　　指定圆弧的圆心或[角度(A)/方向(D)/半径(R)]://确定一点作为圆弧圆心结束命令

或输入"D"并按回车键,根据"指定圆弧的起点切向:"提示,确定起点切向后结束命令;或输入"R"并按回车键,根据"指定圆弧的半径:"提示,确定圆弧半径后结束命令;或输入"A"并按回车键,具体操作同上。

(3) 如在上述"Arc 指定圆弧的起点或[圆心(C)]"中输入"C"并按回车键,可根据提示进行下述操作。

  指定圆弧的圆心://确定一点作为圆弧圆心

  指定圆弧的起点://确定一点作为圆弧起点

  指定圆弧的端点或[角度(A)/弦长(L)]://确定一点作为圆弧终点结束命令

或者选择"角度(A)""弧长(L)"选项,具体操作同上。

4) 注意事项

也可通过图 1-89 所示的"绘图(D)"下拉菜单中"圆弧(A)"的级联菜单,直接选择绘制圆弧的某种方式来进行绘制圆弧的操作。

图 1-89 "圆弧(A)"的级联菜单

例 1-7 绘制 45°平开门的轨迹线(见图 1-90)及 90°平开门的轨迹线(见图 1-91)。

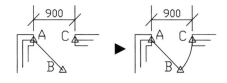

图 1-90 绘制 45°平开门的轨迹线

解 (1) 绘制 45°平开门的轨迹线,如图 1-90 所示。启动"圆弧"命令后,具体操作如下。

  指定圆弧的起点或 [圆心(C)]://单击 AB 门扇 B 点(选择 B 点作为起点)

  指定圆弧的第二个点或[圆心(C)/端点(E)]://输入 E 并按回车键

  指定圆弧的端点://单击 C 点(选择 C 点作为终点)

  指定圆弧的圆心或[角度(A)/方向(D)/半径(R)]://单击 A 点(选择 A 点作为圆心)

(2) 绘制 90°平开门的轨迹线，如图 1-91 所示的左侧门。启动"圆弧"命令后，具体操作如下。

  指定圆弧的起点或[圆心(C)]：//选择 C 点（作为圆弧的起点）
  指定圆弧的第二个点或[圆心(C)/端点(E)]：//输入 E 并按回车键
  指定圆弧的端点：//选择 B 点（作为圆弧的终点）
  指定圆弧的圆心或[角度(A)/方向(D)/半径(R)]：//输入 A 并按回车键
  指定包含角：//输入 90 并按回车键

(3) 绘制 90°平开门的轨迹线，如图 1-91 所示的右侧门。启动"圆弧"命令后，具体操作如下。

  指定圆弧的起点或[圆心(C)]：//选择 F 点（作为圆弧的起点）
  指定圆弧的第二个点或[圆心(C)/端点(E)]：//输入 C 并按回车键（选择第二点为"圆心"选项）
  指定圆弧的圆心：//选择 D 点（作为圆弧的圆心）
  指定圆弧的端点或[角度(A)/弦长(L)]：//输入 L 并按回车键（选择"弦长"选项）
  指定弦长：//选择 E 点（弧长为 FE）

图 1-91 绘制 90°平开门的轨迹线

（二）修改命令

1. 圆角（FILLET）

在两实体之间用圆弧进行光滑过渡，常用于墙脚线间、公路线拐弯处的修改。

1）启动命令

启动"圆角"命令可用如下三种方法。

(1) 选择"修改(M)"→"圆角(F)"命令。

(2) 在"修改"工具栏中单击"圆角"按钮 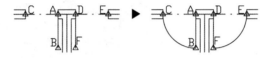 。

(3) 在命令窗口中"命令："后输入"FILLET"（简捷命令 F）并按回车键。

2）具体操作

启动"圆角"命令后，根据命令行提示按下述步骤进行操作。

  当前设置：模式=修剪，半径=0.0000
  选择第一个对象或[放弃(U)/多段线(P)/半径(R)/修剪(T)/多个(M)]：//选择要进行圆角操作的第一个实体
  选择第二个对象，或按住 Shift 键选择要应用角点的对象：//选择要进行圆角操作的第二实体

3）其他选项

其他主要选项含义如下。

(1) "多段线(P)"：选择多段线。选择该选项后，命令行给出如下提示。

  选择二维多段线：//要求用户选择二维多段线，AutoCAD 将以默认的圆角半径对整个多段线相邻各边两两进行圆角操作

(2) "半径(R)"：要求确定圆角半径。选择该选项后，命令行提示如下。

指定圆角半径 <默认值>:∥输入新的圆角半径

输入后出现上述"2)具体操作"的操作提示。初始默认半径值为 0。当输入新的圆角半径时,该值将作为新的默认半径值,直至下次输入其他的圆角半径为止。

(3)"多个(M)":选择该项后,可连续操作圆角命令。

(4)"修剪(T)":确定圆角的修剪状态。选择该项后,命令行提示如下。

输入修剪模式选项[修剪(T)/不修剪(N)]<修剪>:∥输入 N 或 T 按回车键

输入后出现上述"2)具体操作"的操作提示。其中,T 代表修剪圆角模式,N 代表不修剪圆角模式。图 1-92(a)为需修剪的墙角;图 1-92(b)为不修剪圆角模式结果;图 1-92(c)为修剪圆角模式结果。

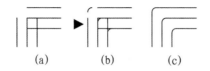

图 1-92 圆角修剪模式

例 1-8 如图 1-93 所示,修改图 1-93(a)中的内、外墙线角,得到图 1-93(e)。绘图过程的具体操作如下所述。

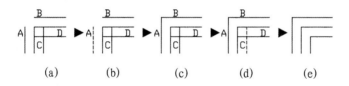

图 1-93 修改内、外墙线角

解 (1)启动"圆角"命令。

(2)修改圆角当前设置。启动"圆角"命令后,根据命令行提示按下述步骤进行操作。

当前设置:模式=不修剪,半径=默认值

选择第一个对象或[多段线(P)/半径(R)/修剪(T)/多个(M)]:∥输入 T 按回车键,修改当前设置中的不修剪模式

输入修剪模式选项[修剪(T)/不修剪(N)]<不修剪>:∥输入 T 按回车键,当前设置中的模式改为修剪

选择第一个对象或[放弃(U)/多段线(P)/半径(R)/修剪(T)/多个(M)]:∥输入 R 按回车键,修改当前设置中的半径

指定圆角半径 <默认值>:∥输入 0.0000 按回车键,当前设置中上次操作半径改为 0.0000 值

选择第一个对象或[放弃(U)/多段线(P)/半径(R)/修剪(T)/多个(M)]:∥输入 U 按回车键,进行连续操作设置

(3)选择对象 继续根据命令提示进行如下操作。

选择第一个对象或[放弃(U)/多段线(P)/半径(R)/修剪(T)/多个(M)]:∥选择墙线 A,得 1-93(b)

选择第二个对象,或按住 Shift 键选择要应用角点的对象:∥选择墙线 B,得 1-93(c)

选择第一个对象或[放弃(U)/多段线(P)/半径(R)/修剪(T)/多个(M)]:∥选择墙线 C,得 1-93(d)

选择第二个对象,或按住 Shift 键选择要应用角点的对象:∥选择墙线 D,得到图 1-93(e)

选择第一个对象或[多段线(P)/半径(R)/修剪(T)/多个(M)]:∥按回车键,结束命令操作

2. 倒角(CHAMFER)

倒角与圆角有些类似,使两实体之间用直线进行过渡,也可用于墙脚线间的修改。

1) 启动命令

启动"倒角"命令可用如下三种方法。

(1) 选择"修改(M)"→"倒角(C)"命令。

(2) 在"修改"工具栏中点击"倒角"按钮 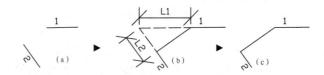。

(3) 在命令窗口中"命令:"后输入"CHAMFER"(简捷命令 CHA)并按回车键。

2) 具体操作

启动"倒角"命令后,根据命令行提示按下述步骤进行操作。

  ("修剪"模式)当前倒角距离 1=默认值,距离 2=默认值

  选择第一条直线或[放弃(U)/多段线(P)/距离(D)/角度(A)/修剪(T)/方式(M)/多个(M)]:
//选择要进行倒角的第一个实体,如图 1-94(a)所示,选择"直线段 1"

  选择第二条直线,或按住 Shift 键选择要应用角点的直线://选择第二个实体,选择图 1-94(a)中"直线段 2",得到如图 1-94(c),其中 L1=倒角距离 1 的默认值;L2=倒角距离 2 的默认值

3) 其他选项

其中,"放弃(U)"、"多段线(P)"、"修剪(T)"、"多个(M)"等选项的功能同"圆角(F)"命令,其他选项的含义如下。

(1) "距离(D)":确定两个新的倒角距离。选择该选项后,可根据命令行提示进行如下操作。

  指定第一个倒角距离 <默认值>://要求用户输入第一个实体上的倒角距离,即从两实体的交点到倒角线起点的距离,如图 1-94(b)中的第一实体线段 1 上的 L1 长度,按回车键

  指定第二个倒角距离 <默认值>://要求用户输入第二个实体上的倒角距离,如图 1-94(b)中的第 2 实体线段 2 上的 L2 长度,按回车键

输入倒角距离后,重复上述"2)具体操作"中的操作步骤,得到图 1-94(c)。

图 1-94 倒角中距离的操作

(2) "角度(A)":确定第一个实体的倒角距离和角度。选择该选项后,可根据命令行提示进行如下操作。

  指定第一条直线的倒角长度 <默认值>://输入 L1 值,如图 1-95(b)所示,按回车键指定第一条直线的倒角角度 <默认值>://输入 β 角度,并按回车键

输入倒角线相对于第一实体的角度,倒角线以该角度为方向延伸至第二个实体并与之相交,重复上述"2)具体操作"中的操作步骤,得到图 1-95(c)。

(3) "修剪(T)":确定倒角的修剪状态。选择 T 选项后,将出现下列提示。

  输入修剪模式选项[修剪(T)/不修剪(N)]<修剪>://T 表示修剪倒角,N 表示不修剪倒角

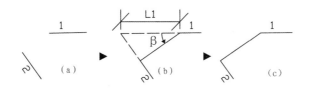

图 1-95　倒角中角度的操作

如图 1-96 所示，图 1-96(b)所示为不修剪状态下的倒角结果，图 1-96(c)所示为修剪状态下的倒角结果。

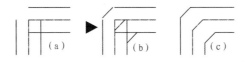

图 1-96　倒角中修剪的操作

(4)"方式(M)"：确定倒角的方法。输入"M"后，根据操作命令提示，按下述步骤进行操作。

　　输入修剪方法[距离(D)/角度(A)]<距离>：

选择"D"或"A"按回车键，则分别按照"距离(D)"方式或"角度(A)"方式进行倒角的操作。

3. 旋转(ROTATE)

旋转命令可使图形实体进行转动。

1) 启动命令

启动"旋转"命令可用如下三种方法。

(1) 选择"修改(M)"→"旋转(R)"命令。

(2) 在"修改"工具栏中单击"旋转"按钮 。

(3) 在命令窗口中"命令："后输入"ROTATE"(简捷命令 RO)并按回车键。

2) 具体操作

启动"旋转"命令后，根据命令行提示按下述步骤进行操作。

　　UCS 当前的正角方向：ANGDIR=逆时针　ANGBASE=0
　　选择对象：//选择要进行旋转操作的实体目标
　　选择对象：//按回车键结束选择
　　指定基点：//确定旋转基点
　　指定旋转角度或[参照(R)]：//确定绝对旋转角度

旋转角度有正、负之分，如果输入角度为正值，实体将沿着逆时针方向旋转，反之，则沿着顺时针方向旋转。

3) 其他选项

选择"参照(R)"选项后，根据命令行提示按下述步骤进行操作。

　　指定参照角 <0>：//选择某一线段 AB 的端点 A
　　指定第二点：//选择 AB 上任意一点 C(A 点除外)
　　指定新角度：//输入旋转角度 α

此时，实际相对于默认 0°旋转的角度为 α−β(β 为线段 AB 相对于默认 0°的角度)

二、绘制建筑的一层平面图

图 1-97 所示为某住宅楼的一层平面图,要求绘制如图 1-97 所示的图形实体,不包括家具、阳台、文本,操作过程如图 1-98 至图 1-101 所示,具体绘图步骤如下所述。

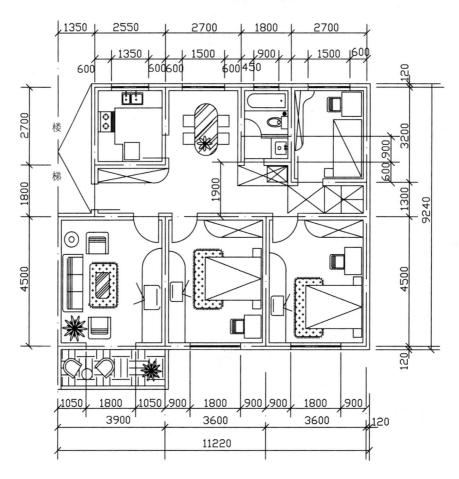

图 1-97 某住宅楼的一层平面图

1. 图层设置

在"图层特性管理器"对话框中设置图层,满足表 1-5 所示的条件。

2. 设置状态栏

设置"对象捕捉"功能。

绘制建筑的一层平面图(上)

(1)选中对象捕捉模式中的"端点(E) ☐ ☑端点(E)"、"中点(M) △ ☑中点(M)"复选框。

(2)启用状态栏中的"正交"功能、"对象捕捉"功能。

3. 绘制轴线

绘图过程如图 1-98 所示,当前层设为"中心线"层;在绘图界面上,"图层"工具栏的"图层控制"选择"中心线"层;"特性"工具栏中颜色为■ByLayer、线型为——ByLayer、线宽为——ByLayer。具体步骤如下。

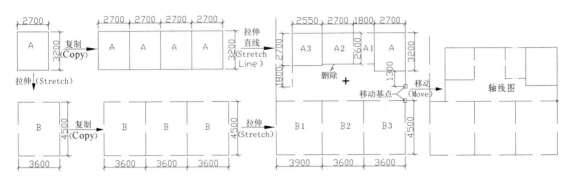

图 1-98 绘制轴线

(1) 选择"直线"命令绘制 2 700 mm×3 200 mm 矩形框 A。
(2) 选择"复制"命令把 A 复制成 4A,经拉伸成 A+A1+A2+A3。
(3) 选择"复制"、"拉伸"等命令,复制 A 并经拉伸得到 B,由 B 复制成 3B,3B 经拉伸成 B1+B2+B3。
(4) 选择"移动"命令,移动 A+A1+A2+A3 和 B1+B2+B3 形成"轴线图"。

4. 绘制墙线

当前层设为"中粗投影线"层;"特性"工具栏中颜色为■ByLayer、线型为——ByLayer、线宽为——ByLayer。绘制过程如图 1-99 所示,具体步骤如下。
(1) 选择"多线"命令绘制内、外墙线,其中"多线样式"选用"墙线-随层",得到图 1-99(a)。
(2) 选择"分解"命令分解内、外墙线,利用"延伸"、"修剪"、"删除"、"圆角"等命令进行修改,得到图 1-99(b)。

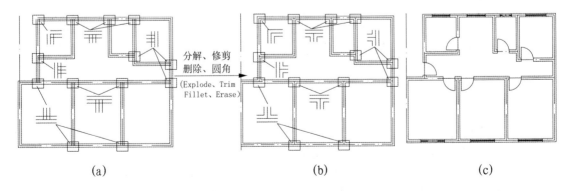

图 1-99 绘制墙线

5. 绘制窗

1）绘制窗模板

如图1-100(a)所示,以窗洞宽度为1 350 mm的窗洞投影线作为模板,其中窗框在"中粗投影线"图层中绘制,"特性"工具栏中特性均为"ByLayer";窗扇与窗台在"细投影线"图层中绘制,"特性"工具栏中特性均为"ByLayer";轴线在"中心线"图层中绘制,"特性"工具栏中特性均为"ByLayer"。

绘制建筑的一层平面图(下)

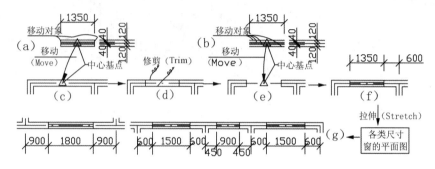

图1-100 绘制窗模板

2）绘制图1-99(c)所示的厨房外墙窗

绘制过程如图1-100所示,具体步骤如下。

(1) 绘制垂直窗洞线 将图1-100(a)中的移动对象移至图1-100(c)中,基点依次为图1-100(a)、图1-100(c)中轴线的中心点,得到图1-100(d)。此时图1-100(a)变成图1-100(b)。

(2) 绘制窗台、窗扇线 运用"修剪"命令删除图1-100(d)中所标设的水平墙线,得到图1-100(e);移动图1-100(b)中的移动对象至图1-100(e)中,基点依次为图1-100(b)、图1-100(e)中轴线的中心点,得到图1-100(f)。

3）绘制其他外墙窗

复制"1 350 mm窗"模板,在需要绘制外墙窗的外墙段重复"2)绘制图1-99(c)所示的厨房外墙窗"步骤。选择"拉伸"命令,把"1 350 mm窗"拉伸至各自的具体尺寸,如图1-100(g)所示。

4）注意事项

①以"1 350 mm窗"作为模板,选择"连续复制"命令先完成每个窗的垂直窗洞线的绘制;②统一修剪窗台线处的水平墙线,选择"连续复制"命令复制每个窗的窗扇;③选择"拉伸"命令,把"1 350 mm窗"拉伸到各自的窗洞尺寸。

6. 绘制门

(1) 绘制门模板 如图1-101(a)所示,以门洞投影线作为模板,其中门框在"中粗投影线"图层中绘制,"特性"工具栏中特性均为"ByLayer"。

(2) 绘制图1-99(c)起居室房间门 绘制过程如图1-101所示,具体步骤如下。

① 绘制垂直门洞线 将图1-101(a)中的移动对象移至图1-101(c)中,基点依次为图1-101(a)、图1-101(c)中轴线的端点,得到图1-101(d)。

② 删除门洞处墙线 选择"修剪"命令删除图1-101(d)中所标设的水平墙线,得到图1-101(e)。

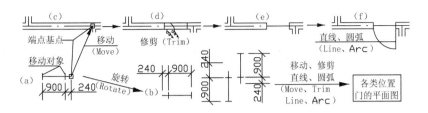

图 1-101　绘制门模板

③ 绘制门扇　在"中粗投影线"图层中绘制,"特性"工具栏中特性均为"ByLayer",选择"直线"命令绘制,如图 1-101(f)所示。

④ 绘制门扇轨迹线　在"细投影线"图层中绘制门窗轨迹线,"特性"工具栏中特性均为"ByLayer"。选择"圆弧"命令绘制,具体绘制过程、方法参照图 1-91 所示的左侧门中 90°平开门轨迹线的绘制方法,得到图 1-101(f)。

(3) 绘制其他门　复制图 1-101(a)门模板,选择"旋转"命令旋转门模板,得到各种不同方向的门模板,如图 1-101(b)所示。在需要绘制门的墙段,选择相应方向的门模板,重复"(2)绘制图 1-99(c)起居室房间门"步骤绘制相应的门,最终如图 1-99(c)所示。

7. 注意事项

(1) 在绘制一层平面图的轴线时,应使布置有门、窗的墙段的轴线为独立的直线段,以便于在绘制门窗时,基点可选择本墙段轴线的特征点,便于捕捉。

(2) 在绘制窗、门模板时,注意辅助线的作用。

(3) 选择"多线"命令绘制墙线时,在设定样式时,其中图元的特性一般设为 ByLayer,在绘制墙线时,只要把相应的图层设置为当前层,特性设置为 ByLayer 即可。例如,本例中运用"墙线-随层"多线样式绘制的墙线。

子项 1.3　建筑标准层平面图(无文本、无尺寸)的绘制

【子项目标】
能够绘制某住宅楼的标准层平面图(详见附录 A,无文本、无标注、无家具布置)。
【能力目标】
具备绘制建筑标准层平面图(无文本、无标注、无家具布置)的能力。
【CAD 知识点】
(1) 绘图命令　矩形(RECTANG)、椭圆(ELLIPSE)、图案填充(BHATCH)、渐变色(GRADIENT)。
(2) 修改命令　偏移(OFFSET)。

任务 1 绘图前的准备工作

建筑标准层平面图(无文本、无尺寸)的绘制

一、矩形(RECTANG)

运用"矩形"命令可绘制任意尺寸的矩形,可用于矩形中心线(轴线)、阳台等图形实体的快速绘制。

1. 启动命令

启动"矩形"命令可用如下三种方法。

(1) 选择"绘图(D)"→"矩形(G)"命令。

(2) 在"绘图"工具栏中单击"矩形"按钮 ▭。

(3) 在命令窗口中"命令:"后输入"RECTANG"(简捷命令 REC)并按回车键。

2. 具体操作

启动"矩形"命令后,根据命令行提示按下述步骤进行操作。

  指定第一个角点或[倒角(C)/标高(E)/圆角(F)/厚度(T)/宽度(W)]://确定矩形第一个角点
  指定另一个角点或[面积(A)/尺寸(D)/旋转(R)]://输入点坐标或直接在屏幕上确定另一个角点,绘
                  出矩形

或者输入"D"并按回车键,出现如下提示。

  指定矩形的长度 <默认值>://输入矩形长度并按回车键
  指定矩形的宽度 <默认值>://输入矩形宽度并按回车键

3. 其他选项

其他选项含义如下。

(1) "倒角(C)":设定矩形四角为倒角及倒角大小,选择该项后,根据提示进行如下操作。

  指定矩形的第一个倒角距离 <默认值>://输入长度方向的倒角距离,如图 1-102(a)所示的 L1
  指定矩形的第二个倒角距离 <默认值>://输入宽度方向的倒角距离,如图 1-102(a)所示的 L2

(2) "标高(E)":确定矩形在三维空间内的基面高度。

(3) "圆角(F)":设定矩形四角为圆角,选择该项后,根据提示进行如下操作,将得到如图 1-102(b)所示的结果。

  指定矩形的圆角半径 <默认值>://输入矩形四角为圆角时的圆角半径 R,按回车键。

(4) "厚度(T)":设置矩形厚度,即 Z 轴方向的高度。

(5) "宽度(W)":设置所绘矩形实体的线条宽度,如图 1-102(c)所示。

  指定矩形的线宽 <默认值>://输入线宽值按回车键

(6) "面积(A)":以矩形一个角点、矩形面积、矩形长或宽为方式绘制矩形,输入"A"后,根据

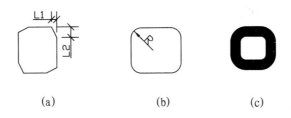

图 1-102 其他选项操作

提示进行如下操作。

  输入以当前单位计算的矩形面积 <100.0000>：//输入所绘矩形的面积,按回车键
  计算矩形标注时依据［长度(L)/宽度(W)］<长度>：//输入 L 或 W(如输入 L)
  输入矩形长度 <10.0000>：//输入矩形长度值

(7)"旋转(R)"：设定所绘制的矩形的旋转角度。

4. 注意事项

用"矩形"命令绘制出的矩形,AutoCAD 将其作为一个实体,其四条边是一条复合线,不能单独分别编辑,若要使其各边成为单一直线进行分别编辑,需使用"分解"命令将其进行分解。

二、椭圆(ELLIPSE)

运用"椭圆"命令可绘制任意尺寸的椭圆,可用于家具的绘制中。

1. 启动命令

启动"椭圆"命令可用如下三种方法。

(1) 选择"绘图(D)"→"椭圆(E)"命令,如图 1-103 所示。
(2) 在"绘图"工具栏中单击"椭圆"按钮  。
(3) 在命令窗口中"命令："后输入"ELLIPSE"(简捷命令 EL)并按回车键。

图 1-103 启动"椭圆"命令

2. 具体操作

启动"椭圆"命令后,根据命令行提示按下述步骤进行操作。

  指定椭圆的轴端点或［圆弧(A)/中心点(C)］：//选定椭圆的端点,按回车键
  指定轴的另一个端点：//选择轴的另一个端点,按回车键
  指定另一条半轴长度或［旋转(R)］：//在屏幕上确定一点或输入半轴长度值并按回车键,确定另一条
              半轴长度

输入"R",按回车键,出现如下提示。

  指定绕长轴旋转的角度：//在屏幕上指定点或输入一个有效范围为 0 至 90 的角度值

输入的角度值越大,椭圆的离心率就越大。输入 0 将定义为圆,此时通过绕第一条轴旋转来创建椭圆。

3. 其他选项

其他选项含义如下。

(1)"圆弧(A)":创建一段椭圆弧,选择该项后,根据提示进行如下操作。

指定椭圆弧的轴端点或[中心点(C)]: //确定端点
指定轴的另一个端点: //确定另一个端点

(2)"中心点(C)":用指定的中心点创建椭圆弧,选择该项后,根据提示进行如下操作。

指定椭圆的中心点: //确定中心点
指定轴的端点: //确定轴的端点

4. 注意事项

所绘制的椭圆的第一条轴的角度确定了椭圆弧的角度,第一条轴既可定义椭圆弧长轴,也可定义椭圆弧短轴。

三、图案填充(BHATCH)

运用"图案填充"命令可直观地表示建筑材料。

1. 启动命令

启动"图案填充"命令可用如下三种方法。

(1)选择"绘图(D)"→"图案填充(H)…"命令。

(2)在"绘图"工具栏中单击"图案填充"按钮 。

(3)在命令窗口中"命令:"后输入"BHATCH"(简捷命令 BH)并按回车键。

启动"图案填充"命令后,弹出"图案填充和渐变色"对话框,如图 1-104 所示,对话框中包括"图案填充"和"渐变色"两个选项卡,下面介绍该对话框中的主要内容。

2. "图案填充"选项卡

1)"类型和图案"选项组

"类型和图案"选项组包括"类型(Y)"、"图案(P)"、"颜色(C)"与"样例"等四个选项,各选项的具体功能如下所述。

(1)"类型"下拉列表框用于确定图案的类型,包括如下三种填充类型。

① "预定义":按系统预定义图样填充。

② "用户定义":按用户自定义图样填充。

③ "自定义":采用某个定制图样填充。

(2)"图案(P)"下拉列表框用于显示图案的名称。用户可以直接从该下拉列表框中选择图案名称,也可以单击右侧按钮,从弹出的"填充图案选项板"对话框中选取,如图 1-105 所示。该对话框共有四个选项卡,每个选项卡代表一类图案定义,每类中包含多种图案供用户选择。

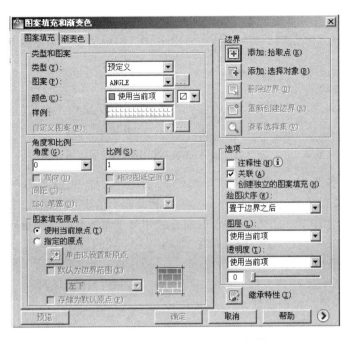

图1-104 "图案填充和渐变色"对话框

(3)"样例"显示框:在"图案(P)"下拉列表框中选中的图案样式会在该显示框中显示出来,方便用户查看所选图案是否合适。

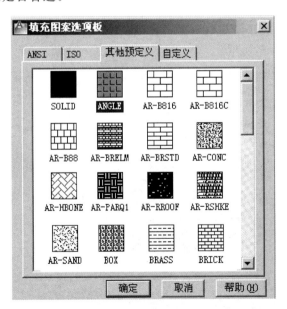

图1-105 "填充图案选项板"对话框

2)"角度和比例"选项组

"角度和比例"选项组的各个选项的含义如下所述。

(1)"角度(G)"下拉列表框:用于设定图样填充时的旋转角度。

(2)"比例(S)"下拉列表框:用于设定图样填充时的比例。

用户可根据需要,选择所填图案的角度与比例,如图 1-106 所示。在其他条件都相同的情况下,图 1-106(a)中的设定角度为 45°、比例为 1;图 1-106(b)中的设定角度为 0°、比例为 0.5。

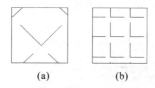

图 1-106　其他条件相同,角度和比例不同的图案填充操作

(3)"双向(U)"复选框:该复选框在"类型(Y)"下拉列表框中选择"用户定义"时才起作用,即默认为一组平行线组成填充图案,选中时为两组相互正交的平行线组成的填充图案。

(4)"相对图纸空间(E)"复选框:用于控制是否相对于图纸空间单位确定填充图案的比例。

(5)"间距(C)"文本框:该文本框只有在"类型(Y)"下拉列表框中选择"用户定义"时才起作用,用于确定填充平行线间的距离。

(6)"ISO 笔宽(O)"下拉列表框:该列表框用于控制图案的比例,但只有在用户选择了"ISO"类型的图案时才允许用户进行设置。

3)"图案填充原点"选项组

该选项组用于控制图案生成的起始位置。在默认情况下,所有图案填充原点都相当于当前的 UCS 原点,也可以选择"指定的原点"单选框及下面一级的选项重新指定原点。

3．"渐变色"选项卡

渐变色是指从一种颜色平滑过渡到另一种颜色。"渐变色"选项卡可使用户对于填充区域进行渐变色填充,如图 1-107 所示。

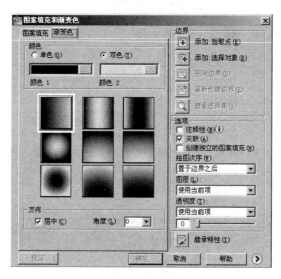

图 1-107　"渐变色"选项卡

单击图 1-104 所示对话框右下角的 ⊙ ,将得到"图案填充和渐变色"展开对话框,如图 1-108 所示。

4. "孤岛"选项组

在进行图案填充时,将位于总填充区域中的封闭区域称为孤岛。
(1)"孤岛检测(D)"复选框:用于确定是否检测孤岛。
(2)"孤岛显示样式":用于确定图案的填充方式,有如下三种方式。
① "普通":标准方式,从外向内隔层进行填充。
② "外部":只将最外层填充。
③ "忽略(N)":忽略边界内的孤岛,全部填充。

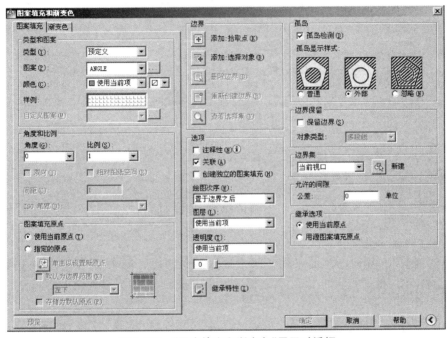

图1-108 "图案填充和渐变色"展开对话框

5. "边界"选项组

1) 选择填充图案的填充边界

填充边界通常和孤岛配合使用,"边界"选项组的各选项功能介绍如下。
(1)"添加:拾取点(K)" 以拾取点的方式确定图案填充区域的边界,即要求用户在要填充区域内拾取一点,以此决定边界。
(2)"添加:选择对象(B)" 以选取图形实体的方式确定图案填充区域的边界。
(3)"删除边界(D)" 删除以前确定的作为边界的对象。
(4)"重新创建边界(R)" 围绕选定的图案填充或填充对象创建多段线或面域。
(5)"查看选择集(V)" 用于查看已经确定了的边界。单击该按钮,可以切换到绘图界面查看填充区域的边界,单击鼠标右键返回对话框。

2) 具体操作

以图1-109(a)所示的图形实体为例,介绍边界的设定过程及不同的填充效果。
(1)打开"图案填充和渐变色"展开对话框,如图1-108所示。

(2) 选择图案填充方式。选中"孤岛检测(D)"复选框,"孤岛显示样式"设定为"普通",如图 1-108 所示。

(3) 边界操作。选择拾取点的方式确定边界,单击"添加:拾取点(K)"按钮 ,此时将回到绘图界面,光标变为十字,根据命令行提示进行如下操作。

拾取内部点或[选择对象(S)/删除边界(D)]://选择所要填充图案的区域内任一点,如图 1-109(a)所示,选择 A 与 B 之间的任一点

拾取内部点或[选择对象(S)/删除边界(D)]://按回车键,界面切换到如图 1-108 所示的"图案填充与渐变色"展开对话框

在图 1-104 所示的"图案填充和渐变色"选项卡的"类型和图案"选项组中将"角度(G)"设定为"45","比例(S)"设定为"0.25",单击"确定"按钮,将得到图 1-109(b)所示的填充效果。

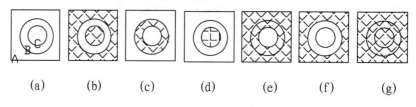

(a)　　(b)　　(c)　　(d)　　(e)　　(f)　　(g)

图 1-109　边界的设定及不同的填充效果

(4) 其他选项。其他主要选项的含义如下。

"删除边界(D)":在命令行提示"拾取内部点或[选择对象(S)/删除边界(D)]:"后输入"D"并按回车键,将出现如下提示。

选择对象或[添加边界(A)]://选择边界 B,按回车键

此时将得到图 1-109(e)。如果选择图 1-109(a)中的边界 C 并按回车键,将得到图 1-109(f);选择边界 B 后,根据相同的提示,又选择边界 C 并按回车键,将得到图 1-109(g)。

(5) 注意事项。

① 当存在众多边界时,通常选中"孤岛检测(D)"复选框,以及"普通"显示样式,同时选择"添加:拾取点(K)"进行边界选择图案填充。如图 1-109(a)中的拾取点选择在边界 A 和边界 B 之间时,此时边界 A 及被包括在边界 A 内的边界 B、边界 C 将同时被选上,将得到图 1-109(b)。若上述操作中的拾取点选择在边界 B 和边界 C 之间,则此时将得到图 1-109(c);若拾取点选择在边界 C 内,将得到图 1-109(d)。

② 只有闭合的图形实体,才会被选中作为边界。

6. "选项"选项组

(1) "关联(A)"复选框:该复选框用于确定填充图样与边界的关系。选择了该复选框,则当用于定义区域边界的实体发生移动或修改时,该区域内的填充图样将自动更新,重新填充新的边界;否则填充图案将与边界没有关联关系,即图案与填充区域的边界将是两个独立实体。

(2) "创建独立的图案填充(H)"复选框:当选择了该复选框时,则填充图案分解为一条条直线,并丧失关联性。

(3) "绘图次序(W)"下拉列表框:该下拉列表框用于指定填充图案的绘图顺序。

7. "继承特性(I)"按钮

单击该按钮可选用图中已有的填充图案作为当前的填充图案,相当于格式刷。

8. "边界保留"选项组

该选项组用于确定是否将边界保留为对象,并确定应用于边界对象的对象类型是多段线还是面域。

9. "允许的间隙"选项组

该选项组用于设置在用图案填充边界时可以忽略的最大间隙。其间隙的默认值为0,此值表示指定对象必须是封闭区域而且没有间隙。

10. "继承选项"选项组

该选项组用于控制图案填充原点的位置。

例1-9 如图1-110所示,阳台(a)需要进行地面砖图案填充,具体操作步骤如下所述。

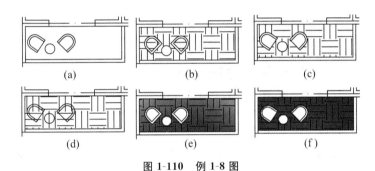

图1-110 例1-8图

解 (1)启动图案填充 弹出"图案填充和渐变色"展开对话框,如图1-108所示。

(2)选择图案 在"图案填充"选项卡中的"类型和图案"选项组中进行如图1-111所示的设置;在"角度和比例"选项组中设定"角度(G)"为"0",设定"比例(S)"为"1"。

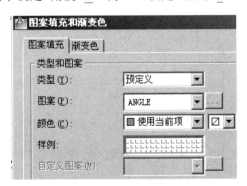

图1-111 "图案填充和渐变色"对话框设置

(3)设定填充区域 首先选择图案填充显示方式:选中"孤岛检测(D)"复选框,选择"外部"显示样式,再进行边界选择。具体操作如下。

① 单击"添加:拾取点(K)"按钮,回到绘图界面,在图1-110(a)中的阳台栏板内沿线与外墙外沿线构成的闭合区域中任取一点,按回车键回到对话框。

② 在对话框中单击"确定"按钮,即可结束命令操作,结果如图 1-110(c)所示。

分别选择"普通"、"忽略(N)"显示样式,即可得到图 1-110 中(b)和(d)所示的图案填充效果。

(4) 渐变色操作　在"渐变色"选项卡中进行渐变色操作,如图 1-107 所示。选择"单色(O)"或"双色(T)"单选框,可得图 1-110(e)和图 1-110(f)所示的效果。

(5) 注意事项　在进行图案填充时,有时会出现填充图案为图案或涂实的效果,此时应调整比例,如调小比例或调大比例,直到达到合适的图案效果。

四、偏移(OFFSET)

在工程图中,"偏移"命令可用来绘制一些距离相等、形状相似的图形,如环形跑道、人行道、阳台等实体图形。

1. 启动命令

启动"偏移"命令可使用如下三种方法。

(1) 选择"修改(M)"→"偏移(S)"命令。

(2) 在"修改"工具栏中单击"偏移"按钮 。

(3) 在命令窗口中"命令:"后输入"OFFSET"(简捷命令 O)并按回车键。

2. 具体操作

启动"偏移"命令后,根据命令行提示按下述步骤进行操作。

当前设置:删除源=否　图层=源　OFFSETGAPTYPE=0
指定偏移距离或[通过(T)/删除(E)/图层(L)]<5.0000>://输入偏移量并按回车键,可直接输入一个数值或通过两点之间的距离来确定偏移量
选择要偏移的对象,或[退出(E)/放弃(U)]<退出>://选取要偏移复制的实体目标,如选择图 1-112(a)中直线段 A,此时 A 变亮成虚线,如图 1-112(b)所示
指定要偏移的那一侧上的点,或[退出(E)/多个(M)/放弃(U)]<退出>://在复制后的实体所在原实体一侧任选一点,如图 1-112(b)所示,选择直线段 A 左侧的任意一点,得到图 1-112(c)
选择要偏移的对象,或[退出(E)/放弃(U)]<退出>://继续选择实体或直接按回车键结束命令

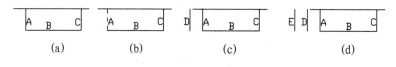

|　(a)　|　(b)　|　(c)　|　(d)　|

图 1-112　"偏移"命令操作

3. 其他选项

其他主要选项的含义如下。

(1) "通过(T)":如果在"当前设置:删除源=否　图层=源　OFFSETGAPTYPE=0 指定偏移距离为[通过(T)/删除(E)/图层(L)]<5.0000>:"提示后输入"T"并按回车键,就可以确定一个偏移点,从而使偏移复制后的新实体通过该点。此时,可按命令行提示进行如下操作。

选择要偏移的对象,或[退出(E)/放弃(U)]<退出>: //选择要偏移复制的图形实体
指定通过点或[退出(E)/多个(M)/放弃(U)]<退出>: //确定要通过的点
选择要偏移的对象,或[退出(E)/放弃(U)]<退出>: //选择实体以继续偏移或直接按回车键退出

(2) "删除(E)":在命令行提示中选择该项后,命令行将出现"在偏移后删除源对象吗?[是(Y)/否(N)]<否>:"的提示,如果选择"是(Y)",则表示在图1-112中完成直线段A的偏移后,图1-112(c)中的直线段A将被删除。

(3) "多个(M)":在命令行提示中选择该项后,表示对于一个偏移对象,如直线段A,可以多次连续执行"指定要偏移的那一侧上的点,或[退出(E)/多个(M)/放弃(U)]<退出>:"提示,得到的系列偏移实体和原实体一起,将形成一组等间距的平行线,如图1-112(d)所示的直线段A、D、E。

(4) "图层(L)":用于确定偏移复制的实体是否和原实体在一个图层中。

4. 注意事项

(1) 偏移命令和其他的编辑命令不同,只能用直接拾取的方式一次选择一个实体进行偏移复制,并且只能选择偏移直线、圆、多段线、椭圆、椭圆弧、多边形和曲线,不能偏移点、图块、属性和文本。

(2) 对于直线、单向线、构造线等实体,AutoCAD进行平行偏移复制,偏移前后直线的长度保持不变。

(3) 对于圆、椭圆、椭圆弧等实体,AutoCAD进行同心偏移复制,偏移前后的实体将同心。

(4) 多段线的偏移将逐段进行,各段长度将重新调整。

例 1-10 如图1-113所示,在图1-113(a)中所示的外墙上绘制阳台,结果如图1-113(d)所示。阳台栏板内墙线的水平方向到轴线间距离为1 500 mm,垂直方向与轴线重合。设定比例为1:100,按如下步骤进行操作。

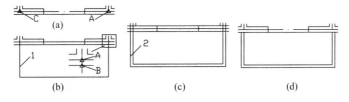

图1-113 在外墙上绘制阳台

解

(1) 设置图层 按表1-5所示进行设置,设置当前图层为"细投影线"层,特性工具栏显示皆为"ByLayer"。绘图界面显示为 [细投影线] [ByLayer] [ByLayer] [ByLayer]。

(2) 设置状态栏 设置"对象捕捉"功能。

① 选中"对象捕捉"模式中的"端点(E) □ ☑端点(E)"、"交点(I) ✕ ☑交点(I)"复选框。

② 启用状态栏中"正交"功能、"对象捕捉"功能。

(3) 运用"矩形"命令绘制矩形1 如图1-113(b)所示,首先启动"矩形"命令,根据命令行的提示进行如下操作。

指定第一个角点或[倒角(C)/标高(E)/圆角(F)/厚度(T)/宽度(W)]: //选择图1-113(a)中的C点
指定另一个角点或[面积(A)/尺寸(D)/旋转(R)]: //输入D并按回车键

指定矩形的长度<默认值>: //选择图113(a)中的C点,出现"指定第二点:"提示后选择图1-113(a)中的A点
指定矩形的宽度<默认值>: //输入15并按回车键,其中15=1500÷100
指定另一个角点或 [尺寸(D)]: //选择CA轴线右下方的任意一点

(4) 运用"偏移"命令绘制矩形2,如图1-113中的(c)所示。启动"偏移"命令,根据命令行的提示进行如下操作。

当前设置: 删除源=否 图层=源 OFFSETGAPTYPE=0
指定偏移距离或[通过(T)/删除(E)/图层(L)]<5.0000>: //选择图1-113(b)中的A点,出现"指定第二点:"提示,选择图1-113(b)中的B点
选择要偏移的对象,或[退出(E)/放弃(U)]<退出>: //选择矩形1
指定要偏移的那一侧上的点,或[退出(E)/多个(M)/放弃(U)]<退出>: //选择矩形1外的任意一点,得到图1-113(c)
选择要偏移的对象,或[退出(E)/放弃(U)]<退出>: //按回车键退出

(5) 完善 对图1-113(c)进行修改,得到图1-113(d)。
① 运用"分解"命令对矩形1、矩形2进行分解。
② 运用"删除""修剪"命令去掉多余的线条。

任务 2 绘制建筑标准层的平面图

图1-114所示为某住宅标准层的平面图,要求绘制图中所示的图形实体,不包括家具、文本和标注,图层设置如表1-6所示,绘制方法与步骤如下所述。

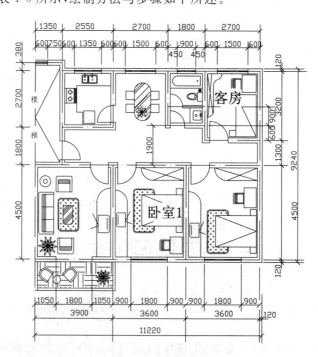

图 1-114 某住宅标准层的平面图

项目 1
建筑平面图的绘制

表 1-6 图层设置

名称	颜色	线型	线宽	备注
中心线	■红色	ACAD_ISO4W100（点画线）	0.2 mm	轴线
细投影线	□白色	Continuous（实线）	0.2 mm	
中粗投影线	■绿色	Continuous（实线）	0.6 mm	被剖切到的投影线
虚线	■黄色	ACAD_ISO02W100（虚线）	0.2 mm	
其他	自定	自定	自定	

一、图层、状态栏设置

1. 设置图层

根据表 1-6 所示的图层设置要求，在"图层特性管理器"对话框中设置图层。

2. 设置状态栏

设置"对象捕捉"功能。

① 选中"对象捕捉"模式中的"端点(E)□ ☑端点(E)"复选框。

② 启用状态栏中"正交"功能、"对象捕捉"功能。

二、绘制北面房间

（一）绘制客房标准层的平面图

1. 绘制轴线

当前图层设为中心线层。在绘图界面上，"图层"工具栏显示 [中心线]；"特性"工具栏显示 [ByLayer][ByLayer][ByLayer]。运用"矩形"命令绘制，如图 1-115(a)所示。

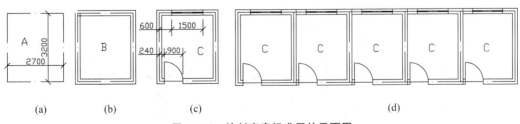

(a)　　(b)　　(c)　　(d)

图 1-115　绘制客房标准层的平面图

2. 绘制墙线

（1）当前层设为"中粗投影线"层。在绘图界面上，"图层"工具栏显示；"特性"工具栏显示　　　　　　　　。

(2) 设置多线样式。设置名称为"墙线-随层",其中颜色、线型均设为"ByLayer"并置为当前层。

(3) 运用"多线"命令绘制。设置对正为"无",比例为"2.40",样式为"墙线-随层",并将图1-115(a)所示的轴线的四个交点作为绘制的起始端点,得到图1-115(b)。

3. 绘制门窗

运用"分解"、"圆角"命令对图1-115(b)进行分解、完善后,参照图1-99及图1-100所示的绘制方法及步骤绘制门、窗,得到图1-115(c)。

(二) 绘制5间客房标准层平面图

运用"复制"命令对图1-115(c)进行复制,得到图1-115(d)。复制时的复制对象应选择有门窗的纵墙及一堵横墙,以免墙线、中心线重合。

(三) 完善

运用"拉伸"、"删除"、"圆角"等命令修改图1-115(d)为图1-118,可参照图1-84至图1-87所示的绘制方法及步骤。

三、绘制南面房间

1. 绘制"卧室1"标准层的平面图

绘制如图1-116(a)所示的"卧室1",其尺寸为3 600 mm×4 500 mm。具体绘制方法、步骤同"(一)绘制客房标准层的平面图"。

2. 绘制3间房间标准层平面图

运用"复制"命令复制图1-116(a)所示的"卧室1",得到图1-116(b)中所示的"卧室2";运用"镜像"命令镜像"卧室1"得到图1-116(b)中所示的起居室。

3. 完善

运用"拉伸""删除""圆角"等命令修改图1-116(b),得到图1-117。

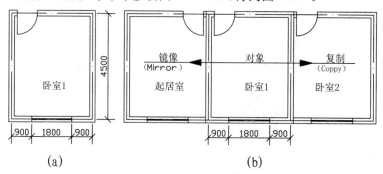

图1-116　绘制南面房间

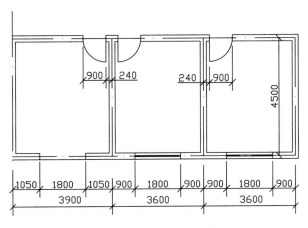

图1-117 绘制南面房间的效果图

4. 绘制阳台

阳台栏板的绘制参照图1-113所示的绘制方法及步骤,阳台楼面图案的填充参照图1-110,得到图1-119。

四、南、北房间合并

运用移动命令,使图1-118与图1-119合并,并进行修剪、完善得到图1-120,即为没有家具、文本和标注的图1-114。

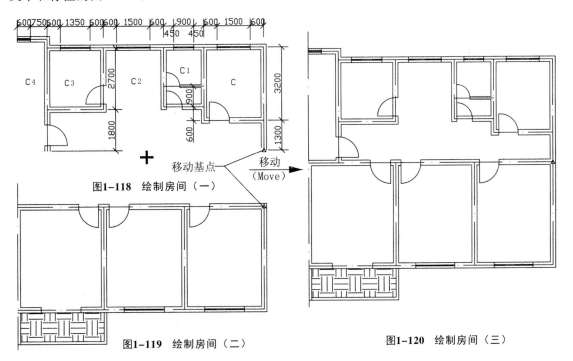

图1-118 绘制房间(一)

图1-119 绘制房间(二)

图1-120 绘制房间(三)

子项 1.4 建筑屋顶平面图(无文本、无尺寸)的绘制

【子项目标】

能够绘制某住宅楼屋顶平面图(详见附录 A,无文本、无标注)。

【能力目标】

具备绘制建筑屋顶平面图(无文本、无标注)的能力。

【CAD 知识点】

(1) 绘图命令:多段线(PLINE)、正多边形(POLYGON)。

(2) 修改命令:缩放(SCALE)、打断(BREAK)。

任务 1 绘图前的准备工作

建筑屋顶平面图(无文本、无尺寸)的绘制

1. 多段线(PLINE)

多段线由等宽或不等宽的直线及圆弧组成,AutoCAD 把多段线看成是一个单独的实体。

多段线在建筑施工图中可以用来绘制箭头、各类实体的阴影,以及表示一定宽度或不等宽度的实体图形等。多段线可使图形的粗细直观地反映在 AutoCAD 的绘图界面上。

1) 启动命令

启动"多段线"命令可使用如下三种方法。

(1) 选择"绘图(D)"→"多段线(P)"命令。

(2) 在"绘图"工具栏中单击"多段线"按钮 。

(3) 在命令窗口中"命令:"后输入"PLINE"(简捷命令 PL)并按回车键。

2) 具体操作

启动"多段线"命令后,根据命令行提示按下述步骤进行操作。

指定起点://选择多段线的起点

当前线宽为 默认值

指定下一个点或 [圆弧(A)/闭合(C)/半宽(H)/长度(L)/放弃(U)/宽度(W)]://选择多段线的下一点

3) 其他选项

其他主要选项的含义如下。

(1) "闭合(C)"：该选项用于自动将多段线闭合，即将选定的最后一点与多段线的起点连起来，并结束命令。当多段线的宽度大于 0 时，若想绘制闭合的多段线，一定要用"闭合(C)"选项，才能使其完全封闭，否则即使起点与终点重合，也会出现缺口。

(2) "半宽(H)"：该选项用于指定多段线的半宽值。在绘制多段线的过程中，每一段都可以重新设置半宽值。

(3) "长度(L)"：该选项用于定义下一段多段线的长度，AutoCAD 将按照上一线段的方向绘制当前多段线。若上一线段是圆弧，则将绘制出与圆弧相切的线段。

(4) "放弃(U)"：该选项用于取消刚刚绘制的一段多段线。

(5) "宽度(W)"：该选项用于设置多段线的宽度值，选择该选项后，将出现如下提示。

指定起点宽度 <默认值>：//设置起点宽度
指定端点宽度 <默认值>：//设置终点宽度

(6) "圆弧(A)"：选择该选项后，出现以下提示。

指定圆弧的端点或[角度(A)/圆心(CE)/方向(D)/半宽(H)/直线(L)/半径(R)/第二个点(S)/放弃(U)/宽度(W)]：

其中："角度(A)"用于指定圆弧的内含角；"圆心(CE)"用于指定圆弧圆心；"方向(D)"用于取消直线与弧的相切关系设置，改变圆弧的起始方向；"直线(L)"用于返回绘制直线方式；"半径(R)"用于指定圆弧半径；"第二个点(S)"用于指定三点绘制弧；"半宽(H)"、"放弃(U)"与"宽度(W)"与"多段线"命令下的同名选项意义相同。

例 1-11 绘制如图 1-121 所示的箭头。启动"多段线"命令后，根据命令行提示按下述步骤进行操作。

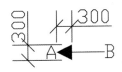

图 1-121 "多段线"命令操作

指定起点：//选择 A 点
当前线宽为 默认值(上一次绘制多段线的线宽)
指定下一个点或[圆弧(A)/闭合(C)/半宽(H)/长度(L)/放弃(U)/宽度(W)]：//输入 W 并按回车键
指定起点宽度<默认值>：//输入 0 并按回车键
指定端点宽度<0.0000>：//输入 3 并按回车键
指定下一个点或[圆弧(A)/闭合(C)/半宽(H)/长度(L)/放弃(U)/宽度(W)]：//输入 L 并按回车键
指定直线的长度：//输入 3 并按回车键
指定下一点或[圆弧(A)/闭合(C)/半宽(H)/长度(L)/放弃(U)/宽度(W)]：//输入 W 并按回车键
指定起点宽度 <3.0000>：//输入 0 并按回车键
指定端点宽度 <0.0000>：//输入 0 并按回车键
指定下一点或[圆弧(A)/闭合(C)/半宽(H)/长度(L)/放弃(U)/宽度(W)]：//选择屏幕上 B 点并按
回车键，结束"多段线"命令操作

2. 正多边形(POLYGON)

"正多边形"命令可创建闭合的等边多段线,可用于绘制等边三角形、正方形、正八边形等图形。

1) 启动命令

启动"正多边形"命令可使用如下三种方法。

(1) 选择"绘图(D)"→"正多边形(Y)"命令。

(2) 在"绘图"工具栏中单击"正多边形"按钮。

(3) 在命令窗口中"命令:"后输入"POLYGON"(简捷命令 POL)并按回车键。

2) 具体操作

启动"正多边形"命令后,根据命令行提示按下述步骤进行操作。

  命令:_polygon 输入边的数目<当前默认边数>: //输入要绘制的正多边形边数,按回车键
  指定正多边形的中心点或[边(E)]: //确定正多边形的中心点
  输入选项[内接于圆(I)/外切于圆(C)]<I>: //选择外切或内接方式。输入"I"为内接,输入"C"为外切,内接圆方式为默认项,可直接按回车键
  指定圆的半径: //确定外切圆或内接圆的半径,可直接在屏幕上确定半径在圆上一点,也可输入半径值按回车键

"内接于圆(I)"方式是假想有一个圆,要绘制的正多边形内接于其中,即正多边形的每一个顶点都落在这个圆周上,操作完毕后,圆本身并不绘制出来。这种绘制方式需提供正多边形的三个参数:边数、外接圆半径(即正多边形中心至每个顶点的距离)和正多边形中心点。

"外切于圆(C)"方式是假想有一个圆,要绘制的正多边形与之外切,即正多边形的各顶点均在假想圆之外,且各边与假想圆相切,操作完毕后,圆本身并不绘制出来。这种绘制方式需提供正多边形的三个参数:边数、内切圆圆心和内切圆半径。

3) 其他选项

其他选项含义如下。

"边(E)":选择该项后,按如下提示进行操作。

  指定边的第一个端点: //选择第一个端点
  指定边的第二个端点: //选择第二个端点,或输入边长值并按回车键

例 1-12 绘制如图 1-122 所示的屋面水箱及上人孔平面图(比例为 1∶100)。

解

(1) 常规设置。按表 1-6 所示设置图层,当前图层为"细投影线"层,"特性"工具栏显示皆为"ByLayer"。绘图界面显示为 。设置"对象捕捉"功能:①选中"对象捕捉"模式中的"端点(E)"、"中点(M)"复选框;②启用状态栏中的"正交"功能、"对象捕捉"功能。

(2) 运用"矩形"命令绘制矩形 ABCD,尺寸为 2 940 mm×22 800 mm 如图 1-123(a)所示。

(3) 绘制图 1-123(b),具体操作如下所述。

① 运用"正多边形"命令绘制正方形 $A_1B_1C_1D_1$,尺寸为 1 000 mm×1 000 mm。选择"边(E)"选项进行操作。

② 运用"偏移"命令对 $A_1B_1C_1D_1$ 进行偏移,偏移距离输入"1.2";偏移方向取 $A_1B_1C_1D_1$ 内任意一点。

(4) 绘制图 1-123(c),具体操作如下所述。

① 运用"正多边形"命令绘制正方形 $A_2B_2C_2D_2$,比例为 1∶100,尺寸为 720 mm×720 mm。选择"边(E)"选项进行操作。

② 运用"偏移"命令对 $A_2B_2C_2D_2$ 进行偏移。选择"偏移"命令后,根据命令行提示进行如下操作。

```
当前设置:删除源= 否   图层= 源   OFFSETGAPTYPE= 0
指定偏移距离或[通过(T)/删除(E)/图层(L)]<通过>://输入 0.6 并按回车键
选择要偏移的对象,或[退出(E)/放弃(U)]<退出>://选择矩形 A₂B₂C₂D₂
指定要偏移的那一侧上的点,或[退出(E)/多个(M)/放弃(U)]<退出>://输入 M 并按回车键
指定要偏移的那一侧上的点,或[退出(E)/放弃(U)]<下一个对象>://选择 A₂B₂C₂D₂ 内任一点,得到
                                                     图 1-123(c)中间的矩形
指定要偏移的那一侧上的点,或[退出(E)/放弃(U)]<下一个对象>://选择 A₂B₂C₂D₂ 内任一点,得到
图 1-123(c)中最小的矩形,退出命令操作
```

(5) 绘制图 1-124,具体操作如下。

① 移动图 1-123(b)移至图 1-123(a)中矩形 CD 边的位置。以图 1-123(b)中的 B_1 点为第一基点,第二基点取矩形 ABCD 中的 CD 边的中点,如图 1-124 所示。

② 将图 1-123(c)中的内部两个正方形移至图 1-123(a)中的矩形内。以图 1-123(c)中 C_2 点为第一基点,第二基点取图 1-123(a)图中 C 点,如图 1-124 所示。

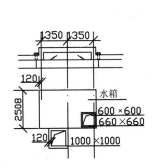

图 1-122 屋面水箱及上人孔平面图

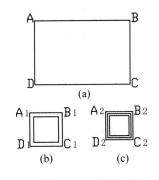

图 1-123 绘制矩形

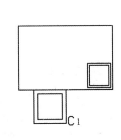

图 1-124 绘制圆

3. 缩放(SCALE)

"缩放"命令可在 X、Y 和 Z 方向按比例放大或缩小对象。对工程图进行缩放,可获得任意比例的工程图。

1) 启动命令

启动"缩放"命令可使用如下三种方法。

(1) 选择"修改(M)"→"缩放(L)"命令。

(2)在"修改"工具栏中单击"缩放"按钮 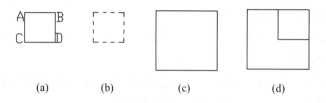。

(3)在命令窗口中"命令:"后输入"SCALE"(简捷命令 SC)并按回车键。

2)具体操作

启动"缩放"命令后,以图 1-125 为例,根据命令行提示按下述步骤进行操作。

(a)　　(b)　　(c)　　(d)

图 1-125 "缩放"命令操作

选择对象:∥选择要进行比例缩放的实体,如图 1-125 所示,选择矩形 ABCD,得到图 1-125(b)

选择对象:∥继续选择或按回车键结束选择,本例中按回车键结束选择

指定基点:∥确定缩放基点,即缩放后的图形实体与原图形的重合点,通常选择图形的特征点,如图 1-125 所示,选择矩形中的点 B

指定比例因子或[复制(C)/参照(R)]<0.5674> ∥输入缩放比例系数,按回车键结束命令,输入 2 并按回车键,得到图 1-125(c)

3)其他选项

其他主要选项的含义如下。

(1)"复制(C)":保留缩放原图像,如图 1-125 所示。如果选择该项,将得到图 1-125(d)。

(2)"参照(R)":输入"R"并按回车键。命令行将给出如下提示。

指定参照长度<1>:∥确定参考长度

可直接输入某长度值,或通过两个点确定一个长度,或直接按回车键,以单位 1 作为参考长度。

指定新长度:∥确定新长度

可直接输入某长度值,或确定一个点,该点和缩放基点连线的长度就是新长度。

例 1-13　　把 3 000 mm×3 900 mm 平面图由 1∶100 比例改成 1∶200 比例,如图 1-126所示。启动"缩放"命令后,根据命令行提示按下述步骤进行操作。

选择对象:∥选择图 1-126(a)所示的图形实体

选择对象:∥按回车键结束选择

指定基点:∥选择图 1-126(a)中的 A 点(可选任意一个特征点)

指定比例因子或[复制(C)/参照(R)]<2>:∥输入 0.5(= 200÷100)并按回车键,得到图 1-126(b)

4)注意事项

(1)当用户不知道实体究竟要放大(或缩小)多少倍时,可以采用相对比例方式来缩放实体,该方式要求用户分别确定比例缩放前后的参考长度和新长度。新长度和参考长度的比值就是比例缩放系数,因此称该系数为相对比例系数。

(2)由于 AutoCAD 提供了"缩放"命令,故绘制工程图时,可先按 1∶1 比例绘制,通过"缩放"命令可得到所需要的任意比例的工程图。

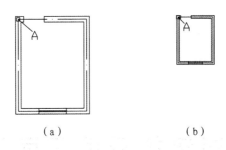

图 1-126 平面图形的"缩放"命令运用

4．打断（BREAK）

"打断"命令可将一个实体（如圆、直线）从某一点打断，即打断于点，也可删掉一个实体的某一部分。

1）启动命令

启动"打断"命令可使用如下三种方法。

(1) 选择"修改(M)"→"打断(K)"命令。

(2) 在"修改"工具栏中单击"打断"按钮。

(3) 在命令窗口中"命令:"后输入"BREAK"（简捷命令 BR）并按回车键。

2）具体操作

启动"打断"命令后，根据命令行提示按下述步骤进行操作。

  命令:_break 选择对象://选择要删除某一部分的实体
  指定第二个打断点或[第一点(F)]://选择要删除部分的第二点,选择该方式,就表示上一操作中选取实体的点作为第一点

3）其他选项

其他选项的含义如下。

"第一点(F)"：表示重新输入要删除某一部分的实体的起始点。例如，输入"F"并按回车键，则命令行出现如下提示。

  指定第一个打断点://选取起点
  指定第二个打断点://选取终点

4）注意事项

(1) "打断"命令只删除对象在两个指定点之间的部分。如果第二个点不在对象上，则 AutoCAD 将选择对象上与之最接近的点。因此，要删除直线、圆弧或多段线的一端，应在要删除的一端以外指定第二个打断点。

(2) 直线、圆弧、圆、多段线、椭圆、样条曲线、圆环以及其他几种对象类型都可以拆分为两个对象或将其中的一端删除。AutoCAD 按逆时针方向删除圆上第一个打断点到第二个打断点之间的部分，从而将圆转换成圆弧。

(3) 绘制工程图时，有时需把一个图形实体分成两部分，即删除其中一点，此时只需要在选择"打断"命令时，把删除实体时输入的起始点选同一点即可。此外，还可选择"打断于点"进行操作，单击"修改"工具栏上的"打断于点"按钮，即可启动此命令。启动后，可根据命令

行提示进行如下操作。

　　命令：_break 选择对象：//选择要用点打断的实体
　　指定第二个打断点或[第一点(F)]：_f
　　指定第一个打断点：//选择打断点

任务 2　绘制建筑屋顶平面图

图 1-127 所示为某住宅楼屋顶平面图，要求绘制如图 1-127 所示的图形实体，绘图比例为 1：200，不包括文本、标注，绘制方法与步骤如下所述。

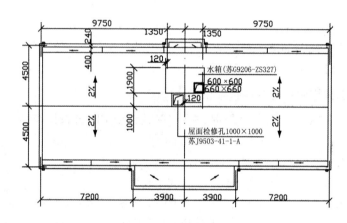

图 1-127　某住宅楼屋顶的平面图

1. 准备工作

复制图 1-120，并对其进行镜像，得到某住宅楼一个单元的标准层平面图，如图 1-128 所示。

在绘图界面中，当前图层为"细投影线"层，显示为 ；"特性"工具栏皆为"ByLayer"，显示为 。

设置"对象捕捉"功能。

① 选中"对象捕捉"模式中的"端点(E) "复选框。

② 启用状态栏中"正交"功能、"对象捕捉"功能。

2. 绘制图 1-127 的外轮廓线

1) 设置多段线线宽

启动"多段线"命令，任意选择一点，输入"W"并按回车键，然后输入"0"并按回车键，再输入"0"并按回车键，单击鼠标右键，在弹出的菜单内选择"确认"，结束"多线段"命令操作。重新打开该命令，命令行将出现"当前线宽为 0.0000"的提示。

2) 绘制

选择"多段线"命令进行绘制。在"当前线宽为0.0000"的设置下,根据命令行的提示,依次选择图1-128中所示的点"1"、"2"、"3"、"4"、"5"、"6"、"7"、"8"、"9"、"10"、"11"、"12",最后输入"C"(表示闭合)并按回车键,结束命令操作,得到图1-129中的外轮廓线E。

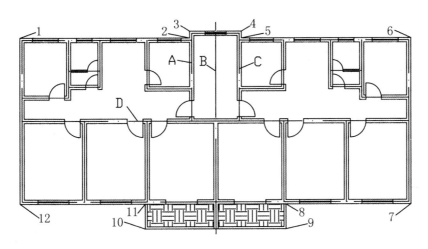

图1-128 绘制图1-127的外轮廓线

3. 绘制女儿墙、檐沟、水箱等投影线

(1) 绘制"实体F""实体H" 选择"偏移"命令得到多段线F、H。

① 绘制多段线F:偏移对象为多段线E,偏移距离为2.4,偏移方向选取多段线E内任意一点。

② 绘制多段线H:偏移对象为多段线F,偏移距离为4,偏移方向选取多段线F内任意一点,得到图1-129。

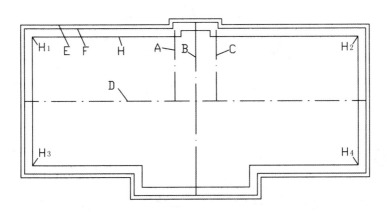

图1-129 绘制"实体F"、"实体H"

(2) 修改多段线H 选择"打断于点"命令,把多段线H在H_1、H_2、H_3、H_4处打断;选择"删除"命令,删除直线段H_1H_3、H_2H_4。

对于多段线H_1H_2,选择"延伸"命令,将H_1、H_2分别延伸至多段线F相应的一侧,并选择

"拉伸"命令,将其拉伸成直多段线,如图1-130所示。

对于多段线 H_3H_4,选择"延伸"命令,将 H_3、H_4 分别延伸至多段线 F 相应的一侧,并选择"拉伸"命令拉伸成直多段线,如图1-130所示。

(3) 绘制水箱、上人孔投影线 选择"复制"命令复制图1-124,并选择"移动"命令把复制实体图形移动到图1-130中。移动第一基点为图1-124中的 C_1 点,第二基点为图1-129中的直线段 D 与直线段 B 的交点,如图1-130所示。

(4) 绘制箭头 选择"多段线"命令绘制箭头,可仿照图1-121的绘制方法及步骤。再选择"旋转"、"缩放"等命令得到各种类型的箭头,选择"移动"命令将其调整到合适的位置,如图1-130所示。

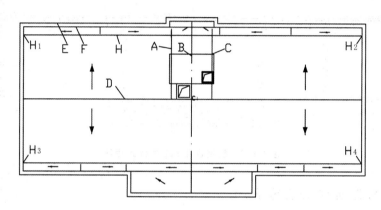

图1-130 绘制女儿墙、檐沟、水箱等投影线

(5) 完善 选择"直线"、"删除"、"修剪"等命令进一步完善图1-130。选择"缩放"命令(缩放因子取0.5),得到比例为1∶200的图1-131。

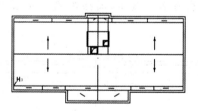

图1-131 1∶200比例的图形效果

(1) 绘制某住宅楼的建筑平面图(详见附录A,不包括文本和标注)。
(2) 绘制某宿舍楼的建筑平面图(详见附录B,不包括文本和标注)。
(3) 绘制某综合楼的建筑平面图(详见附录C,不包括文本和标注)。

项目 2
建筑平面施工图的绘制

学习目标

☆ 项目目标

能够运用图层、图块绘制某住宅楼建筑平面施工图并为之绘制图框、图标(详见附录 A)。

☆ 能力目标

具备绘制建筑平面施工图的能力,以及绘制图框、图标的能力。

☆ CAD 知识点

(1) 绘图命令　直线(LINE)、多线(MULTILINE)、圆(CIRCLE)、圆弧(ARC)、矩形(RECTANG)、椭圆(ELLIPSE)、图案填充(BHATCH)、渐变色(GRADIENT)、多段线(PLINE)、正多边形(POLYGON)、创建块(MAKE BLOCK)、插入块(INSERT BLOCK)、属性块(WBLOCK)。

(2) 修改命令　删除(ERASE)、修剪(TRIM)、移动(MOVE)、复制(COPY)、镜像(MIRROR)、分解(EXPLODE)、延伸(EXTEND)、拉伸(STRETCH)、圆角(FILLET)、倒角(CHAMFER)、旋转(ROTATE)、偏移(OFFSET)、缩放(SCALE)、打断(BREAK)。

(3) 标准　视窗缩放(ZOOM)与视窗平移(PAN)、对象特性(PROPERTIES)、特性匹配(MATCHPROP)。

(4) 工具栏　特性、查询(INQUIRY)、图层(LAYER)、标注、样式。

(5) 菜单栏　工具(选项(OPTIONS)-显示)、格式(图形界线(LIMITS))、格式(文字样式(STYLE)、绘图(单行文本(DTEXT))、标注样式(DIMSTYLE))。

(6) 状态栏　正交(ORTHO)、草图设置(DSETTINGS)(包括捕捉与栅格、对象捕捉及追踪、极轴追踪、动态输入等的设置及其设置的开关)。

(7) 窗口输入命令　编辑多段线(PEDIT)。

(8) 工具栏　图层、标注、样式。

(9) 菜单栏　格式(文字样式(STYLE)、绘图(单行文字(DTEXT))、标注样式(DIMSTYLE))。

子项 2.1 建筑平面图尺寸与文字的编辑

【子项目标】
能够标注、编辑建筑平面图的文本、尺寸。
【能力目标】
具备标注、编辑建筑平面图中文本、尺寸的能力。
【CAD 知识点】
(1) 绘图命令 多行文字(MTEXT)。
(2) 工具栏 标注、样式。
(3) 菜单栏 格式包括文字样式(STYLE)、绘图(单行文字(DTEXT))、标注样式(DIMSTYLE)。

任务 1 标注与编辑建筑平面图文本

AutoCAD 可以为图形进行文字标注和说明。对于已标注的文字,还能提供相应的编辑命令,使得绘图时的文字标注能力大为增强。

一、文字样式(STYLE)

文字样式是定义文字标注时的各种参数和表现形式。用户可以在文字样式中定义字体高度等参数,并命名保存。可通过"文字样式"对话框来进行"文字样式"命令的操作。

1) 启动命令

启动"文字样式"命令可使用如下三种方法。

(1) 选择"格式(O)"→"文字样式(S)…"命令。

(2) 在"样式"工具栏中单击"文字样式…"按钮  。

(3) 在命令窗口中"命令:"后输入"STYLE"(简捷命令 ST)并按回车键。

2) 对话框操作

启动"文字样式"命令后,弹出"文字样式"对话框,如图 2-1 所示。在该对话框中,用户可以进行字体样式的设置,下面介绍"文字样式"对话框中的各项内容。

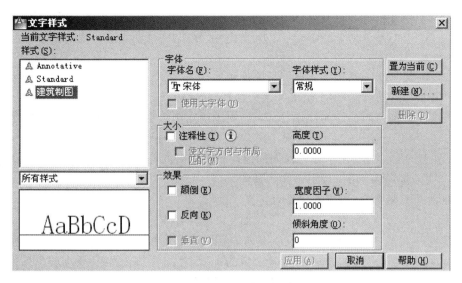

图 2-1 "文字样式"对话框

(1)"样式(S)"选项组　用于显示图形中的样式列表,列表中包括已定义的样式名并默认显示选择的当前样式。

(2)按钮选项　主要按钮选项的功能如下所述。

①"新建(N)…"按钮:用于创建新的字体样式,单击该按钮,将弹出"新建文字样式"对话框,如图 2-2 所示。在此对话框中输入"样式 1"并单击"确定"按钮,此时"样式(S)"选项组中将出现"样式 1",如图 2-3(a)所示。单击"应用(A)"按钮,回到绘图界面,在"样式"工具栏中的"文字样式控制"下拉列表中将出现"样式 1",如图 2-3(b)所示。

图 2-2 "新建文字样式"对话框

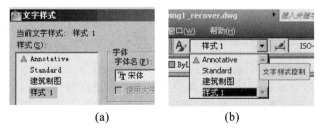

图 2-3 文字样式"样式 1"的选择

②"删除(D)"按钮:用于删除已设定好的字体样式。

③"置为当前(C)"按钮:用于将某一样式设置为默认样式。例如,选择"建筑制图"样式并单击此按钮,关闭对话框并回到绘图界面,则在"样式"工具栏中的"文字样式控制"列表中将显示"建筑制图"样式名,如图 2-3(b)所示。

(3)"字体"选项组(字体文件设置) 其中包含了当前 Windows 系统中所有的字体文件,如 Times New Roman、仿宋体、黑体等,以及 AutoCAD 2004 中的"shx"字体文件,供用户选择使用。

(4)"大小"选项组 其各个选项的功能如下所述。

① "注释性(I)"复选框:用于指定文字为注释性文字。

② "使文字方向与布局匹配(M)"复选框:用于指定图纸空间界面中的文字方向与布局方向匹配。

③ "高度(T)"文本框:用于根据输入的值设置文字高度。

(5)"效果"选项组 用于设定字体的具体特征。

① "颠倒(E)"复选框:用于确定是否将文字旋转 180°。

② "反向(K)"复选框:用于确定是否将文字以镜像方式标注。

③ "垂直(V)"复选框:用于控制文字是水平标注还是垂直标注。

④ "宽度因子(W)"文本框:用于设定文字的宽度系数。

⑤ "倾斜角度(O)"文本框:用于确定文字的倾斜角度。

(6)预览区 用于动态显示所设置的文字样式的样例文字,以便用户观察所设置的字体样式是否满足需要。

3)注意事项

在使用汉字字体时不需要选中"使用大字体(U)"复选框,从"字体名(F)"下拉列表框中可以选择所需要的汉字字体。

字体样式设置完毕后,便可以进行文字标注了。标注文字有两种方式:一种是单行标注,即启动命令后每次只能输入一行文字,不会自动换行输入;另一种是多行标注,一次可以输入多行文字。

二、标注单行文字(DTEXT)

1)启动命令

启动"单行文字"命令可使用如下两种方法。

(1)选择"绘图(D)"→"文字(X)"→"单行文字(S)"命令。

(2)在命令窗口中"命令:"后输入"DTEXT"(简捷命令 DT)并按回车键。

2)具体操作

启动"单行文字"命令后,根据命令行提示按下述步骤进行操作。

```
当前文字样式: "建筑制图"  文字高度: 2.5000  注释性: 否
指定文字的起点或 [对正(J)/样式(S)]://确定文字行基线的起点位置,可在屏幕上直接点取
指定文字的旋转角度 <0> ://确定文字的旋转角度
输入文字://输入所需编辑的文字
```

3)其他选项

其他主要选项的含义如下。

(1)"对正(J)":用于确定标注文字的排列方式及排列方向。

(2)"样式(S)":用于选择"文字样式"命令定义的文字的字体样式。

4）注意事项

（1）输入文字并按回车键确认后,命令行会出现"输入文字(Enter text):"提示,可在已输入文字下一行位置继续输入,也可在此提示下直接按回车键,结束本次"单行文字"命令。

（2）用"单行文字"命令标注文字,可以进行换行,即执行一次命令可以连续标注多行,但每换一行或用光标重新定义一个起始位置时,再输入的文字便被当作另一实体。

（3）如果用户在"建筑制图"文字样式中已经定义了旋转角度,那么在文字标注过程中,命令行将不再显示"指定文字的旋转角度 <0>:"操作提示。

（4）如果用户在"建筑制图"文字样式中没有定义其"高度",即图2-1中的"高度(T)"文本框中的值为默认值"0",那么在文字标注过程中,命令行将显示"指定高度 <0>:"提示,此时输入所需的文字高度并按回车键即可进行下一步操作。

三、标注多行文字(MTEXT)

"单行文字"命令虽然也可以标注多行文字,但换行时定位及行列对齐比较困难,且标注结束后,每行文字都是一个单独的实体,不易编辑。故 AutoCAD 提供了"多行文字"命令,使用"多行文字"命令可以一次标注多行文字,并且各行文字都以指定宽度排列对齐,共同作为一个实体,这一命令在注写设计说明时非常有用。

1）启动命令

启动"多行文字"命令可使用如下三种方法。

（1）选择"绘图(D)"→"文字(X)"→"多行文字(M)…"命令。

（2）在"绘图"工具栏中单击"多行文字…"按钮 A。

（3）命令窗口中"命令:"后输入"MTEXT"(简捷命令 MT)并按回车键。

2）具体操作

启动"多行文字"命令后,AutoCAD 将根据所标注文字的宽度和高度或字体排列方式等这些数据确定文本框的大小,具体操作可根据命令行提示进行。

命令:_mtext 当前文字样式:"建筑制图" 当前文字高度:2.5;注释性;否

指定第一角点://在屏幕上确定一点作为标注文本框的第一个角点,如图2-4中的A点

指定对角点或 [高度(H)/对正(J)/行距(L)/旋转(R)/样式(S)/宽度(W)]://确定标注文本框的另一个对角点,如图2-4所示中的B点并按回车键

此时将弹出如图2-5所示的"文字格式"对话框。

3）其他选项

其他主要选项的含义如下。

（1）"高度(H)":用于设置文字的高度。

（2）"对正(J)":用于设置文字的排列方式。

（3）"行距(L)":用于设置文字的行间距。

（4）"旋转(R)":用于设置文字的倾斜角度。

（5）"样式(S)":用于设置文字字体的标注样式。

（6）"宽度(W)":用于设置文本框的宽度。

图 2-4　选择标注文本框的第一个角点

这些选项可在命令行进行操作设置,也可在图 2-5 所示的"文字格式"对话框中直接进行设置。

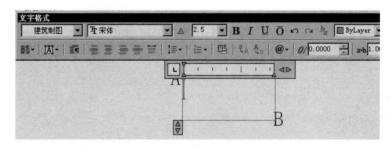

图 2-5　"文字格式"对话框

4)"文字格式"对话框

在"文字格式"对话框中,可以很方便地进行文字的输入、编辑等工作。在文本框中输入文字,首先只显示在文本框中,只有在输入完毕并关闭对话框以后,文字才显示在绘图区域中,并按照设置宽度排列。

四、特殊字符的输入

在工程绘图中,经常需要标注一些特殊字符,如表示直径的符号ϕ、表示地平面标高的正负号等,这些特殊字符不能直接从键盘上输入。AutoCAD 提供了一些简捷的控制码,通过从键盘上直接输入这些控制码,可以达到输入特殊字符的目的。AutoCAD 提供的控制码及其相对应的特殊字符如表 2-1 所示。

AutoCAD 提供的控制码,均由两个百分号和一个字母组成。输入这些控制码后,屏幕上不会立即显示它们所代表的特殊符号,只有在按回车键后,控制码才会变成相应的特殊字符。

控制码所在的文本如果被定义为 Truetype 字体,则无法显示出相应的特殊字符,只能出现一些乱码或问号,因此使用控制码时要将字体样式设为非 Truetype 字体。

表 2-1　控制码及其相应的特殊字符

控制码	相对应特殊字符功能
%%D	标注符号"度"(°)
%%P	标注正负号(±)
%%C	标注直径(φ)

也可直接插入字符,具体方法为:在打开的多行文本框内右击,在弹出的菜单中选择"符号(S)"级联菜单中的相应符号即可(如图 2-6 所示),这种方式能够立即显示特殊符号。

图 2-6　"符号(S)"级联菜单

五、文字编辑

已标注的文字,有时需对其属性或文字本身进行修改,AutoCAD 提供了两个文字的基本编辑方法,方便用户快速便捷地编辑所需的文字。这两种方法是"编辑"命令和"属性管理器"命令。

1. 利用"编辑"命令编辑文字

1) 启动命令

启动"编辑"命令可使用如下两种方法。

(1) 选择"修改(M)"→"对象(O)"→"文字(T)"→"编辑(E)…"命令。

(2) 在命令窗口中"命令:"后输入"DDE-DIT"(简捷命令 ED)并按回车键。

2）具体操作

启动"DDE-DIT"命令后,十字光标变成方框,根据命令行提示按下述步骤进行操作。

选择注释对象或 [放弃(U)]://选择要修改的文字

如选择"放弃(U)"选项,可以取消上次所进行的文字编辑操作。

3）注意事项

(1) 若选取的文字是用"单行文字"命令标注的文字,如图2-7所示,此时只能对文字内容进行修改。

图2-7 单行文字对话框

(2) 若用户所选的文字是用"多行文字"命令标注的多行文字,则弹出"文字格式"对话框,如图2-8所示。该对话框在前面已作过详细介绍,用户可在该对话框中对文字进行更加全面的编辑修改。

图2-8 多行文字对话框

(3) 也可采用直接双击文字的方式进行文本编辑。如图2-7所示,选中文字或在弹出的"文字格式"对话框(见图2-8)中,对文本进行编辑。

2. 利用"属性管理器"命令编辑文字

1）启动命令

启动"属性管理器"命令可使用如下两种方法。

(1) 选中文字,再选择"标准"工具栏中的"特性"按钮 。

(2) 右击选中文字,弹出如图2-9所示的菜单,在其中选择"特性(S)"。

2）"特性"对话框操作

启动"属性管理器"命令后,会弹出如图2-10所示的"特性"对话框,可对所选文字进行编辑。对话框中主要部分的功能介绍如下。

(1) 常规选项卡　常规选项卡可对标注文字的颜色、图层、线型、线型比例、打印样式、线宽等参数进行编辑。

（2）文字选项卡　文字选项卡可对文字的内容、样式、对正、方向、宽度、高度、旋转、行距比例、行间距等参数进行编辑。

（3）图形选项卡　图形选项卡可对标注文字的位置（X、Y、Z轴坐标）进行编辑。

图 2-9　在右键菜单中选择"特性(S)"选项

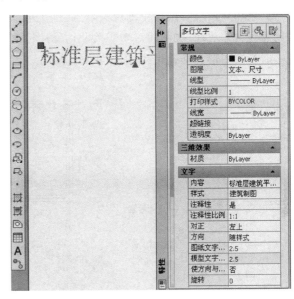

图 2-10　"特性"对话框

3. 注意事项

在使用"属性管理器"命令编辑图形实体时，允许一次选择多个文字实体，同时进行编辑、修改。而使用"编辑"命令编辑文字实体时，每次只能选择一个文字实体。

任务 2　标注与编辑建筑平面图的尺寸

建筑施工图中的尺寸标注是施工图的重要部分，利用 AutoCAD 的尺寸标注命令，可以方便快速地标注图纸中各种方向、形式的尺寸。

一、尺寸标注的基础知识

一个完整的尺寸标注通常由尺寸线、尺寸界线、尺寸起止符和尺寸数字四部分组成。图2-11中列出了一个典型的建筑制图尺寸标注的各部分的名称。

一般情况下，AutoCAD 将尺寸作为一个图块，即尺寸线、尺寸界线、尺寸起止符和尺寸数字均不是单独的实体，而是构成图块的一部分。如果对该尺寸标注进行拉伸，那么拉伸后，尺寸标注的尺寸文字将自动发生相应的变化，这种尺寸标注称为关联性尺寸。对于关联性尺寸，当改变尺寸标注样式时,在该样式基础上生成的所有尺寸标注都将随之改变。

如果一个尺寸标注的尺寸线、尺寸界线、尺寸箭头和尺寸文字都是单独的实体,即尺寸标注不是一个图块,那么这种尺寸标注称为无关联性尺寸。

如果用户用"缩放"命令缩放关联性、非关联尺寸标注,则对于关联性尺寸标注,尺寸文字将随尺寸线被缩放而缩放;而对于非关联性尺寸标注,尺寸文字将保持不变,因此非关联性尺寸无法适时反映图形的准确尺寸,如图 2-12 所示。

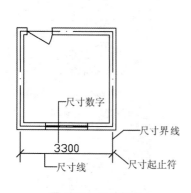

图 2-11　尺寸标准

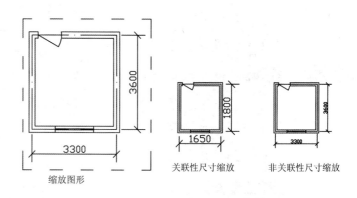

图 2-12　缩放关联性、非关联性尺寸

二、创建尺寸标注样式

(一)"标注样式管理器"对话框

尺寸标注样式控制着尺寸标注的外观和功能,在"标注样式管理器"对话框中可以定义不同设置的标注样式并给它们赋名。下面以建筑制图标准要求的尺寸形式为例,学习创建尺寸标注样式的方法。

1) 启动命令

打开"标注样式管理器"可通过启动"标注样式"命令实现,可使用如下三种方法。

(1) 选择"标注(D)"→"标注样式(S)"命令。

(2) 在"样式"工具栏中单击"标注样式"按钮 ![icon] 。

(3) 命令窗口中"命令:"后输入"DIMSTYLE"(简捷命令 D)并按回车键。

2) "标注样式管理器"对话框

"标注样式管理器"对话框将在启动"标注样式"命令后弹出,如图 2-13 所示,对话框中相关选项的功能介绍如下。

(1) "样式(S)"列表框:用于显示标注样式名称。

(2) "列出(L)"下拉列表框:用于控制在当前图形文件中,是否全部显示所有尺寸标注样式。若选择"所有样式",则在"样式(S)"列表框显示所有样式名称;若选择"正在使用样式",则在"样式(S)"列表框显示当前正在使用样式名称。

(3)"预览"图像框:用于以图形方式显示当前尺寸标注样式。

(4)"置为当前(U)"按钮:用于将选定的样式设置为当前样式,如图 2-13 所示,当前使用样式为"ISO-25"样式。

(5)"新建(N)…"按钮:用于创建新的尺寸标注样式。

(6)"修改(M)…按钮":用于修改已有的尺寸标注样式。

(7)"替代(O)…按钮":用于为一种标注格式建立临时性替代格式,以满足某些特殊要求。

(8)"比较(C)…按钮":用于比较两种标注格式的不同点。

3)"创建新标注样式"对话框

单击"标注样式管理器"对话框中的"新建(N)…"按钮后弹出"创建新标注样式"对话框,如图 2-14 所示。该对话框中相关的选项的功能如下所述。

(1)"新样式名(N)"文本框:用于设置新建的尺寸样式名称,如图 2-14 所示,输入"建筑制图(1-100)"。

(2)"基础样式(S)"下拉列表框:在此下拉列表框中选择一种已有的标注样式,新的标注样式将继承此标注样式的所有特点。用户可以在此标注样式的基础上,修改不符合要求的部分,从而提高工作效率。

(3)"用于(U)"下拉列表框:用于限定新标注样式的应用范围。

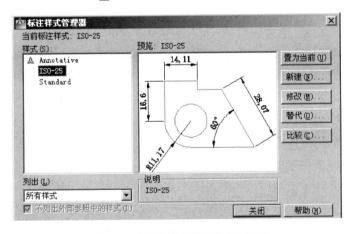

图 2-13 "标注样式管理器"对话框

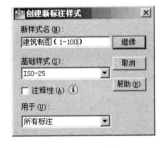

图 2-14 "创建新标准样式"对话框

(二)"新建标注样式"对话框

单击"创建新标准样式"对话框中的"继续"按钮,将弹出"新建标注样式:建筑制图(1-100)"对话框,如图 2-15 所示。用户可利用该对话框为新创建的尺寸标注样式设置各种所需的相关特征参数。在确定各个参数时,对话框中的右上方的预览图像框中会显示出相应的变化,应特别注意观察该图像框以便确定进行的定义或者修改是否合适。相关选项卡的设置如下所述。

1."线"选项卡

用户可在"线"选项卡中设置尺寸线、尺寸界线的几何参数。图 2-15 所示为建筑制图(1-100)的"线"选项卡的各参数设置。该选项卡中各选项的含义如下。

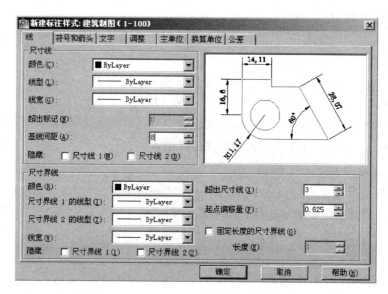

图 2-15　建筑制图(1-100)的"线"参数设置

1)"尺寸线"选项组

"尺寸线"选项组用于设置尺寸线的特征参数。

(1)"颜色(C)"下拉列表框:用于设置尺寸线的颜色,选择"ByLayer",表示当前图层颜色。

(2)"线型(L)"下拉列表框:用于设置尺寸线的线型,选择"ByLayer",表示当前图层线型。

(3)"线宽(G)"下拉列表框:用于设置尺寸的线宽,选择"ByLayer",表示当前图层线宽。

(4)"超出标记(N)"增量框:用于设置尺寸线超出尺寸界线的长度。《房屋建筑制图统一标准》(GB/T 50001—2010)中规定该数值一般为 0。只有在"符号和箭头"选项卡中将"箭头"选项组设置为"倾斜"或"建筑标记"时,"超出标记(N)"增量框才会被激活。

(5)"基线间距(A)"增量框:当用户采用基线方式标注尺寸时,可在该增量框中输入一个值,以控制两个尺寸线之间的距离。《房屋建筑制图统一标准》(GB/T 50001—2010)中规定两尺寸线间距为 7～10 mm。如图 2-15 所示,设置基线间距为 8 mm。

(6)"隐藏"选项:用于控制是否隐藏第一条、第二条尺寸线及相应的尺寸起止符。建筑制图中,通常选默认值,即两条尺线都可见。

2)"尺寸界线"选项组

该选项组用于设置尺寸界线的特征参数,其中颜色、线型、线宽等选项类似于"尺寸线"选项组的相关选项,其他如下所述。

(1)"超出尺寸线(X)"增量框:用户可在此增量框中输入一个值以确定超出尺寸线的那一部分长度。《房屋建筑制图统一标准》(GB/T 50001—2010)中规定这一长度宜为 2～3 mm。如图 2-15 所示,设置超出尺寸线为 3 mm。

(2)"起点偏移量(F)"增量框:用于设置标注尺寸界线的端点离开指定标注起点的距离。

(3)"隐藏"选项:用于控制是否隐藏第一条或第二条尺寸界线。建筑制图中,有时为了不覆盖中心线,可根据需要进行设定。

2. "符号和箭头"选项卡

"符号和箭头"选项卡用于设置尺寸起止符的形状及大小。如图 2-16 所示为建筑制图(1-100)的符号和箭头的设置。

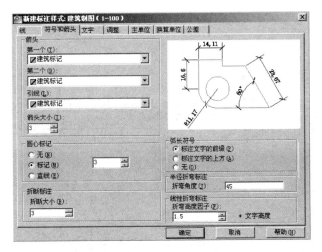

图 2-16　建筑制图(1-100)的符号和箭头设置

该选项卡中各选项的含义如下。

1)"箭头"选项组

"箭头"选项组用于设置箭头的形状、大小等特征参数。

(1)"第一个(T)"下拉列表框:用于选择第一尺寸起止符的形状。下拉列表框中提供各种起止符号以满足各种工程制图的需要。建筑制图中,我们选择"建筑标记"选项。当用户选择某种类型的起止符作为第一尺寸起止符时,AutoCAD 将自动把该类型的起止符默认为第二尺寸起止符而出现在"第二个(D)"下拉列表框中。

(2)"第二个(D)"下拉列表框:用于设置第二尺寸起止符的形状。

(3)"引线(L)"下拉列表框:用于设置指引线的箭头形状。

(4)"箭头大小(I)"增量框:用于设置尺寸起止符的大小。《房屋建筑制图统一标准》(GB/T 50001—2010)中要求起止符号一般用中粗短线绘制,长度宜为 3 mm。

2)"圆心标记"选项组

"圆心标记"选项组用于设置圆心标记参数。

(1)"无(N)"单选框:既不采用中心标记,也不采用中心线。

(2)"标记(M)"单选框:中心标记为一个记号。

(3)"直线(E)"单选框:中心标记采用中心线的形式。

(4)中心标记大小增量框:用于设置中心标记和中心线的大小和粗细。

3)"弧长符号"选项组

"弧长符号"选项组用于设置弧长符号参数。

(1)"标注文字的前缀(P)"单选框:将弧长符号放在标注文字的前面。

(2)"标注文字的上方(A)"单选框:将弧长符号放在标注文字的上方。

(3)"无(O)"单选框:不显示弧长符号。

4)"半径折弯标注"选项组

"半径折弯标注"选项组用于控制折弯半径标注的显示。在"折弯角度(J)"文本框中可以输入连接半径标注的尺寸界线和尺寸线的横向直线角度。

3. "文字"选项卡

"文字"选项卡用于设置尺寸的文字格式。图2-17所示为建筑制图(1-100)的文字参数设置。该选项卡中各选项的含义如下。

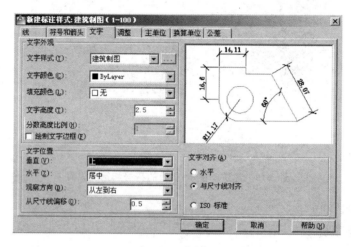

图 2-17 建筑制图(1-100)的文字参数设置

1)"文字外观"选项组

"文字外观"选项组用于设置文字的样式、颜色、填充颜色、文字高度、分数高度比例和文字是否有边框等属性参数。建筑制图中,尺寸文字的字体高度一般为 2.5 mm。

2)"文字位置"选项组

"文字位置"选项组用于设置文字和尺寸线间的位置关系及间距。在建筑制图中,一般按图2-17所示进行设置。特殊情况可根据需要进行调整。

3)"文字对齐(A)"选项组

"文字对齐(A)"选项组用于控制尺寸文字的标注方向。在建筑制图中,通常选择"与尺寸线对齐"单选框。

4. "调整"选项卡

"调整"选项卡用于设置尺寸标注的特征,用户可在该选项卡内设置尺寸文字、尺寸起止符、指引线和尺寸线的相对排列位置。图2-18所示为建筑制图(1-100)的"调整"选项卡参数设置。该选项卡中各选项的含义如下。

1)"调整选项(F)"选项组

"调整选项(F)"选项组中用户可根据两尺寸界线之间的距离来选择具体的选项,以控制将尺寸文字和尺寸起止符放置在两尺寸界线的内部还是外部。在建筑制图中,通常选择"文字或

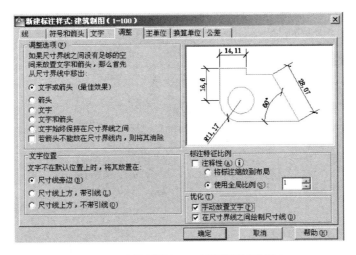

图 2-18 建筑制图(1-100)的"调整"选项卡

箭头(最佳效果)"。

2)"文字位置"选项组

"文字位置"选项组用于设置当尺寸文本离开其默认位置时应放置的位置。

3)"标注特征比例"选项组

"标注特征比例"选项组用于设置尺寸的比例系数。

(1)"注释性(A)"复选框:用于控制是否将尺寸标注设置为注释性内容。

(2)"将标注缩放到布局"单选框:用于确定图纸空间内的尺寸比例系数。

(3)"使用全局比例(S)"增量框:用户可在该增量框中输入数值以设置所有尺寸标注样式的总体尺寸比例系数。

4)"优化(T)"选项组

"优化(T)"选项组用于设置尺寸文字的精细微调选项。

(1)"手动放置文字(P)"复选框:选择该复选框后,AutoCAD将忽略任何水平方向的标注设置,允许用户在命令行"指定尺寸线位置或[多行文字(M)/文字(T)/角度(A)/水平(H)/垂直(V)/旋转(R)]:"提示下,手动设置尺寸文字的标注位置,否则,将按水平下拉列表框所设置的标注位置自动标注尺寸文字。

(2)"在尺寸界线之间绘制尺寸线(D)"复选框:选择该复选框后,当两尺寸界线距离很近不足以放下尺寸文字,而把尺寸文字放在尺寸界线的外面时,AutoCAD将自动在两尺寸界线之间绘制一条直线将尺寸线连通。若不选择该复选框,两尺寸界线之间将没有一条直线,导致尺寸线隔开。

5."主单位"选项卡

用户可在"主单位"选项卡内设置基本尺寸文字的各种参数,以控制尺寸单位、角度单位、精度等级、比例系数等。如图2-19所示为建筑制图(1-100)"主单位"选项卡所设置的公制尺寸参数。该选项卡中各选项的含义介绍如下。

1)"线性标注"选项组

"线性标注"选项组用于设置基本尺寸文字的特征参数。

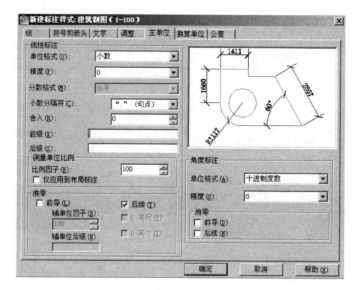

图 2-19　建筑制图(1-100)"主单位"选项卡

(1)"单位格式(U)"下拉列表框:用于设置基本尺寸的单位格式,在建筑制图中,选用小数选项。

(2)"精度(P)"下拉列表框:用于控制除角度尺寸标注之外的尺寸精度。在建筑制图中,精度为0。

(3)"分数格式(M)"下拉列表框:用于设置分数尺寸文字的书写格式。

(4)"舍入(R)"增量框:用于设置尺寸数字的舍入值。

(5)"比例因子(E)"增量框:用于控制线型尺寸的比例系数,其值等于绘图比例的倒数。如在本例中的用于绘图比例为1∶100图形尺寸标注的"建筑制图(1-100)"标注样式设置中,比例因子应输入"100"。

2)"角度标注"选项组

用户可根据需要确定角度尺寸的"单位格式"和"精度"。在建筑制图中,通常选用"十进制度数"选项。

3)"消零"选项组

"消零"选项组用于控制尺寸标注时的零抑制问题。

完成上述各选项卡中的参数设置后,单击"确定"按钮,回到"标注样式管理器"对话框,如图2-20(a)所示。单击"置为当前(U)"按钮,在"样式(S)"列表框中选中"建筑制图(1-100)"。至此就完成了绘图比例为1∶100图形的尺寸标注样式的设置,单击"关闭"按钮,即可回到绘图界面,进行1∶100比例的图形尺寸的标注,此时在"样式"工具栏中"标注样式控制"下拉列表里将出现"建筑制图(1-100)"标注样式名,并且还出现在"标注样式控制"文本框里,如图2-20(b)所示。

6. 注意事项

对于其他比例的图形尺寸标注时的标注样式的设置,可按照上述"建筑制图(1-100)"标注样式进行,只是需要注意在"主单位"选项卡中,"比例因子(E)"增量框中应输入绘图比例的倒数。

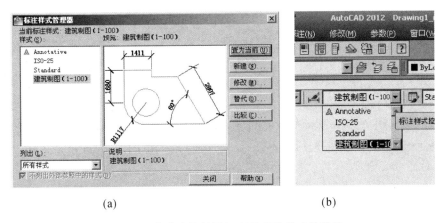

图 2-20 完成建筑制图(1-100)标注样式的设置

三、线性尺寸标注

线性尺寸是建筑制图中最常见的尺寸,包括水平尺寸、垂直尺寸、平齐尺寸、旋转尺寸、基线标注和连续标注。下面将分别介绍这几种尺寸的标注方法。

1. 标注长度尺寸

AutoCAD 中把水平尺寸、垂直尺寸和旋转尺寸都归结为长度尺寸,这三种尺寸的标注方法大同小异。AutoCAD 提供了"线性标注"命令来标注长度类尺寸。

1)启动命令

启动"线性标注"命令可使用如下三种方法。

(1)选择"标注(N)"→"线性(L)"命令。

(2)在"标注"工具栏中单击"线性"按钮 ⊢⊣。

(3)命令窗口中"命令:"后输入"DIMLINEAR"(简捷命令 DLI)并按回车键。

2)具体操作

启动"线性标注"命令后,根据命令行提示按下述步骤完成图 2-21 所示的操作。

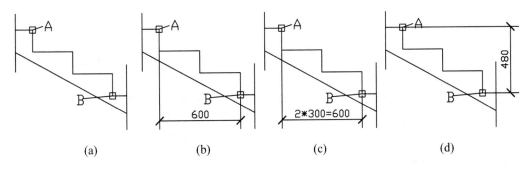

图 2-21 "线性标注"命令操作

```
命令：_dimlinear
指定第一条尺寸界线原点或 <选择对象>：//选择需标注尺寸实体的起始点,选择图 2-21(a)中的
                                        A 点
指定第二条尺寸界线原点：//选择需标注尺寸实体的终点,选择图 2-21(a)中的 B 点
    指定尺寸线位置或
[多行文字(M)/文字(T)/角度(A)/水平(H)/垂直(V)/旋转(R)]：//选择一点以确定尺寸线的位置
```

选择图 2-21(a)中的 AB 连线范围内的下方任意合适一点,得到图 2-21(b),此时命令行出现"标注文字＝600"提示；如果选择图 2-21(a)中的 AB 连线范围内的右方任意合适一点,得到图 2-21(d),此时命令行出现"标注文字＝480"提示。

3）其他选项

其他主要选项的含义如下。

（1）"多行文字(M)"：通过"文字格式"对话框输入尺寸文本。例如,输入"2×300＝600",得到图 2-21(c)。

（2）"文字(T)"：通过命令行输入尺寸文本。

（3）"角度(A)"：确定尺寸文本的旋转角度。

（4）"水平(H)"：标注水平尺寸。如果选择该项,则选择任意一点,都将得到图 2-21(a)与(b)。

（5）"垂直(V)"：标注垂直尺寸。如果选择该项,则选择任意一点,都将得到图 2-21(d)。

（6）"旋转(R)"：用于确定尺寸线的旋转角度。

（7）<选择对象>：如果在"指定第一条尺寸界线原点或<选择对象>："提示下直接按回车键,就选择了该项,此时根据命令行提示进行如下操作。

```
选择标注对象：//选择要标注尺寸的那一条边,然后根据提示确定尺寸线的位置结束命名
```

对于图 2-21 所示的标注,如果采用这种方法标注,则需事先将 AB 直线段作为辅助线,选择辅助线 AB 上的任意点即可。

例 2-1　　如图 2-22(d)所示,标注房屋平面图的尺寸,绘图比例为 1：100。

线性标注过程如图 2-22 所示,具体步骤如下。

解　　（1）标注 900 mm 窗间墙尺寸　如图 2-22(b)所示。

① 打开"标注样式管理器"对话框,把"建筑制图(1-100)"标注样式置为当前。

② 启动"线性标注"命令后,根据提示按下述步骤操作,所得结果如图 2-22(b)所示。

```
指定第一条尺寸界线原点或 <选择对象>：//选择墙角 D 处中心线交点
指定第二条尺寸界线原点：//选择 $D_1D_2$ 的中点,按回车键
指定尺寸线位置或
[多行文字(M)/文字(T)/角度(A)/水平(H)/垂直(V)/旋转(R)]：//选择尺寸线上任意一点
标注文字 = 900
```

（2）标注 240 mm 墙尺寸　将"建筑制图(1-100)"标注样式置为当前,启动"线性标注"命令。根据提示,依次选择 A_1A_2 线段的中点、墙角 A 处中心线交点分别作为第一条、第二条尺寸界线原点。根据提示,选择尺寸线上的任意一点,得到图 2-22(b)。

（3）标注 1 500 mm 窗尺寸　将"建筑制图(1-100)"标注样式置为当前,启动"线性标注"命令。根据提示,选择 D_1D_2 线段的中点或已标注的 900 mm 窗间墙尺寸起止符 E 的中点,根据提

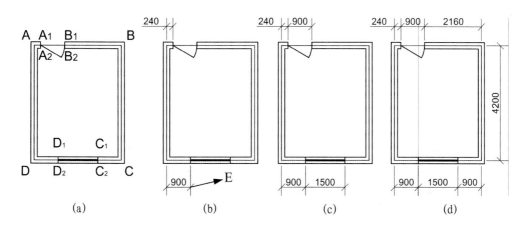

图 2-22 房屋平面图的"线性标注"命令操作

示,选择 C_1C_2 直线段的中点。根据提示,选择已标注的 900 mm 窗间墙尺寸起止符 E 的中点,如图 2-22(c)所示。

(4) 标注 900 mm 门尺寸 其标注方法、步骤参照"标注 1 500 mm 窗尺寸",得到图 2-22(c)所示。

(5) 标注其他尺寸,如图 2-22(d)所示,标注方法、步骤参考(3)。

2. 基线标注

在建筑制图中,往往以某一条线作为基准,其他尺寸都按该基准进行定位或画线,这就是基线标注。AutoCAD 提供了"基线标注"命令,以方便用户标注这类尺寸。

1) 启动命令

启动"基线标注"命令可使用如下三种方法。

(1) 选择"标注(N)"→"基线(B)"命令。

(2) 在"标注"工具栏中单击"基线"按钮 ⊢ 。

(3) 在命令窗口中"命令:"后输入"DIMBASELINE"(简捷命令 DBA)并按回车键。

2) 具体操作

启动"基线标注"命令后,根据命令行提示按下述步骤进行操作。

```
选择基准标注://选择基线标注的基线
指定第二条尺寸界线原点或[放弃(U)/选择(S)]<选择>://确定标注尺寸的第二尺寸界线起始点
标注文字 = 3300
指定第二条尺寸界线原点或 [放弃(U)/选择(S)]<选择>://继续确定第二尺寸界线起始点,直到基
                                                 线尺寸全部标注完,按 Esc 键退出基线
                                                 标注为止
```

3) 其他选项

其他主要选项的含义如下。

(1) "放弃(U)":如果在该提示下输入"U"并按回车键,将删除上一次刚刚标注的基线尺寸。

(2) "选择(S)":如果在该提示下直接按回车键或输入"S"后再按回车键,命令操作将重新开始。

例 2-2　如图 2-23(c)所示,标注房屋平面图的尺寸。

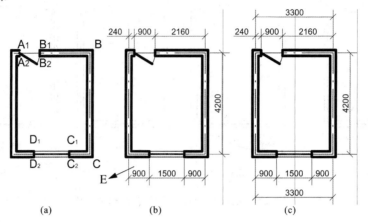

图 2-23　房屋平面图的"基线标注"命令操作

解　基线标注过程如图 2-23 所示,步骤如下。

(1) 标注图 2-23(b)　选择"复制"命令复制图 2-22(d)得到图 2-23(b)。

(2) 标注 3 300 mm 轴线尺寸　选择"基线标注"命令进行标注,具体操作如下。

① 打开"标注样式管理器"对话框,将"建筑制图(1-100)"标注样式置为当前。

② 启动"线性标注"命令后,根据命令行提示按下述步骤操作,所得结果如图 2-23(c)所示。

选择基准标注：//选择图 2-23(b)中 900 mm 尺寸 E,点击 E 的任意图形元素上的任意点即可

指定第二条尺寸界线原点：//选择 BC 中心线与 DC 中心线的交点

标注文字 = 3300

指定第二条尺寸界线原点或 [放弃(U)/选择(S)] <选择>：//输入 S 并按回车键

选择基准标注：//选择图 2-23(b)中 240 mm 尺寸,代表 DA 中心线的尺寸界线

指定第二条尺寸界线原点或 [放弃(U)/选择(S)] <选择>：//选择 CB 中心线与 AB 中心线的交点

标注文字 = 3300

指定第二条尺寸界线原点或 [放弃(U)/选择(S)] <选择>：//按回车键结束命令,得到图 2-23(c)

3. 连续标注

除了基线标注之外,还有一类尺寸,它们也是按某一基准来标注尺寸的,但该基准不是固定的,而是动态的。这些尺寸首尾相连,除第一个尺寸和最后一个尺寸外,前一尺寸的第二尺寸界线就是后一尺寸的第一尺寸界线。AutoCAD 中把这种类型的尺寸称为连续尺寸。为方便用户标注连续尺寸,AutoCAD 中提供了"连续标注"命令。开始连续标注时,要求用户先要标出一个尺寸。

1) 启动命令

启动"连续标注"命令可使用如下三种方法。

(1) 选择"标注(N)"→"连续(C)"命令。

(2) 在"标注"工具栏中单击"连续"按钮 。

(3) 在命令窗口中"命令："后输入"DIMCONTINUE"(简捷命令 DCO)并按回车键。

2) 具体操作

启动"连续标注"命令后,根据命令行提示按下述步骤进行操作。

选择连续标注:∥选择连续尺寸群中的第一个尺寸的第一条尺寸界线
指定第二条尺寸界线原点或 [放弃(U)/选择(S)] <选择>:∥确定第二尺寸界线起始点
指定第二条尺寸界线原点或 [放弃(U)/选择(S)] <选择>:∥确定第二个尺寸的第二尺寸界线起始点,或按 Esc 键结束"连续标注"命令操作

如果在该提示下输入"U"并按回车键,即选择"放弃(U)"选项,AutoCAD 将撤销上一连续尺寸的标注,然后命令行还将出现"指定第二条尺寸界线原点或[放弃(U)/选择(S)]<选择>:"提示。如果在该提示下直接按回车键或输入"S"后按回车键,则命令行提示:"选择连续标注:"。选择新的连续尺寸群中的第一个尺寸的第一个尺寸界线,就又开始了新的连续尺寸群的尺寸标注,具体操作同上。

例 2-3 如图 2-24(c)所示,标注房屋平面图的尺寸。

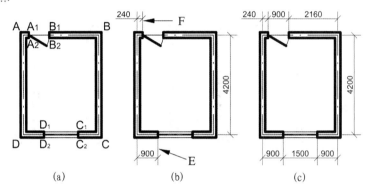

图 2-24 房屋平面图用"连续标注"命令操作

解 连续标注操作过程如下所述。

(1) 打开"标注样式管理器"对话框,将"建筑制图(1-100)"标注样式置为当前。

(2) 标注图 2-24(b) 选择"复制"命令复制图 2-22(b)得到图 2-24(b),或在图 2-24(a)中用"线性标注"命令标注 240 mm 墙尺寸、900 mm 窗间墙尺寸,得到图 2-24(b)。

(3) 标注其他尺寸 启动"连续标注"命令后,根据命令行提示按下述步骤操作,所得结果如图 2-24(c)所示。

选择连续标注:∥选择图 2-24(b) 900mm 窗间墙尺寸的尺寸界线 E
指定第二条尺寸界线原点或 [放弃(U)/选择(S)] <选择>:∥选择 C_1C_2 中点
标注文字= 1500
指定第二条尺寸界线原点或 [放弃(U)/选择(S)] <选择>:∥选择 BC 与 DC 中心线交点
标注文字= 900
指定第二条尺寸界线原点或 [放弃(U)/选择(S)] <选择>:∥按回车键或输入 S 再按回车键
选择连续标注:∥选择 240 mm 墙尺寸的尺寸界线 F
指定第二条尺寸界线原点或 [放弃(U)/选择(S)] <选择>:∥选择 B_1B_2 中点
标注文字= 900
指定第二条尺寸界线原点或 [放弃(U)/选择(S)] <选择>:∥选择 AB 与 CB 中心线交点
标注文字= 2160
指定第二条尺寸界线原点或 [放弃(U)/选择(S)] <选择>:∥按回车键结束命令操作

四、编辑尺寸标注

AutoCAD 提供了多种方法以方便用户对尺寸标注进行编辑,下面将逐一介绍这些方法及命令。

1. 利用"特性"对话框编辑尺寸标注

用户可通过"特性"对话框对尺寸标注的相关参数进行更改、编辑。如图 2-25 所示,将图 2-25(a)中的窗洞尺寸 1 500 mm 中的"文字样式"栏修改为"建筑制图",同时将"文字替代"栏修改为"窗洞尺寸"。

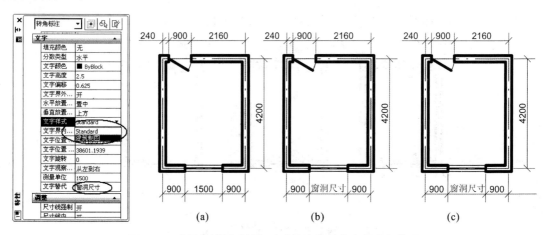

图 2-25 利用"特性"对话框尺寸标注的相关参数进行修改

1) 具体操作

(1) 选择要编辑的尺寸标注。如图 2-25(b)所示,单击尺寸标注"1 500"。

(2) 打开"特性"对话框。单击"标准"工具栏上"对象特性"按钮 ▭ ,打开如图 2-25 所示的"特性"对话框。

(3) 在"特性"对话框中,选择"转角标注"中的"文字"列表框,在"文字替代"一栏中输入"窗洞尺寸";在"文字样式"下拉列表框中选择"建筑制图"。

(4) 关闭"特性"对话框,得到如图 2-25(c)所示的编辑过的图形尺寸。

2) 注意事项

(1) "特性"对话框还可对图文图层、文本等多种特性进行修改编辑。

(2) 若对图文图层、文本、尺寸等特性进行规范和修改编辑,可以使用"特性匹配"命令完成。单击"标准"工具栏上的"特性匹配"按钮 ▭ ,根据命名行提示,进行如下操作。

选择源对象:∥选择要修改编辑成(相关特性)的图文对象
当前活动设置:颜色 图层 线型 线型比例 线宽 厚度 打印样式 标注 文字 填充图案 多段线 视口 表格 材质 阴影显示 多重引线
选择目标对象或 [设置(S)]:∥选择要被编辑修改(相关特性)的图文对象
选择目标对象或 [设置(S)]:∥继续选择要被编辑修改(相关特性)的图文对象,或按回车键结束命令操作

2. 利用编辑标注(DIMEDIT)命令编辑尺寸标注

1) 启动命令

启动"编辑标注"命令通常使用以下两种方法。

(1) 在"标注"工具栏中单击"编辑标注"按钮 ⌴。

(2) 在命令窗口中"命令:"后输入"DIMEDIT"(简捷命令 DED)并按回车键。

2) 具体操作

启动"编辑标注"命令后,出现如下命令行提示。

  输入标注编辑类型 [默认(H)/新建(N)/旋转(R)/倾斜(O)]<默认> : //要求用户输入需要编辑的选项

3) 其他选项

其他主要选项的含义如下。

(1) "默认(H)":用于将尺寸文本按"标注样式"所定义的位置、方向重新放置。执行该选项,命令行出现"选择对象:"提示,选择要编辑的尺寸标注即可。

(2) "新建(N)":用于更新所选择的尺寸标注的尺寸文字。执行该选项,AutoCAD 将打开"文字格式"对话框。用户可在该对话框中更改新的尺寸文字,单击"OK"按钮关闭对话框后,命令行出现"选择对象:"提示,选择要更改的尺寸文字即可。

(3) "旋转(R)":用于旋转所选择的尺寸文本。执行该选项后,依据命令行提示进行如下操作。

  指定标注文字的角度: //输入尺寸文本的旋转角度

  选择对象: //选择要编辑的尺寸标注即可

(4) "倾斜(O)":用于进行倾斜标注,即编辑线性尺寸标注,使其尺寸界线倾斜一个角度,不再与尺寸线相垂直,常用于标注锥形图形。执行该选项后,依据命令行提示进行如下操作。

  选择对象: //选择要编辑的尺寸标注

  输入倾斜角度(按 ENTER 表示无): //输入倾斜角度即可

3. 利用编辑标注文字(DIMTEDIT)命令更改尺寸文本位置

1) 启动命令

启动"编辑标注文字"命令可使用如下三种方法。

(1) 选择"标注(N)"→"对齐文字(X)"→"编辑标注文字(D)"命令。

(2) 在"标注"工具栏中单击"编辑标注文字"按钮 ⌴A。

(3) 在命令窗口中"命令:"后输入"DIMTEDIT"(简捷命令 DIMTED)并按回车键。

2) 具体操作

启动"编辑标注文字"命令后,根据命令行提示按下述步骤进行操作。

  选择标注: //选择要修改的尺寸标注

  指定标注文字的新位置或 [左(L)/右(R)/中心(C)/默认(H)/角度(A)]: //确定尺寸文本的新位置

3) 其他选项

其他主要选项的含义如下。

(1) "左(L)":用于更改尺寸文本沿尺寸线左对齐。

(2) "右(R)":用于更改尺寸文本沿尺寸线右对齐。

(3)"中心(C)":用于将所选的尺寸文字按居中对齐。

(4)"默认(H)":用于将尺寸文字按"标注样式"所定义的默认位置、方向重新放置。

(5)"角度(A)":用于旋转所选择的尺寸文字。输入"A"并按回车键后,命令行出现"指定标注文字的角度:"提示,输入尺寸文字的旋转角度即可。

4. 更新尺寸标注

用户可将某个已标注的尺寸按当前尺寸标注样式所定义的形式进行更新。AutoCAD 提供了"更新"命令来实现这一功能。

1)启动命令

启动"更新"命令通常使用以下三种方法。

(1)选择"标注(N)"→"更新(U)"命令。

(2)在"标注"工具栏中单击"更新"按钮。

(3)在命令窗口中"命令:"后输入"DIM"并按回车键,在"标注(DIM):"提示后输入"UPDATE"(简捷命令 UP)并按回车键。

2)具体操作

启动"更新"命令后,根据命令行提示按下述步骤进行操作。

> 选择对象://选择要更新的尺寸标注
> 选择对象://继续选择尺寸标注或按回车键结束操作

此时回到"标注(DIM):"提示,输入"E"并按回车键,返回到"命令:"状态。

通过上述操作,AutoCAD 将自动把所选择的尺寸标注更新为当前尺寸标注样式所设置的形式。

子项 2.2 建筑平面图的快速绘制

【子项目标】

能够运用图层、图块绘制建筑平面施工图,如图 2-37 所示。

【能力目标】

具备运用图层、图块绘制建筑平面施工图能力(不包括文本、尺寸)。

【CAD 知识点】

绘图命令 创建块(MAKE BLOCK)、插入块(INSERT BLOCK)、属性块(WBLOCK)。

任务 1 绘图前的准备工作

一、块(BLOCK)的操作

图块是用一个图块名命名的一组图形实体的总称。在 AutoCAD 中,用户可以把一些在建筑制图中需要反复使用的图形(如门窗、标高符号等)定义为图块,即以一个缩放图形文件的方式保存起来,以达到重复利用的目的。AutoCAD 总是把图块作为一个单独的、完整的对象来操作。用户可以根据实际需要将图块按给定的缩放系统和旋转角度插入到任一指定位置,也可以对整个图块进行复制、移动、旋转、比例缩放、镜像、删除和阵列等操作。

1. 块定义(BLOCK 或 BMAKE)

要定义一个图块,首先要绘制组成图块的实体,然后用块定义(BLOCK 或 BMAKE)命令来定义图块的插入点,并选择构成图块的实体。

1) 启动命令

启动"块定义"命令可用如下三种方法。

(1) 选择"绘图(D)"→"块(K)"→"创建(M)…"命令。

(2) 在"绘图"工具栏中单击创建块按钮 。

(3) 在命令窗口中"命令:"后输入"BLOCK"(或 BMAKE,简捷命令 B)并按回车键。

2) "块定义"对话框

启动"块定义"命令后,弹出"块定义"对话框,如图 2-26 所示。对话框中各选项功能如下所述。

(1) "名称(N)"文本框　用于在文本框中输入图块名。

(2) "基点"选项组　用于确定插入点位置,单击"拾取点(K)"按钮,将返回操作图屏幕选择插入基点。

(3) "对象"选项组　用于选择构成图块的实体及控制实体显示方式。

① "保留(R)"单选框:用户创建完图块后,将继续保留这些构成图块的实体,并把它们当成一个个普通的单独实体来对待。

② "转换为块(C)"单选框:用户创建完图块后,将自动把这些构成图块的实体转化为一个图块。

③ "删除(D)"单选框:用户创建完图块后,将删除所有构成图块的实体目标。

(4) "方式"选项组　"方式"选项组中各个选项如下所述。

① "注释性(A)"复选框:用于指定块是否为注释性对象。

图 2-26 "块定义"对话框

②"按统一比例缩放(S)"复选框:用于确定是否按统一比例进行缩放。

③"允许分解(P)"复选框:用于指定块是否可以分解。

(5)"设置"选项组 "块单位(U)"下拉列表框可设置从 AutoCAD 设计中心导出该图块时的单位。

(6)"说明"文本框 可在其中输入与所定义图块有关的描述性说明文字。

2. 图块存盘(WBLOCK)

用创建块(BLOCK 或 BMAKE)定义的图块,可在图块所在的当前图形文件中使用,但不能被其他图形引用。为了使该图块成为公共图块,可供其他图形文件插入和引用,AutoCAD 提供了写块(WRITE BLOCK 或 WBLOCK)图块存盘命令,将图块单独以图形文件(*.dwg)的形式存盘。用写块(WBLOCK)定义的图形文件和其他图形文件无任何区别。

1) 启动命令

启动"图块存盘"命令方法为:在命令窗口中"命令:"后输入"WBLOCK"(简捷命令 B)并按回车键。

2) "写块"对话框

启动"图块存盘"命令后,弹出"写块"对话框,如图 2-27 所示,对话框中各选项功能如下所述。

(1)"源"选项组 "源"选项组中的各个选项如下所述。

①"块(B)"单选框及下拉列表框:将已用创建块(BLOCK 或 BMAKE)命令定义过的图块进行图块存盘操作。此时,可以从块下拉列表框中选择所需的图块。

②"整个图形(E)"单选框:将对整个当前图形文件进行图块存盘操作,把当前图形文件当作一个独立的图块来看待。

③"对象(O)"单选框:用于把选择的实体目标直接定义为图块并进行图块存盘操作。

(2)"基点"选项组 用于确定图块的插入点。

(3)"对象"选项组 用于选择构成图块的实体目标。

(4)"目标"选项组 用于设置图块存盘后的文件名、路径以及插入单位等。

图 2-27 "写块"对话框

① "文件名和路径(F)"下拉列表框:可在该下拉列表框内设置图块存盘后的文件名及其路径,默认的文件名为"新块.dwg";用户可直接单击 ... 按钮,将弹出"浏览图形文件"对话框,如图 2-28 所示,也可直接在该对话框中设置图块存盘路径。

② "插入单位(U)"下拉列表框:用于设置该图块存盘文件的插入单位。

图 2-28 "浏览图形文件"对话框

3. 插入块(INSERT BLOCK)

图块的重复使用是通过插入块的方式实现的。所谓插入块,就是将已经定义的图块插入到当前的图形文件中。在插入图块(或文件)时,必须确定四组特征参数,即要插入的图块名、插入点位置、插入比例系数和图块的旋转角度。

1)启动命令

启动"插入块"命令可用如下三种方法。

(1) 选择"插入(I)"→"块(B)..."命令。

(2) 在"绘图"工具栏中单击"插入块"按钮 。

(3) 在命令窗口中"命令:"后输入"INSERT"(简捷命令 I)并按回车键。

2)"插入"对话框

启动"插入块"命令后,弹出"插入"对话框,如图 2-29 所示。对话框中各选项的功能如下所述。

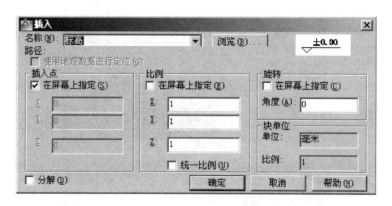

图 2-29 "插入"对话框

(1) "名称(N)"下拉列表框 "名称(N)"下拉列表框可输入或选择所需要插入的图块或文件名,主要可对当前文件中的块定义(BLOCK 或 BMAKE)下的块图形进行选择。

(2) "浏览(B)…"按钮 单击"浏览(B)…"按钮即可打开选择图形文件对话框,选择需要插入的图块名或文件名,主要针对通过图块存盘(WBLOCK)形成的图块进行选择。如图 2-28 所示,可在此对话框中的"文件名(N)"下拉列表框中选择任意图形文件(﹡﹡﹡.dwg),单击鼠标左键打开即可,此时,图 2-29 中的"名称(N)"下拉列表框即出现"﹡﹡﹡"字样。

(3) "插入点"选项组 用于确定图块的插入点位置。

(4) "比例"选项组 用于确定图块的插入比例系数。

(5) "旋转"选项组 用于确定图块插入时的旋转角度。选择"在屏幕上指定(C)"复选框,表示将在命令行中直接输入图块的旋转角度;如不选择"在屏幕上指定(C)"复选框,可在"角度(A)"文本框中输入具体的数值以确定图块插入时的旋转角度。

(6) "分解(D)"复选框 选择此复选框,表示在插入图块的同时,将把该图块分解开,使其成为各单独的图形实体,否则插入后的图块将作为一个整体。

3) 利用"多次插入块"命令插入图块

"多次插入块"命令实际上是进行多个图块的阵列插入操作。运用多次插入块命令不仅可以大大节省时间,提高绘图效率,而且还可以减少图形文件所占用的磁盘空间。在命令窗口中"命令:"后输入"MINSERT"并按回车键,根据提示按下述步骤进行操作。

```
输入块名或 [?]://确定要插入的图块名或输入问号来查询已定义的图块信息
单位:毫米  转换:   1.0000
指定插入点或 [基点(B)/比例(S)/X/Y/Z/旋转(R)]://确定插入点位置或选择某一选项,现用十字光
                                           标确定一个插入点
输入 X 比例因子,指定对角点,或 [角点(C)/XYZ(XYZ)] <1>://确定 X 轴方向的比例系数
输入 Y 比例因子或 <使用 X 比例因子>://确定 Y 轴方向的比例系数
指定旋转角度 <0>://确定旋转角度
输入行数 (---) <1>://确定行数
输入列数 (|||) <1>://确定列数
输入行间距或指定单位单元 (---)://确定行间距
指定列间距 (|||)://确定列间距
```

二、实例

运用图层、图块绘制如图 2-33(a)所示的平面图。

1. 制作定义块

制作名称为"窗-居中 1500 mm(240 墙)""门-居左 900 mm(240 墙)"的定义块。

(1) 绘制如图 2-30 所示的"窗-居中 1500 mm(240 墙)","门-居左 900 mm(240 墙)"。

(2) 启动"块定义"(BLOCK)命令,弹出"块定义"对话框,如图 2-31 所示,在"名称(N)"文本框输入"窗-居中 1500 mm(240 墙)"。

(3) 单击"拾取点(K)"按钮,回到图 2-30 所示的绘图界面,拾取"窗-居中 1500 mm(240 墙)"中的中心线的中点,此时"块定义"对话框重又弹出。

(4) 单击"选择对象(T)"按钮,回到图 2-30 所示的绘图界面,选择"窗-居中 1500 mm(240 墙)"中的相关图形,按回车键结束选择,此时又弹出"块定义"对话框,在其中选择"删除(D)"单选框。

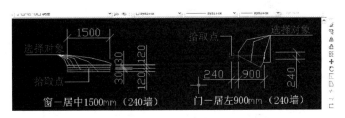

图 2-30 制作定义块

图 2-31 "窗-居中 1500 mm(240 墙)"的"块定义"命令操作

(5) 在预览图标中选择从块的几何图形创建图标单选框;在"块单位(U)"下拉列表框中选择"毫米";在"说明"文本框中输入"比例:1∶100"。

在如图 2-31 所示的"块定义"对话框中单击"确定"按钮,完成"窗-居中 1500 mm(240 墙)"的块定义操作。以相同步骤完成"门-居左 900 mm(240 墙)"的块定义操作。

2. 制作写块

制作名称为"窗-居中1500 mm(240墙)"、"门-居左900 mm(240墙)"的"写块"。

(1) 如图2-30所示,绘制"窗-居中1500 mm(240墙)""门-居左900 mm(240墙)"。

(2) 启动"写块"命令,弹出"写块"对话框,如图2-32所示。选中"对象(O)"单选框,在"文件名和路径(F)"下拉列表框中输入"门-居左900 mm(240墙)"。

(3) 单击"拾取点(K)"按钮,回到图2-30所示的绘图界面,拾取"门-居左900 mm(240墙)"中的中心线的左端点,此时"写块"对话框又弹出。

(4) 单击"选择对象(T)"按钮,回到图2-30所示的绘图界面,选择"门-居左900 mm(240墙)"中的相关图形,按回车键结束选择,此时又弹出"写块"对话框,在其中选择"保留(R)"单选框。

(5) 在"插入单位(U)"下拉列表框中选择"毫米"。

在如图2-32所示的"写块"对话框中单击"确定"按钮,完成"门-居左900 mm(240墙)"的写块操作。以相同步骤完成"窗-居中1500 mm(240墙)"的写块操作。

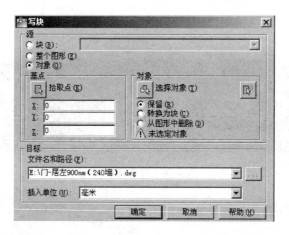

图2-32 "门-居左900 mm(240墙)"的写块操作

3. 绘制如图2-33(a)所示的平面图

(1) 图层设置 根据表1-6所示的图层设置要求,在"图层特性管理器"对话框中设置图层。

(2) 设置状态栏 设置"对象捕捉":启用对象捕捉模式中的"端点(E) ✓端点(E)"、"中点(M) ✓中点(M)";启用状态栏中"正交"功能、"对象捕捉"功能。

(3) 绘制轴线 如图2-33(b)所示。当前层设为"中心线"层;在绘图界面的"图层"工具栏"图层控制"选择"中心线"层,"对象特性"工具栏中颜色为■ByLayer、线形为———ByLayer、线宽为——ByLayer。

(4) 绘制门、窗 按下述方法步骤绘制门、窗。

① 绘制门 激活"插入块"命令,弹出"插入"对话框。在对话框中按图2-34所示进行改动后,单击"确定"按钮,在绘图屏幕中将插入点选择在图2-33(b)中的门插入点处(中心线段的左端点处),得到图2-33(c)中的门。

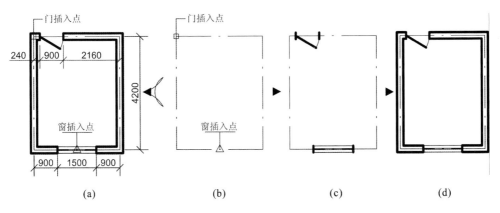

图 2-33 运用图块绘制平面图

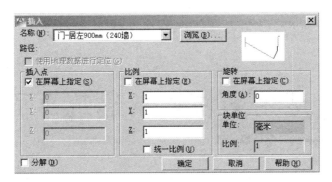

图 2-34 绘制门

② 绘制窗 激活"插入块"命令,弹出"插入"对话框。单击"浏览(B)…"按钮,弹出如图2-35所示的"选择图形文件"对话框,查找"窗-居中 1500 mm(240 墙)"写块所在的位置,选择"窗-居中1500 mm(240 墙)"。单击"打开(O)"按钮,此时"插入"对话框中(见图2-36)的"名称(N)"文本框中将出现"窗-居中 1500 mm(240 墙)"。"插入"对话框中的其他选项按图 2-36 所示进行设置,单击"确定"按钮完成设置。在绘图界面中将插入点选择在图 2-33(b)中的窗的插入点处(轴线线段的中点),得到图 2-33(c)中的窗。

图 2-35 "窗-居中 1500 mm(240 墙)"的"选择图形文件"对话框

建筑CAD（第3版）

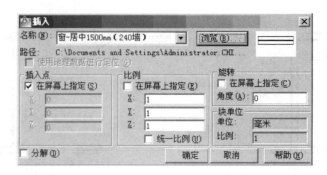

图 2-36 "窗-居中 1500 mm（240 墙）"的"插入"对话框

（5）绘制墙线　如图 2-33(d)所示，当前层设为"中粗投影线"层；在绘图界面上，"图层"工具栏的"图层控制"中选择"中粗投影线"层，"对象特性"工具栏中设置颜色为■ByLayer、线型为——ByLayer、线宽为——ByLayer。

任务 2　运用图块绘制建筑平面施工图

如图 2-37 所示，绘制某住宅楼的平面施工图，其中图层满足表 2-2 的要求。

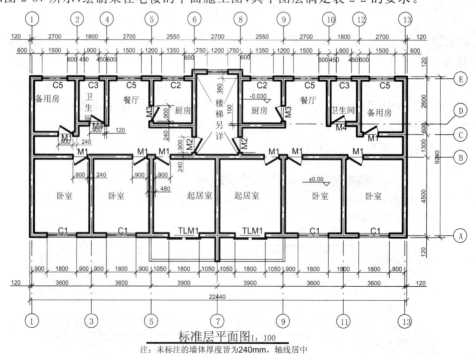

图 2-37　某住宅楼的平面施工图——标准层平面图

1. 图层设置

在"图层特性管理器"对话框中设置图层,按表 2-2 所示进行设置。

运用图块绘制
建筑平面施工图

2. 设置状态栏

设置"对象捕捉"功能。

① 选中"对象捕捉"模式中的"端点(E) □ ☑端点(E)"、"中点(M) △ ☑中点(M)"复选框。

② 启用状态栏中的"正交"功能、"对象捕捉"功能。

表 2-2 图层设置

名称	颜色	线型	线宽	备注
中心线	红色 ■	ACAD_ISO4W100(点画线)	0.2 mm	
细投影线	白色 □	Continuous(实线)	0.2 mm	
中粗投影线	绿色 ■	Continuous(实线)	0.6 mm	被剖切到的轮廓线
辅助	洋红 ■	Continuous(实线)	0.2 mm	
文本、尺寸	白色 □	Continuous(实线)	0.2 mm	
图块	白色 □	Continuous(实线)	0.2 mm	
虚线	黄色 ■	ACAD_ISO2W100(实线)	0.2 mm	根据需要设置
粗投影线	青色 ■	Continuous(实线)	0.9 mm	
其他	蓝色 ■	Continuous(实线)	0.2 mm	根据需要设置

3. 绘制轴线

如图 2-38(a)所示,当前层设为"中心线"层;在绘图界面上,"图层"工具栏的"图层控制"选择"中心线"层,"特性"工具栏中颜色为 ■ByLayer、线型为 —— - —— ByLayer、线宽为 —— ByLayer。

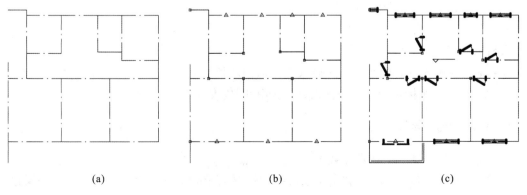

图 2-38 绘制轴线

4. 块操作

(1) 制作块　根据需要制作相关图块,在制作图块时,根据《房屋建筑制图统一标准》(GB/T 50001—2010)中的相关规定,选择不同的图层进行图块中相关图形的绘制,制作如表 2-3 所示的块。

表 2-3　块的制作

	窗-900(240 墙)	窗-1200(240 墙)	窗-1350(240 墙)	窗-1500(240 墙)	窗-1800(240 墙)	备注
窗块	(图)	(图)	(图)	(图)	(图)	(1) △:表示线段的中点; (2) 比例1∶100
门块	门-水平右轴 (240 墙) (图)	门-水平左轴 (240 墙) (图)	门-垂直上轴 (240 墙) (图)	门-垂直下轴 (240 墙) (图)	推拉门-1800 (240)墙 (图)	
杂块	标高符号 (图)	阳台栏板 (左轴 3900×1500) (图)	定位轴线(水平) (图)	箭头(水平) (图)		
	备注	(1) □表示线段的端点; (2) 比例为 1∶1	备注	(1) □表示线段的端点; (2) 比例为 1∶100;栏板厚:120	备注	(1) □表示线段的端点; (2) 比例为 1∶1	备注	(1) △表示线段的中点; (2) 比例为 1∶1		

(2) 插入块　当前层设为"块"层;在绘图界面上,"图层"工具栏的"图层控制"中选择"块"层,"特性"工具栏中颜色为□ByBlock、线型为——ByBlock、线宽为——ByBlock。在图 2-38(a)中插入相应的门、窗、阳台等,以及按表 2-2 制作的相应的块,得到图 2-38(c)。

(3) 注意事项　图块在界面中的插入点可取图块所要插入的相应墙段中心线的中点或端点,如图 2-38(b)中所标示的图块的插入点。其中,□代表端点,△代表中点。

5. 绘制建筑投影线

(1) 绘制中粗墙线　具体操作如下。

① 图层设置　将当前层设为"中粗投影线"层。在绘图界面上,"图层"工具栏的"图层控制"中选择"中粗投影线"层;"特性"工具栏中颜色为■ByLayer、线型为——ByLayer、线宽为——

ByLayer。

② 设定"多线"样式 样式名为"粗投影线";"偏移(S)"为 0.5、颜色为"ByLayer"、线型为"ByLayer";置为当前层。

③ 绘制 选择"多线"命令,在图 2-38(c)上绘制被剖切到的墙线,得到图 2-39(a)。其中,设置对正"无",比例为"2.40",样式为"墙线-随层"。"墙线-随层"样式中,颜色、线型均设置为"ByLayer"。绘制时以中心线(轴线)为轨迹线。

④ 修改 在图层工具栏中,显示"中粗线"层,关闭其他图层的显示,得到图 2-39(b)。并对此图形依次进行分解、修剪、圆角,得到图 2-39(c)。打开其他图层的显示,如图 2-40(a)所示。

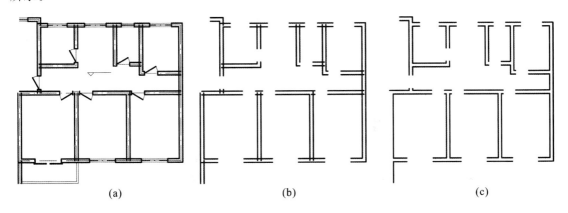

图 2-39 绘制建筑投影线

(2) 绘制细投影线 具体操作如下。

① 设置当前图层为"细投影线"层;在绘图界面上,"图层"工具栏的"图层控制"中选择"细投影线"层;"特性"工具栏中颜色为□ByLayer、线型为——ByLayer、线宽为——ByLayer。

② 绘制 运用"直线"命令绘制厨房、卫生间和阳台的高差线,如图 2-40(a)所示。

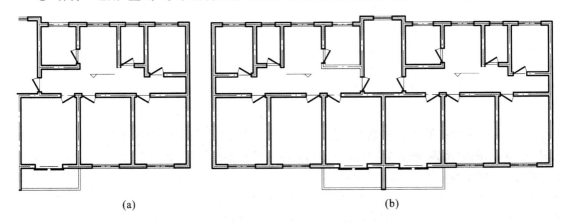

图 2-40 绘制厨房、卫生间和阳台的细投影线

(3) 单元绘制 选择"镜像"命令镜像复制图 2-40(a),得到图 2-40(b)。

6. 文本编辑

将当前层设为"文本、尺寸"层;在绘图界面上,"图层"工具栏的"图层控制"中选择"文本、尺寸"层;"特性"工具栏中的颜色为□ByLayer、线形为——ByLayer、线宽为——ByLayer。运用"多行文字"命令,进行文本编辑,如图 2-41 所示。

运用"直线"命令,绘制楼梯间处的辅助线。

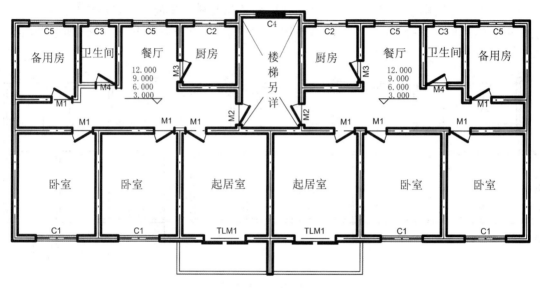

图 2-41 文本编辑

7. 标注尺寸

将当前层设为"块"层;在绘图界面上,"图层"工具栏的"图层控制"中选择"块"层;"特性"工具栏中颜色为□ByLayer、线型为——ByLayer、线宽为——ByLayer。

1) 插入块

插入块后得到图 2-42,具体操作如下。

(1) 插入"轴线符号 1"。激活"块插入"命令,弹出"插入"对话框,按图 2-43 所示进行设定,单击"确定"按钮后,在绘图界面上即可插入轴线符号,如图 2-42 所示。插入点取外纵、横墙中心线的交点 A。

(2) 插入"轴线符号 2"。激活"块插入"命令,弹出"插入"对话框,如图 2-43 所示,设定旋转角度为 90°。单击"确定"按钮后,在绘图界面上即可插入轴线符号,如图 2-42 所示。插入点取外纵、横墙中心线的交点 B。

(3) 插入"轴线符号 3"。激活"块插入"命令,弹出"插入"对话框,如图 2-43 所示,设定旋转角度为 0°。单击"确定"按钮后,在绘图界面上即可插入轴线符号,如图 2-42 所示。插入点取外纵、横墙中心线的交点 C。

2) 绘制轴线符号

复制轴线符号 1、2、3,并根据图 2-37 对轴线进行文本编辑,得到图 2-44。

图 2-42 插入块后的平面施工图

图 2-43 "块插入"命令插入"轴线符号1"后的结果

3）标注尺寸

将当前层设为"文本、尺寸"层；在绘图界面上，"图层"工具栏的"图层控制"中选择"文本、尺寸"层；"特性"工具栏中颜色为□ByLayer、线型为——ByLayer、线宽为——ByLayer，具体操作如下。

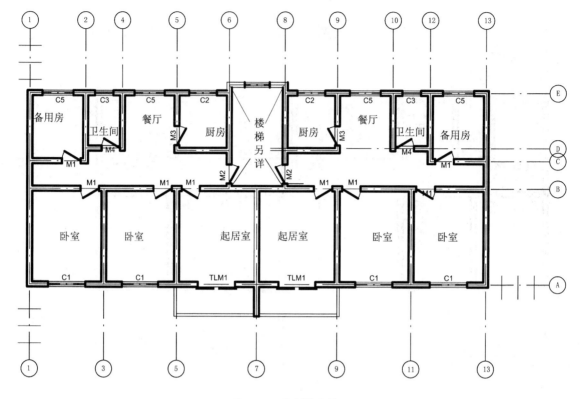

图 2-44 绘制轴线符号

（1）创建尺寸标注样式。按子项 2.1 的任务 2 中"创建尺寸标注样式"小节中的步骤创建比例为 1∶100 的尺寸标注样式，命名为"建筑制图(1-100)"，并置为当前层。

（2）标注 A 轴墙体。激活"基线标注"命令，基线选择轴线符号中的中心线作为尺寸界线，其尺寸标注如图 2-45 所示。标注 A 轴墙体尺寸，运用"连续标注"命令依次完善第一道尺寸线和第二道尺寸线的尺寸标注。

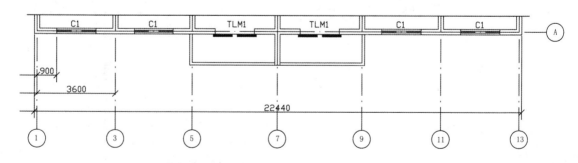

图 2-45 A 轴墙体的尺寸标注

① 第一道尺寸线：激活"连续标注"命令，如图 2-46 所示，标注 A 轴墙体尺寸。当轴线符号中的中心线作为尺寸界线时，尺寸界线的起始点选择在尺寸线与轴线符号中心线的交点处。

② 第二道尺寸线：激活"连续标注"命令，标注轴线间尺寸，如图 2-47 所示，尺寸界线的起始

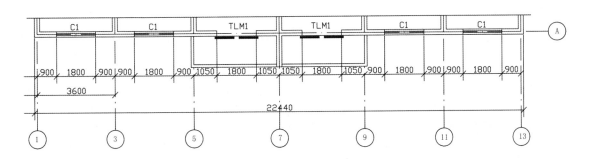

图 2-46 第一道尺寸线的标注

点选择在尺寸线与轴线符号中心线的交点处。

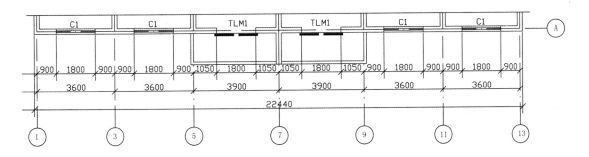

图 2-47 第二道尺寸线的标注

③ 完善:删除轴线符号中的基线,选择"线性标注"命令,在第二道尺寸线上标注墙体厚度尺寸,得到图 2-48。

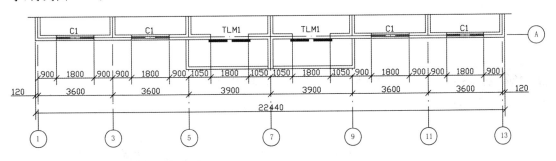

图 2-48 图形标注完善

(3) 其他轴墙体。同 A 轴墙体的标注步骤,标注 13 轴墙体,标注 E 轴墙体,如图 2-49 所示。

(4) 图形内的门、窗、内墙尺寸。图形内的门、窗、内墙尺寸可选择"线性标注"命令进行标注。

运用图块绘制屋顶平面图

8. 完善编辑

最终的得到图 2-37 所示的某住宅楼的平面施工图——标准层平面图。

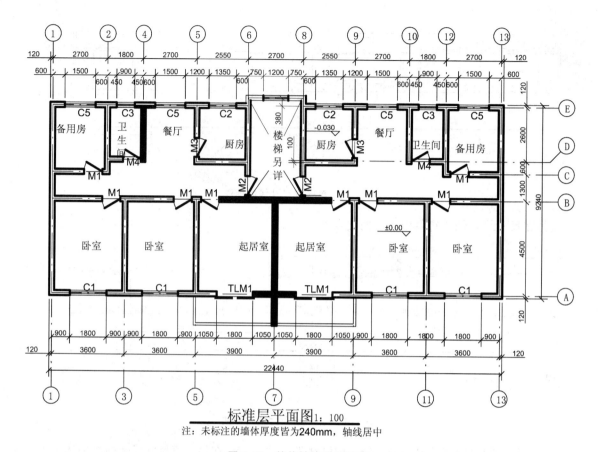

图 2-49 其他轴墙体的标注

子项 2.3 图幅、图框、图标的绘制

【子项目标】
能够为某住宅楼的建筑平面施工图绘制图框、图标。

【能力目标】
具备为某住宅楼的建筑平面施工图绘制图框、图标的能力。

【CAD 知识点】
窗口输入命令:编辑多段线(PEDIT)。

任务 1 绘图前的准备工作

图幅、图框、图标的绘制

多段线是 AutoCAD 中一种特殊的线条,其绘制方法在前面的内容中已介绍过。作为一种图形实体,多段线也同样可以使用"偏移"、"复制"等基本编辑命令进行编辑,但这些命令却无法编辑多段线本身所独有的内部特征。AutoCAD 专门为编辑多段线提供了一个命令,即"编辑多段线"命令。使用该命令,可以对多段线本身的特性进行修改,也可以把单一独立的首尾相连的多条线段合并成多段线。

1) 启动命令

启动"编辑多段线"命令可使用如下方法。

在命令窗口中"命令:"后输入"PEDIT"(简捷命令 PE)并按回车键。

2) 具体操作

启动"编辑多段线"命令后,根据命令行提示按下述步骤进行操作。

选择多段线或 [多条(M)]://选择编辑对象,可以拾取一条多段线、直线或圆弧

输入选项 [打开(O)/合并(J)/宽度(W)/编辑顶点(E)/拟合(F)/样条曲线(S)/非曲线化(D)/线型生成(L)/放弃(U)]://选择这些选项,可以修改多段线的长度、宽度,使多段线打开或闭合等

3) 选项介绍

各选项的功能分别介绍如下。

(1) "闭合(C)/打开(O)":闭合或打开一条多段线,如果正在编辑的多段线是非闭合的,上述提示中会出现"闭合(C)"选项,可使用该选项使之封闭。同样,如果是一条闭合的多段线,则上述提示中第一个选项不是"闭合(C)"而是"打开(O)",使用"打开(O)"选项可以打开闭合的多段线。

(2) "合并(J)":该选项可以将其他的多段线、直线或圆弧连接到正在编辑的多段线上,从而形成一条新的多段线。选择该选项后,命令行出现"选择对象:"提示,要求用户选择要连接的实体,可选择多个符合条件的实体进行连接,这多个实体应是首尾相连的。选择完毕后,按回车键确认,AutoCAD 便将这些实体与原多段线连接。

(3) "宽度(W)":修改多段线宽度,但只能使一条多段线具有统一的宽度,而不能分段设置。

(4) "编辑顶点(E)":选择多段线的顶点,可对多段线的顶点、插入点、断点等进行编辑。

(5) "拟合(F)/样条曲线(S)/非曲线化(D)":拟合与还原多段线。"拟合(F)"是对多段线进行曲线拟合,就是通过多段线的每一个顶点建立一些连续的圆弧,这些圆弧彼此在连接点相切;"样条曲线(S)"可以以原多段线的顶点为控制点生成样条曲线;"曲线化(D)"可以把曲线变直。

(6) "线型生成(L)":用于调整线型比例。该选项用于控制多段线为非实线状态时的显示方式,即控制虚线或中心线等非实线型的多段线角点的连续性。

4) 注意事项

启动"编辑多段线"命令后,如果选择的线不是多段线,AutoCAD 将出现如下提示。

选定的对象不是多段线,是否将其转换为多段线?<Y>:

如果使用默认项 Y,则将把选定的直线或圆弧转变成多段线,然后继续出现上述的"编辑多段线"下属各选项。

任务 2 绘制工程图纸的图框、图标

图幅、图框、图标是施工图的组成部分。本任务将以 A3 标准图纸格式的绘制为例,学习图幅、图框、图标的绘制过程,进一步熟悉 AutoCAD 的基本命令及其应用。A3 标准图纸的格式如图 2-50 所示。

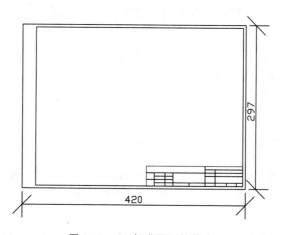

图 2-50 A3 标准图纸的格式

一、新建图层

图层名为 A3 模板。图层相关设置:颜色为灰(8 号色)、线型为"Continuous"、线宽为"0.2 mm",并设为当前层。

二、设置绘图界线

设置绘图界线的过程,也就是买好图纸后裁图的过程,即根据图样大小,选择合适的绘图范围。一般来说,绘图范围要比图样较大一些,对于 A3 图纸,设置 500 mm×400 mm 绘图界线即可,具体操作如下。

在命令窗口"命令:"提示后输入"LIMITS"(设置绘图界线命令)并按回车键。

指定左下角点或 [开(ON)/关(OFF)] <0.0000,0.0000>:∥直接按回车键
指定右上角点 <420.0000,297.0000>:∥输入 500,400 并按回车键
命令:∥输入 Zoom(视图缩放命令)并按回车键
[All/Center/Dynamic/Extents/Previous/Scale/Window]<real time>:∥输入 A 并按回车键

这时虽然屏幕上没有发生什么变化,但绘图界线已经设置完毕,而且所设的绘图范围已全

部呈现在屏幕上。

三、绘制图幅

A3标准格式图幅为420 mm×297 mm,利用"直线"命令以及相对坐标来完成图幅,采用1∶100的比例绘图。

1) 具体绘制

启动"直线"命令后,根根据命令行提示按下述步骤进行操作。

_line 指定第一点:∥在屏幕左下方单击,得到图 2-51 中 A 点

指定下一点或 [放弃(U)]:∥输入@ 0,297 并按回车键,得到图 2-51 中直线段 AB

指定下一点或 [放弃(U)]:∥输入@ 420,0 并按回车键,得到图 2-51 中直线段 BC

指定下一点或 [闭合(C)/放弃(U)]:∥输入@ 0,-297 并按回车键,得到图 2-51 中直线段 CD

指定下一点或 [闭合(C)/放弃(U)]:∥输入 C 并按回车键(将 D 点和 A 点闭合),完成图幅绘制,得图 2-51

图 2-51　图幅的绘制

2) 相关说明

(1) 为了便于掌握,在学习 AutoCAD 阶段,我们将建筑图的尺寸暂时分为两类:工程尺寸和制图尺寸。工程尺寸是指图样上有明确标注的,施工时作为依据的尺寸,如开间尺寸、进深尺寸、墙体厚度、门窗大小等。制图尺寸是指国家制图标准规定的图纸规格、一些常用符号及线型宽度尺寸等,如轴圈编号大小、指北针符号尺寸、标高符号、字体的高度、箭头的大小以及粗细线的宽度要求等。

(2) 采用 1∶100 的比例绘图时,对于这两种尺寸可进行如下两种约定:①将所有制图尺寸扩大 100 倍,如在绘制图幅时输入的尺寸是 59 400 mm×4 200 mm,而在输入工程尺寸时,按实际尺寸输入,如开间的尺寸是 3 600 mm,我们就直接输入 3 600,这与手工绘图正好相反;②将所有制图尺寸按实际尺寸输入,如在绘制图幅时输入的尺寸是 297 mm×420 mm,而在输入工程尺寸时缩小至原尺寸的 1/100,如开间的尺寸是 3 600 mm,我们就输入 36,这与手工绘图正好相同。

(3) 还可采用"矩形"等命令简捷地绘制图幅。

四、绘制图框

图框线与图幅线之间有相对尺寸,在绘制图框时,可以根据图幅尺寸,执行"复制"、"剪切"、"编辑多段线"等命令来完成,具体操作如下。

1. 复制图幅线

1)具体绘制

启动"复制"命令后,根据命令行提示按下述步骤进行操作。

选择对象:∥选择直线段 AB 并按回车键
指定基点或 [位移(D)/模式(O)/多个(M)] <位移>:∥在线段 AB 附近选择任意一点,如选择 B 点
指定第二个点或 <使用第一个点作为位移>:∥输入@ 25,0(或选中正交,靶心拖向 B 点的右方,直接输入 25 并按回车键,得到如图 2-52(a)所示的图形

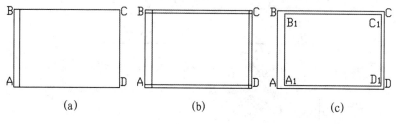

图 2-52 图框的绘制

在命令窗口"命令:"提示后直接按回车键,重复执行"复制"命令,即重复上述步骤,依次对 BC、CD、AD 线段进行复制,复制位移由 25 改为 5,分别得到 BC、CD、AD 等直线段的复制直线段,如图 2-52(b)所示。

2)相关说明

(1)利用相对坐标进行复制:当复制方向与 X 轴、Y 轴的正方向一致时,输入的坐标为正值;当复制方向与 X 轴、Y 轴的正方向相反时,输入的坐标为负值。

(2)F8 为"正交"切换键。若处于"正交"状态,"复制"时光标由基点拖向复制方向,可直接输入复制位移,不必输入相对坐标。

(3)还可选择"偏移"等命令绘制图框。

2. 剪切图框线

1)具体绘制

启动"剪切"命令后,将多余的线段剪掉,获得如图 2-52(c)所示的图形。

2)相关说明

(1)还可运用"圆角"命令等命令对图形进行修剪。

(2)在修剪时,如果图形过小,可用"缩放"命令将图形局部放大,以便操作。

(3)把光标停留在图形某一部位后,转动鼠标滚轮,也可以将图形此部位放大或缩小。

(4)缩放图形的操作只是视觉上的变化,而图形的实际尺寸并没有什么变化。

3. 加粗线框

制图标准要求图框线为粗线,宽度为 0.9～1.2 mm,我们将执行"编辑多段线"命令来完成线条的加粗。启动"编辑多段线"后,根据命令行提示按下述步骤进行操作。

PEDIT 选择多段线或 [多条(M)]://选择线段 A_1B_1
是否将直线和圆弧转换为多段线? [是(Y)/否(N)]? <Y>://按回车键(将线段 A_1B_1 变成多段线)
输入选项 [闭合(C)/打开(O)/合并(J)/宽度(W)/拟合(F)/样条曲线(S)/非曲线化(D)/线型生成(L)/放弃(U)]://输入 W 并按回车键
指定所有线段的新宽度://输入 0.9 并按回车键(输入线宽)
输入选项 [闭合(C)/打开(O)/合并(J)/宽度(W)/拟合(F)/样条曲线(S)/非曲线化(D)/线型生成(L)/放弃(U)]://按回车键,返回到命令窗口

重复同样的操作步骤,我们可以把线段 B_1C_1、C_1D_1、A_1D_1 分别加粗,得到如图 2-53(a)所示的图形。

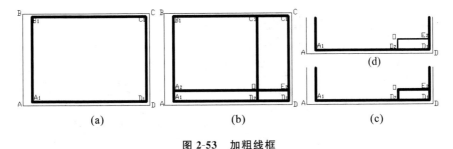

图 2-53 加粗线框

五、绘制图标

图标的绘制与图框的绘制一样,也是通过"复制""剪切""编辑多段线"等命令完成。

1. 复制图线

启动"状态栏"中"正交"的功能,运用"复制"命令依次复制 C_1D_1、A_1D_1 多段线,复制位移分别为向左 180 个单位、向上 40 个单位,得到 C_2D_2、A_2E_2,两线段相交为 O 点,如图 2-53(b)所示。也可用"偏移"命令完成,偏移位移参数同上复制位移参数。

2. 剪切图线

运用"修剪"命令,修剪 2-53(b)中的 C_2O、A_2O 两线段,得到图标外框,如图 2-53(c)所示。

3. 编辑线宽

制图标准规定,图标外框线为中实线,它的宽度应为 0.6 mm,可运用"编辑多段线"命令将如图 2-53(c)中的 OD_2、OE_2 两多段线宽度改为 0.6 mm,得到图 2-53(d)。

用同样的方法可以完成图标内线的操作。首先将线段 OE_2、OD_2 向下、向右复制要求的距离,将复制所得的图线变窄(即编辑线宽),再通过修剪,最后得到如图 2-50 所示的图形,完成 A3

模板的绘制。

六、填写标题栏

文字标注是施工图的重要组成部分。以填写标题栏为例，进一步学习、巩固 AutoCAD 的文字字体类型设置及标注的基本方法。

1. 定义字体样式

标注文本之前，必须先给文本字体定义一种样式，字体的样式包括所用的字体文件、字体大小以及宽度系数等参数，具体操作如下。

在命令窗口"命令:"后输入"STYLE"（设置字体样式命令）并按回车键，出现"文字样式"对话框，单击对话框中的"新建(N)..."按钮，弹出"新建文字样式"对话框，如图 2-54 所示。

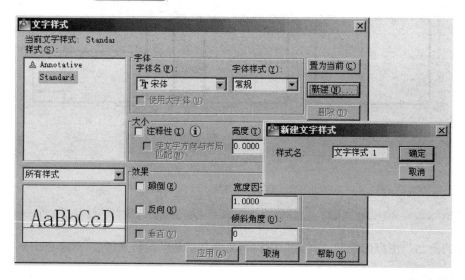

图 2-54 "文字样式"对话框

在"新建文字样式"对话框中输入"文字样式 1"，单击"确定"按钮，关闭此对话框。回到"文字样式"对话框，此时"样式(S)"中出现"字体样式 1"的样式名，如图 2-55 所示。

在图 2-55 中，不选中"使用大字体(U)"复选框，打开"字体名(F)"下拉列表框，选择"仿宋-GB2312"字体文件；在"宽度因子(W)"文本框输入"0.7000"；在"高度(T)"文本框输入"2.5000"。

单击"应用(A)"按钮，再依次单击"置为当前(C)"、"关闭(C)"按钮，关闭对话框，结束"文字样式"命令操作，回到绘图界面。此时在"样式"工具栏的"当前文字样式"处将显示"文字样式 1"文字样式名。

2. 输入文字

字体样式定义完成后，可以填写标题栏内的内容，其具体操作如下。

项目2
建筑平面施工图的绘制

图 2-55 "文字样式 1"的选择设置

命令窗口"命令:"∥输入 Mtext 并按回车键
命令: _mtext 当前文字样式:文字样式 1 当前文字高度:2.5
指定第一角点:∥在图标附近任选一点作为标注起点
指定对角点或[高度(H)/对正(J)/行距(L)/旋转(R)/样式(S)/宽度(W)]:∥单击另一点,和第一角点
　　　　　形成多行文字的初始范围,出现如图 2-56 所示的"文字格式"对话框

图 2-56 "文字格式"对话框

在图 2-56 所示的文本框中,将字体高度由"2.5"改为为"7",输入"职业技术学院",输入完成后单击"确定"按钮。

重复上述步骤,完成"姓名""日期""设计制图""校对审核""设计项目""设计阶段""编号""比例""图号""第×张""共×张""年""版"等标题栏内文字的输入。其中,在"文字格式"(见图 2-56)对话框中将字体高度由"2.5"改为"7"。

移动、整理文本,得到如图 2-57 所示的标题栏。

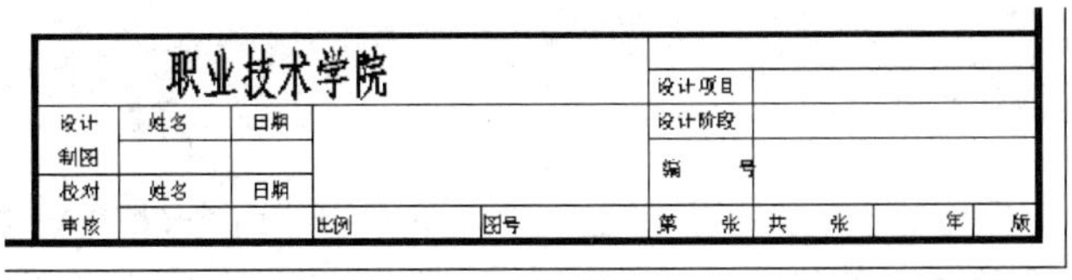

图 2-57 标题栏

3. 相关说明

（1）可以根据自己的绘图习惯和需要，设置几个最常用的字体样式，需要时只需从这些字体样式中进行选择，而不必每次都重新设置，这样可大大提高作图效率。

（2）为了提高作图速度，通常先把图样上需要的文字及说明按照同一规格进行输入或者复制，然后再通过缩放文本，改变文本大小来满足图面需要或者通过"修改文本"命令修改文字来满足绘图的需要。

七、保存图形并退出 AutoCAD

1. 文件的保存形式

为了能够在不同 AutoCAD 版本中顺利打开图形文件，须对文件保存形式进行设定，通常把图形文件以较低 AutoCAD 版本形式保存，可以避免在较高版本绘图环境下绘图直接保存后，在较低版本下图形文件无法打开的情况发生，设定图形文件保存形式在"选项"对话框中完成，具体操作如下。

图 2-58 打开和保存选项卡

（1）打开"选项"对话框，选择"打开和保存"选项卡，如图 2-58 所示。

（2）在"文件保存"选项组中的"另存为(S)"下拉列表框中，选择可能会用到的较低的 AutoCAD 版本，如选择"AutoCAD2004/LT2004 图形（*.dwg）"保存形式，如图 2-58 所示。

（3）单击"确定"按钮，关闭对话框，回到绘图界面。

2. 文件保存

文件保存形式设定后，按下述操作保存文件。

（1）在命令窗口"命令："后输入"SAVE"并按回车键，打开"图形另存为"对话框，如图 2-59 所示。

（2）在"保存于(I)"下拉列表框中选择"桌面"，如图 2-59 所示。

（3）在"文件名(N)"下拉列表框中将"Drawing2.dwg"重命名为"A3 模板.dwg"。单击"保存(S)"按钮。

（4）选择"文件(F)"→"保存(S)"（或另存为），或选择"标准"工具栏中的"保存"按钮，打开"图形另存为"对话框。

八、为建筑平面施工图添加图框

建筑平面图的绘图界面如图 2-37 所示，运用"WBLOCK"命令，把"A3 模板.dwg"图形文件以块的形式插入图 2-37 所示的绘图界面中，再运用"移动"命令进行适当调整即可得到如图 2-60 所示的带有图框的建筑平面施工图——标准层平面图。

项目2

建筑平面施工图的绘制

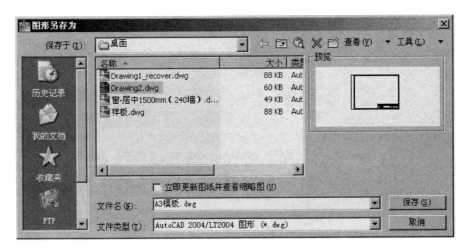

图 2-59 "图形另存为"对话框

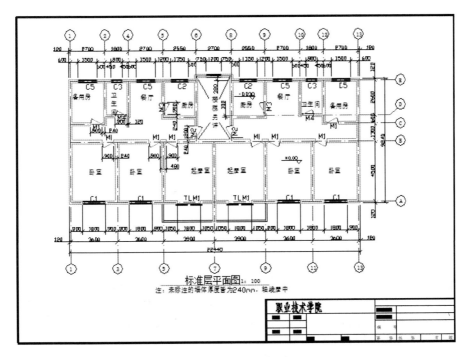

图 2-60 带有图框的建筑平面施工图——标准层平面图

(1) 绘制某住宅楼的建筑平面施工图并为之绘制图框、图表(详见附录 A)。
(2) 编制某宿舍楼的建筑平面施工图并为之绘制图框、图表(详见附录 B)。
(3) 编制某综合楼的建筑平面施工图并为之绘制图框、图表(详见附录 C)。

项目 3
建筑立面施工图的绘制

学习目标

☆ 项目目标

能够绘制某住宅楼建筑立面施工图(详见附录 A)。

☆ 能力目标

具备绘制建筑立面施工图的能力。

☆ CAD 知识点

(1) 绘图命令:直线(LINE)、多线(MULTILINE)、圆(CIRCLE)、圆弧(ARC)、矩形(RECTANG)、椭圆(ELLIPSE)、图案填充(BHATCH)、渐变色(GRADIENT)、多段线(PLINE)、正多边形(POLYGON)、创建块(MAKE BLOCK)、插入块(INSERT BLOCK)、属性块(WBLOCK)、多行文字(MTEXT)。

(2) 修改命令:删除(ERASE)、修剪(TRIM)、移动(MOVE)、复制(COPY)、镜像(MIRROR)、分解(EXPLODE)、延伸(EXTEND)、拉伸(STRETCH)、圆角(FILLET)、倒角(CHAMFER)、旋转(ROTATE)、偏移(OFFSET)、缩放(SCALE)、打断(BREAK)。

(3) 标准:视窗缩放(ZOOM)与视窗平移(PAN)、对象特性(PROPERTIES)、特性匹配(MATCHPROP)。

(4) 工具栏:特性、查询(INQUIRY)、图层(LAYER)、标注、样式。

(5) 菜单栏:工具(选项(OPTIONS)-显示)、格式(图形界线(LIMITS))、格式(文字样式(STYLE))、绘图(单行文本(DTEXT))、标注样式(DIMSTYLE))。

(6) 状态栏:正交(ORTHO)、草图设置(DSETTINGS)(包括捕捉与栅格、对象捕捉及追踪、极轴追踪、动态输入等的设置及其设置的开关)。

(7) 窗口输入命令:编辑多段线(PEDIT)。

子项 3.1 AutoCAD 的绘图基本知识

【子项目标】
能够绘制立面图中的窗洞(如图 3-1 所示),以及绘制某住宅楼平面图中的家具(如图 3-7 所示)。

【能力目标】
具备绘制建筑图中有规律图形的能力。

【CAD 知识点】
修改命令:阵列(ARRAY)。

1. 阵列(ARRAY)概述

尽管"复制"命令可以一次复制多个图形,但要复制呈规则分布的图形目标时,使用"复制"命令仍不是特别方便。因此,AutoCAD 提供了阵列功能,以便用户快速准确地复制呈规则分布的图形。

1) 作用

在进行工程制图时,阵列功能会把对象按矩形、环形的方式或沿某一路径排列,从而可快速、准确地绘制呈规则分布的图形。

2) 步骤

(1) 启动阵列。

(2) 设置阵列当前模式(或选择阵列方式)。

(3) 输入阵列相关规则。

3) 启动命令

启动"阵列"命令,打开"阵列"对话框,可使用如下三种方法。

(1) 选择"修改(M)"→"阵列(A)"→"矩形阵列"(或"路径阵列"、"环形阵列")命令。

(2) 单击"修改"工具栏中展开"阵列"按钮 ，在其展开的按钮 中选择阵列类型。

(3) 在命令窗口中"命令:"后输入"ARRAY"(简捷命令 AR)并按回车键。

阵列分为矩形阵列(ARRAYRECT)、环形阵列(ARRAYPOLAR)和路径阵列(ARRAYPATH)三种方式,下面分别介绍这三种阵列方式。

2. 矩形阵列（ARRAYRECT）

1) 具体操作

启动"矩形阵列"命令后，命令行提示如下。

  命令：ARRAYRECT
  选择对象：
  类型 = 矩形　关联 = 是
  为项目数指定对角点或 [基点(B)/角度(A)/计数(C)] <计数>：

2) 选项说明

矩形阵列最常用的操作有以下三种。

(1) 给定基点，系统默认的基点是对象的质心，如果需要修改基点，则执行"基点(B)"选项。

(2) 执行"计数(C)"选项，给出矩形阵列的行数和列数，以及行间距和列间距。

(3) 如果需要按一定角度进行阵列，则执行"角度(A)"选项，以设置行轴的角度(列与行垂直)。

当各选项都设置好以后，命令行会出现如下提示。

  按 Enter 键接受或 [关联(AS)/基点(B)/行(R)/列(C)/层(L)/退出(X)] <退出>：

(1) 阵列的"关联(AS)"选项是指阵列中创建的项目是否保持关联性。如果保持关联性，则它们作为一个整体存在，这样便于对阵列结果进行修改；如果不关联，则阵列中的各项目保持独立。

(2) "层(L)"选项用于在三维阵列中设置高度方向上阵列的层数和层间距。

(3) 对于行、列、基点的设置如果需要修改，则继续执行相应的选项，如果不修改，则按回车键确认。

3) 注意事项

行间距、列间距、阵列角度有正、负之分。行间距为正值时，向上复制阵列；行间距为负值时，向下复制阵列。列间距为正值时，向右复制阵列；列间距为负值时，向左复制阵列。阵列角度为正值时，向上旋转复制阵列；角度为负时，向下旋转复制阵列。

4) 完成项目任务

补全如图 3-2 所示的三间房二层南立面图中的窗的绘制。绘制参数为：层高 3 000 mm，绘图比例 1∶100，如图 3-1 所示。其绘图方法与步骤如下。

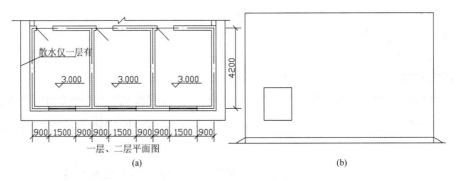

图 3-1　绘制立面图中的窗洞

项目3
建筑立面施工图的绘制

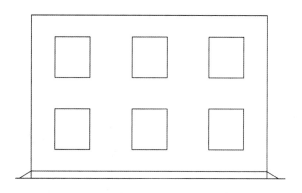

图 3-2　窗洞绘制完成

(1) 启动命令。

打开"阵列"对话框,选择"矩形阵列"命令。

(2) 具体操作。

单击"修改"工具栏中的"矩形阵列"按钮,启动"矩形阵列"命令,命令行出现下述提示。

```
命令:_arrayrect
选择对象:找到 1 个//选择图 3-1(b)中的矩形对象
选择对象://按回车键
类型 = 矩形　关联 = 是
为项目数指定对角点或 [基点(B)/角度(A)/计数(C)] <计数>://按回车键,执行"计数(C)"选项
输入行数或 [表达式(E)] <4> :2//输入行数,按回车键
输入列数或 [表达式(E)] <4> :3//输入列数,按回车键
指定对角点以间隔项目或 [间距(S)] <间距>://按回车键,执行"间距(S)"选项
指定行之间的距离或 [表达式(E)] <90> :30//输入行间距,按回车键
指定列之间的距离或 [表达式(E)] <690> :33//输入列间距,按回车键
按 Enter 键接受或 [关联(AS)/基点(B)/行(R)/列(C)/层(L)/退出(X)] <退出>://按回车键,命令
                                                                          结束
```

此时图 3-1(b)将变为图 3-2。

3. 环形阵列(ARRAYPOLAR)

环形阵列的阵列对象将按指定的中心点均匀分布。环形阵列的常用操作方法是首先选择阵列对象,指定阵列中心点,再给定阵列的项目数、项目间的角度和填充角度(环形阵列的角度)。

1) 注意事项

在进行环形阵列复制时,输入的角度为正值,则沿逆时针方向旋转,反之,沿顺时针方向旋转。环形阵列的复制数量包括原始形体在内。

2) 完成项目任务

(1) 根据图 3-3 中所示的椅子、茶几,绘制图 3-4 及图 3-5 所示的图形。其绘图方法与步骤如下。

单击"修改"工具栏中的"环形阵列"按钮,启动"环形阵列"命令,其命令行提示如下。

```
命令:_arraypolar
选择对象://指定对角点,找到 7 个
选择对象://按回车键
类型=极轴  关联=是
指定阵列的中心点或 [基点(B)/旋转轴(A)]://选择图 3-3(b)中的圆心
输入项目数或 [项目间角度(A)/表达式(E)] <4>://或者按回车键,此时 4 为默认值
指定填充角度(+=逆时针、-=顺时针)或 [表达式(EX)] <360>://按回车键,此时角度为默认值
按 Enter 键接受或 [关联(AS)/基点(B)/项目(I)/项目间角度(A)/填充角度(F)/行(ROW)/层(L)/旋转项目(ROT)/退出(X)]://输入 ROT,按回车键,结束命令,可得到图 3-4
是否旋转阵列项目? [是(Y)/否(N)] <是>://输入 Y 并按回车键
按 Enter 键接受或 [关联(AS)/基点(B)/项目(I)/项目间角度(A)/填充角度(F)/行(ROW)/层(L)/旋转项目(ROT)/退出(X)]://按回车键,直接退出,得到图 3-5
```

同理,可由图 3-6 左侧的一个图形,运用"环形阵列"命令,得到图 3-6。

(2) 用环形阵列完成酒店房间的布置,将图 3-7 所示的图形画成图 3-8 所示的形式。

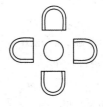

图 3-3　绘制椅子、茶几(一)　　　　图 3-4　绘制椅子、茶几(二)

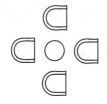

图 3-5　绘制椅子、茶几(三)　　　　图 3-6　绘制椅子、茶几(四)

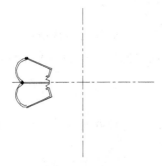

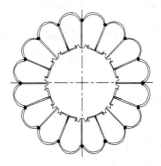

图 3-7　绘制酒店房间布置(一)　　　　图 3-8　绘制酒店房间布置(二)

单击"修改"工具栏中的"环形阵列"按钮,启动"环形阵列"命令,其命令行提示如下。

```
命令:_arraypolar
选择对象:∥指定对角点,找到 29 个,选择图 3-7 所示的房间图形
选择对象:∥按回车键
类型=极轴   关联=是
指定阵列的中心点或 [基点(B)/旋转轴(A)]:∥捕捉十字线的交点作为阵列中心点
输入项目数或 [项目间角度(A)/表达式(E)] <4> :8∥输入项目数,按回车键
指定填充角度(+=逆时针、-=顺时针)或 [表达式(EX)] <360> :∥按回车键,确认填充角度为 360°
按 Enter 键接受或 [关联(AS)/基点(B)/项目(I)/项目间角度(A)/填充角度(F)/行(ROW)/层(L)/旋
转项目(ROT)/退出(X)]:∥按回车键,结束命令,结果如图 3-8 所示
```

4. 路径阵列(ARRAYPATH)

路径阵列是沿路径或部分路径均匀分布对象的操作。路径可以是直线、多段线、三维多段线、样条曲线、螺旋、圆弧、圆或椭圆等。

路径阵列的常用操作包括:选择阵列的对象,指定阵列的路径,指定阵列的方向,指定阵列的项目数、间距等。

建筑正立面图的绘制

【子项目标】
能够绘制如图 3-9 所示的某住宅楼 1~13 轴的正立面图(可参考附录 C)。
【能力目标】
具备绘制某住宅楼建筑立面图的能力。

建筑施工图中,立面图与平面图、剖面图密切相关。立面图中建筑构造的水平方向的尺寸及定位皆与平面图中的相应尺寸一致,而垂直方向的尺寸及定位皆与剖面图中的相应尺寸一致。因此,图 3-9 所示的某住宅楼的 1~13 轴立面图可借助于其平面图确定窗、阳台、散水等建筑构造水平方向上的尺寸及定位。

1. 建立图形文件

打开"项目 2/子项 2.3/任务 2"中建立的"A3 模板.dwg",将其另存为"住宅楼正立面建筑施工图.dwg"图形文件。

2. 设定图层

在原有图层的基础上,按表 3-1 设定新图层。

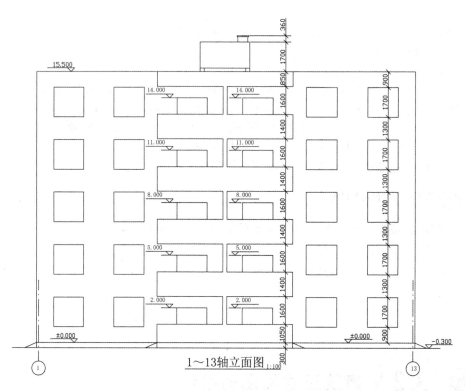

图 3-9　某住宅楼 1~13 轴正立面图

表 3-1　图层设置

名称	颜色	线型	线宽	备注
中心线	红色■	ACAD_ISO4W100（点画线）	0.2 mm	
细投影线	白色□	Continuous（实线）	0.2 mm	
中粗投影线	绿色■	Continuous（实线）	0.6 mm	被剖切到的轮廓线
辅助	洋红■	Continuous（实线）	0.2 mm	
文本、尺寸	白色□	Continuous（实线）	0.2 mm	
图块	白色□	Continuous（实线）	0.2 mm	
虚线	黄色■	ACAD_ISO2W100（虚线）	0.2 mm	根据需要设置
粗投影线	青色■	Continuous（实线）	0.9 mm	地平线
其他	蓝色■	Continuous（实线）	0.2 mm	根据需要设置
A3 模板	灰色(8)■	Continuous（实线）		原有图层

3．设置状态栏

设置"对象捕捉"功能。

(1) 选中"对象捕捉"模式中的"端点（E） 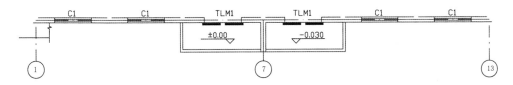"和"中点（M） "复选框。

(2) 启用状态栏中的"正交"功能、"对象捕捉"功能。

4. 作水平方向建筑构造定位、定尺寸的辅助线

复制"某住宅楼标准层平面图"，选择"直线"命令绘制散水，并使用"删除"、"修剪"等命令，得到图 3-10。

图 3-10　绘制辅助线

5. 绘制一层立面图

1) 绘制某一户型一层立面图

一层立面图包括地平线、C1、TLM1、阳台等部分，绘制的具体方法和步骤如下。

(1) 绘制地平线。将"粗投影线"层设为当前层，设置特性为"ByLayer"，运用"直线"命令绘制地平线，如图 3-11 所示。

(2) 绘制垂直方向辅助线。将"辅助"层设为当前层，设置特性为"ByLayer"，运用"直线"命令绘制垂直辅助尺寸，如图 3-11 所示。

(3) 在"细投影线"层运用"直线"、"复制"等命令，绘制组成 C1 和 TLM1 的宽度线、高度线，绘制散水与地平线的交线（在图形上表示为一点）与建筑在立面图上的交线，在剖切线层绘制阳台、外墙、阳台分户墙轮廓线，最终得到图 3-11。

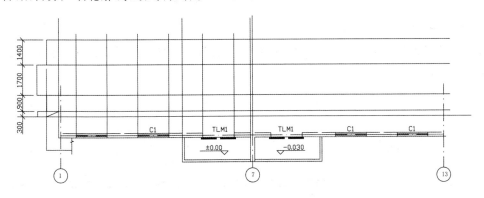

图 3-11　绘制一层立面图（一）

(4) 运用"删除"、"修剪"等命令，对图 3-11 进行完善，最终得到图 3-12。

(5) 绘制图 3-13 的具体操作步骤如下。

① 运用"特性匹配"命令对图 3-12 所示线条进行操作。其中，源对象为图 3-12 所示阳台栏

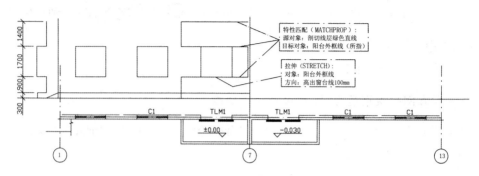

图 3-12 绘制一层立面图(二)

板垂直投影线,目标对象为阳台外栏板水平投影线(见图 3-12 中的提示)。

② 运用"拉伸"命令对图 3-12 中的阳台进行拉伸操作。
- 绘制一层阳台挡板上沿线,方向为高出窗台线 100 mm。
- TLM1 洞口高度向下收缩 600 mm,如图 3-13 所示。

③ 运用"复制"命令,复制外墙处散水线至阳台挡板处,如图 3-13 所示。

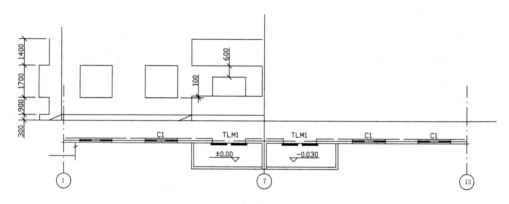

图 3-13 绘制一层立面图(三)

2) 绘制一单元一层立面图

运用"镜像"命令镜像复制图 3-13 中有价值的图线,并对图中的辅助线进行清理,最终得到一单元一层立面图,如图 3-14 所示。

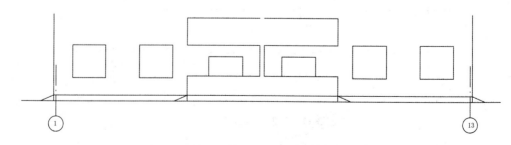

图 3-14 绘制一层立面图(四)

6. 绘制五层立面图

1)矩形阵列操作

(1)设置对象为图3-14中一层的窗和分户墙、二层阳台挡板。

(2)设置行数为5。

(3)设置列数为1。

(4)设置行偏移为3 000 mm(输入30)。

(5)设置列偏移为0。

(6)设置阵列角度为0。

2)缩放操作

(1)设置对象为最上面的阳台挡板。

(2)设置收缩距离为500 mm(输入5)。

最终得到图3-15。

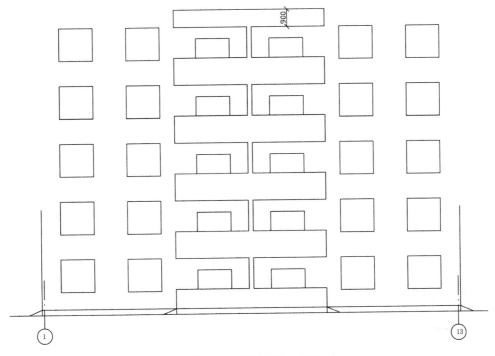

图3-15 绘制五层立面图

3)圆角操作

完成外墙线的绘制。

7. 完善

1)绘制水箱

在细投影层,运用"直线段"或"矩形"等命令绘制水箱,效果如图3-9所示。其中,水平方向的尺寸在该住宅楼屋顶平面图中查找。

2）文本、尺寸标注

在标注层进行标注尺寸、标高、图名等文本编辑，如图 3-9 中的文本。

3）进一步完善

完善后最终得到如图 3-9 所示的"1～13 轴立面图"。

8. 存盘

存盘退出 AutoCAD 绘图界面。

子项 3.3 绘制建筑背立面施工图

【子项目标】

能够绘制如图 3-16 所示的某住宅楼 13～1 轴立面图（背立面图），可参考附录 A。

1. 建立图形文件

打开"项目 2/子项 2.3/任务 2"中建立的"A3 模板.dwg"，再将其另存为"住宅楼背立面建筑施工图.dwg"图形文件。

2. 设定图层

在原有图层的基础上，按表 3-1 所示设定新图层。

3. 设置状态栏

设置"对象捕捉"功能。

(1) 选中"对象捕捉"模式中的"端点（E） ☐ ☑端点(E)"、"中点（M） △ ☑中点(M)"、"垂足（P） ⊥ ☑垂足(P)"、"最近点(R) ✕ ☑最近点(R)"复选框。

(2) 启用状态栏中的"正交"功能、"对象捕捉"功能。

4. 绘制墙、地平线、散水等轮廓线

1）地平线

图层选择"粗投影线"层，特性选择"ByLayer"，命令选择"直线"命令。

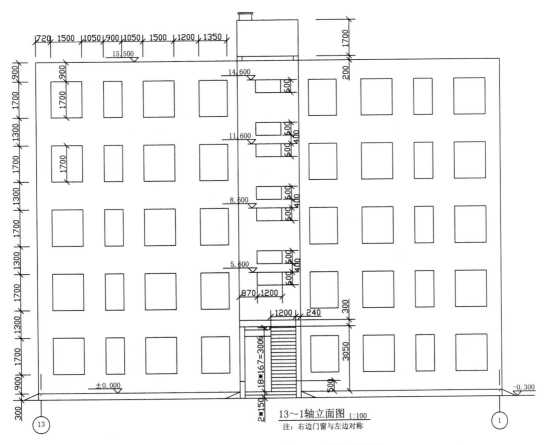

图 3-16 某住宅楼 13～1 轴背立面图

2）墙轮廓线

图层选择"中粗投影线"层,特性选择"ByLayer",命令选择"直线""复制"或"偏移"等命令。

3）散水线

图层选择"细投影线"层,特性选择"ByLayer",命令选择"矩形""直线""删除""镜像"等命令。具体的绘制操作步骤如下(见图 3-17(a))。

(1) 以 A 点为矩形正交状态下的右下角点,绘制长×宽=700 mm×300 mm 的矩形。

(2) 绘制矩形左下角点与右上角点的对角线 BC;并以 C 为起点,绘制 C 到直线 a 的垂线 CD;复制 CB 至 DE,最后删除所绘制的矩形。

(3) 以 FG 中垂线为中轴,镜像 BC、CD、DE 等散水线,从而得到其他散水线。

5. 绘制门窗

1）门窗位置线

图层选择"辅助"层,命令选择"直线""复制"或"偏移"等命令,如图 3-17(b)所示。

2）绘制门窗

图层选择"细投影线"层,命令选择"矩形"命令。

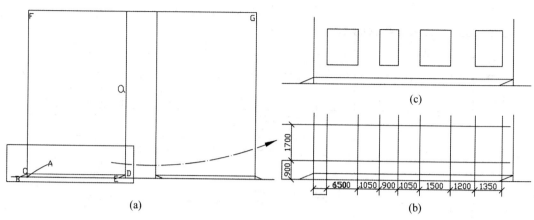

图 3-17 绘制轮廓线

3)修改完善

运用"删除"命令,删除步骤 1)中所绘制的图线,得到如图 3-17(c)所示的门窗。

4)一层门窗

以 FG 中垂线为中轴,镜像上述图 3-17(c)所得的门窗,得到一层门窗。

5)五层门窗

图层选择"细投影线"层,命令选择"阵列"命令,阵列类型选择"矩形阵列",对象选择为步骤 4)中所得的门窗,行数设置为 5,列数设置为 1,行偏移设置为 3 000 mm(输入 30),列偏移设置为 0,阵列角度设置为 0。最终得到不包括楼梯间门窗的五层门窗,如图 3-18 所示。

6. 楼梯间的绘制

1)入口墙及雨棚的绘制

具体方法与步骤如下所述。

(1)图层选择"中粗投影线"层;根据图 3-16 所示的尺寸,运用"直线"命令绘制雨棚 c1、c;运用"偏移"命令绘制入户墙线 a 与 a1,b 与 b1,结果如图 3-19(a)所示。

(2)运用"修剪"命令修改图 3-19(a),得到图 3-19(b),完成入口墙及雨棚的绘制。

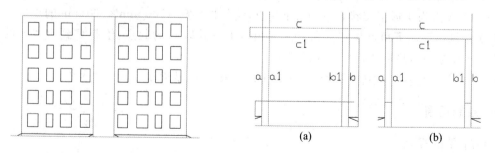

图 3-18 绘制五层门窗　　　　图 3-19 绘制入口墙及雨棚

2)室内地坪、台阶与入口平台梁绘制

在"细投影线"层中,运用"直线""复制""移动""修剪""阵列"等命令进行操作,具体操作步骤如下。

(1) 运用"直线"命令绘制室内地平线 d;运用"复制"命令向下、向上复制直线 d,从而绘制入口平台梁 e 及台阶线,复制距离分别为 2 850 mm、150 mm,结果如图 3-20(a)所示。

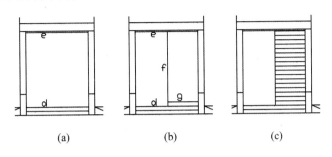

图 3-20 绘制地坪、台阶与入口平台梁

(2) 连接直线 d、e 的中点,并向右移动 30 mm,得到梯段外框线 f。向上移动距离为 166.666 mm 并复制 d,同时对其进行修剪,得到梯段第一个踏步线 g,如图 3-20(b)所示。

(3) 运用矩形阵列。对象选择图 3-20(b)中的直线 g,行数设置为 17,列数设置为 1,行偏移设置为 166.666 mm(输入 1.66666),列偏移设置为 0,阵列角度设置为 0。最终得到梯段踏步高差线,如图 3-20(c)所示。

3) 窗户的绘制

绘制窗户的具体操作如下。

(1) 在"辅助线"层以雨棚线 a 的中点 A 为起点向上绘制长 1 650 mm 的垂线 AA1。在"细投影线"层,以 A1 为矩形左下角绘制尺寸为 1 200 mm×600 mm 的矩形 b,如图 3-21(a)所示。

(2) 移动矩形 b 使之底边中点与 A1 点重合,如图 3-21(b)所示。

(3) 删除辅助线 AA1;向上移动 1 000 mm 距离并复制矩形 b,得到矩形 c,如图 3-21(c)所示。

(4) 运用矩形阵列。阵列类型选择"矩形阵列",对象选择图 3-21(c)中的矩形 b、c,行数设置为 4,列数设置为 1,行偏移设置为 3 000 mm(输入 30),列偏移设置为 0,阵列角度设置为 0。删除最顶部窗户,得到楼梯间窗户,如图 3-16 所示。

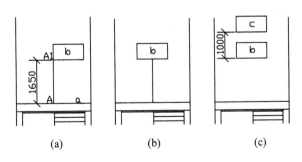

图 3-21 绘制窗户

7. 其他

1) 绘制水箱

在"细投影线"层,运用"直线"或"矩形"等命令绘制水箱,如图 3-16 所示。其中,水平方向的

尺寸在该住宅楼屋顶平面图中查找。

2) 文本、尺寸标注

在标注层进行标注尺寸、标高、图名等文本编辑,如图 3-16 所示。

3) 进一步完善

完善后最终得到如图 3-16 所示的"13~1 轴背立面图"。

8. 存盘

存盘退出 AutoCAD 绘图界面。

(1) 绘制某住宅楼建筑立面施工图(详见附录 A)。

(2) 绘制某宿舍楼建筑立面施工图(详见附录 B)。

(3) 绘制某综合楼建筑立面施工图(详见附录 C)。

项目 4
建筑剖面施工图的绘制

学习目标

☆ **项目目标**

能够绘制某住宅楼建筑剖面施工图(详见附录 A)。

☆ **能力目标**

具备绘制建筑剖面施工图的能力。

☆ **CAD 知识点**

(1) 绘图命令:直线(LINE)、多线(MULTILINE)、圆(CIRCLE)、圆弧(ARC)、矩形(RECTANG)、椭圆(ELLIPSE)、图案填充(BHATCH)、渐变色(GRADIENT)、多段线(PLINE)、正多边形(POLYGON)、创建块(MAKE BLOCK)、插入块(INSERT BLOCK)、属性块(WBLOCK)、多行文字(MTEXT)。

(2) 修改命令:删除(ERASE)、修剪(TRIM)、移动(MOVE)、复制(COPY)、镜像(MIRROR)、分解(EXPLODE)、延伸(EXTEND)、拉伸(STRETCH)、圆角(FILLET)、倒角(CHAMFER)、旋转(ROTATE)、偏移(OFFSET)、缩放(SCALE)、打断(BREAK)。

(3) 标准:视窗缩放(ZOOM)与视窗平移(PAN)、对象特性(PROPERTIES)、特性匹配(MATCHPROP)。

(4) 工具栏:特性、查询(INQUIRY)、图层(LAYER)、标注、样式。

(5) 菜单栏:工具(选项(OPTIONS)-显示)、格式(图形界线(LIMITS))、格式(文字样式(STYLE)、绘图(单行文本(DTEXT))、标注样式(DIMSTYLE))。

(6) 状态栏:正交(ORTHO)、草图设置(DSETTINGS)(包括捕捉与栅格、对象捕捉及追踪、极轴追踪、动态输入等的设置及其设置的开关)。

(7) 窗口输入命令:编辑多段线(PEDIT)。

不带楼梯的建筑剖面施工图的绘制

【子项目标】
能够绘制如图 4-1 所示的某住宅楼建筑剖面施工图。

【能力目标】
具备绘制某住宅楼(不含楼梯)的建筑剖面施工图的能力。

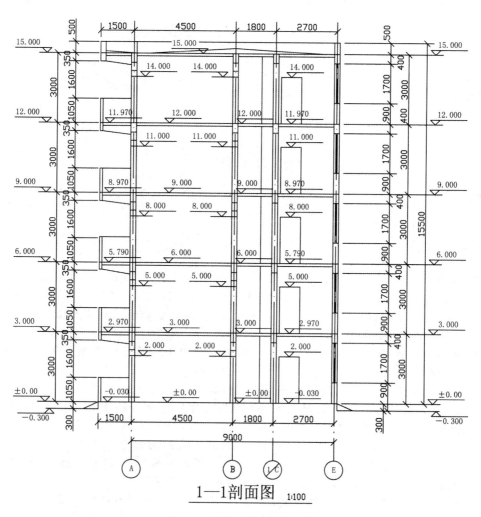

图 4-1 某住宅楼建筑剖面施工图

项目 4
建筑剖面施工图的绘制

任务 1 原图绘制

1. 建立图形文件

打开"项目 2/子项 2.3/任务 2"中建立的"A3 模板.dwg",另存为"住宅 1-1 剖面(不带楼梯)建筑施工图.dwg"图形文件。

2. 设定图层

在原有图层的基础上,按表 3-1 所示设定新图层。

3. 设置状态栏

设置"对象捕捉"功能。

(1) 选中"对象捕捉"模式中的"端点(E) ☑端点(E)"、"中点(M) ☑中点(M)"、"垂足(P) ☑垂足(P)"和"最近点(R) ☑最近点(R)"复选框。

(2) 启用状态栏中的"正交"功能、"对象捕捉"功能。

4. 绘制地平线

绘制地平线,如图 4-2(a)、(b)所示。其中:图层选择"粗投影线"层,特性选择均为"ByLayer"(随层),命令选择"直线"命令。图 4-2(a)所示为考虑地平线高差绘制的图线,图 4-2(b)所示为忽略地平线高差绘制的图线。

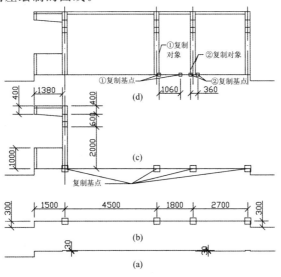

图 4-2 绘制地平线

5. 绘制一层剖面图

绘制一层剖面图的效果如图 4-2 所示。具体操作步骤如下。

1) 绘制图 4-1 中 A 轴线处一层图线

运用"多线""直线""复制"等命令绘制,如图 4-2(d)所示。

(1) 绘制门框线 运用"多线"命令在"细投影线"图层绘制长度为 2 000 mm、宽度为 240 mm 的门框垂直投影线;运用"直线"命令在"中粗投影线"图层绘制长为 240 mm 的门框水平剖切线。如图 4-2(c)所示。

(2) 绘制墙、梁等图线 运用"多线"命令在"中粗投影线"图层以步骤(1)的门框垂直投影线中点为起点连续绘制宽度为 240 mm,长度分别为 600 mm、400 mm 的垂直墙和梁线;运用"复制"命令在"中粗投影线"图层复制水平门框线为墙、梁水平剖切投影线。如图 4-2(c)所示。

2) 绘制阳台

运用"多线""直线""复制"等命令绘制,如图 4-2(c)所示。具体步骤如下。

(1) 绘制剖切投影线 在"中粗投影线"图层,运用"多线"命令绘制长为 1 380 mm 的阳台栏板剖切投影线、长为 400 mm 的阳台连系梁垂直剖切投影线和长为 1 000 mm 的阳台栏板垂直剖切投影线;运用"直线"命令绘制长为 120 mm 的阳台连系梁水平剖切投影线、阳台栏板水平剖切投影线。如图 4-2(c)所示。

(2) 绘制细投影线 在"细投影线"层,运用"直线"命令绘制阳台挑梁梁底投影线、阳台栏板水平投影线,如图 4-2(c)所示。

3) 绘制其他轴线处一层的图线

其他图线如图 4-2(d)、图 4-3、图 4-4、图 4-5 等所示。

(1) 复制 将 A 轴线处墙分别复制到 B、1/C、E 等轴线处(见图 4-1),如图 4-2(d)所示。

(2) 绘制一层顶板 在"中粗投影线"图层,运用"多线"命令绘制 A 与 B 轴线间、B 与 1/C 轴线间、1/C 与 E 轴线间的一层顶板。如图 4-2(d)所示。

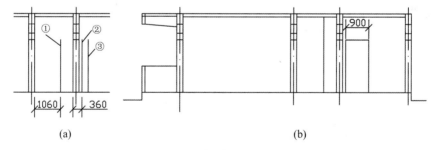

图 4-3 绘制投影线(一)

(3) 绘制 B 与 1/C 轴线间的投影线 如图 4-2(d)所示,复制对象①,复制距离为 1 060 mm,得到图 4-3(a)中的对象①,并将其延伸至一层顶板底面,得到 B 与 1/C 轴线间投影线,如图 4-3(b)所示。

(4) 绘制 1/C 与 E 轴线间的门框投影线 如图 4-2(d)所示,复制对象②,复制距离为 360 mm,得到图 4-3(a)中的对象②、③;移动对象③,使之与对象②之间的距离为 900 mm;运用 "直线"命令绘制门框顶投影线,得到 1/C 与 E 轴线间门框投影,如图 4-3(b)所示。

(5) 完善 1/C 轴线墙 图 4-4(a)所示为图 4-3 中的 1/C 轴线墙,删除门顶两段过梁水平线,得到图 4-4(b);向下拉伸圈梁下面的墙的剖切投影线,距离为从 4-4(b)中的垂直门框线顶端至底端,得到1/C轴线墙的底层图形线,如图4-4(c)所示。

(6)完善E轴线墙 图4-5(a)所示为图4-3中的E轴线墙,删除门顶两段过梁水平线,向上拉伸圈梁下面的墙的剖切投影线,距离为从图4-5(a)中垂直门框线顶端至垂直圈梁线底端,得到图4-5(b);向上拉伸垂直门框线,距离为900 mm,并运用"直线"命令在"剖切线"图层绘制水平窗,得到图4-5(c);分别在"细投影线"层、"剖切线"层运用"多线"命令绘制垂直窗扇线、垂直窗下墙线,长度分别为80 mm、240 mm,得到E轴线墙的底层图形线,如图4-5(d)所示。

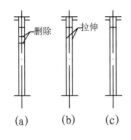
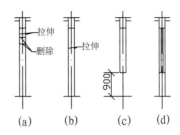

图4-4 绘制投影线(二)　　图4-5 绘制投影线(三)

(7)其他 在"文本、尺寸"层,插入标高块并进一步完善,如图4-6所示。

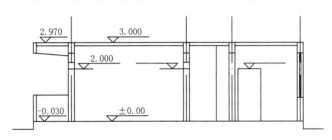

图4-6 绘制一层剖面图

6. 绘制五层剖面图

绘制如图4-1所示的五层剖面图,具体操作如下。

1)绘制二至五层剖面图

绘制二至五层剖面图的具体步骤如下。

(1)运用"拉伸"命令,将图4-6中的轴线向上拉伸,拉伸长度为12.5。

(2)运用"阵列"命令,其中:阵列类型选择矩形阵列;阵列对象选择图4-6中除地平线及其上的标高、轴线以外的所有的图形文件,如图4-7所示;阵列行数设置为"5";阵列列数设置为"1";行间距设置为"30"(30 mm=层高3 000 mm×绘图比例1∶100);列偏移设置为"0";阵列角度设置为"0"。

单击"修改"工具栏中的"矩形阵列"按钮 ,启动"矩形阵列"命令,命令行提示如下。

```
命令:_arrayrect
选择对象:找到××个//选择图4-7中的对象
选择对象://按回车键
类型= 矩形　关联= 是
为项目数指定对角点或 [基点(B)/角度(A)/计数(C)]<计数>://按回车键,执行计数选项
输入行数或 [表达式(E)]<4>:5//输入阵列行数,按回车键
```

输入列数或[表达式(E)]<4> :1//输入阵列列数,按回车键
指定对角点以间隔项目或[间距(S)]<间距> ://按回车键,执行间距选项
指定行之间的距离或[表达式(E)]<90> :30//输入行间距,按回车键
按 Enter 键接受或[关联(AS)/基点(B)/行(R)/列(C)/层(L)/退出(X)]<退出> ://按回车键,命令结束

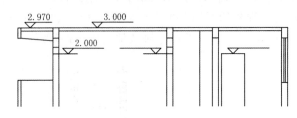

图 4-7 绘制部分图形文件

2) 完善屋顶部分

最终绘制得到如图 4-8(c)所示的屋顶图形文件,其绘制步骤与方法如下。

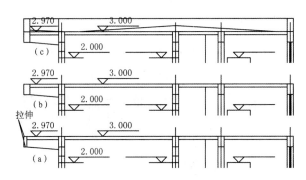

图 4-8 绘制屋顶

(1) 修改阳台雨棚连系梁的水平剖切投影线 如图 4-8(a)所示,对图中所指对象进行拉伸,拉伸距离为以水平连系梁的水平剖切投影线的端点依次作为起点和终点,得到图 4-8(b)所示阳台雨棚连系梁的水平剖切投影线。

(2) 绘制女儿墙部分图线 其具体操作如下。

① 绘制女儿墙垂直剖切投影线,运用"多线"命令绘制。其中:图层选择"中粗投影线"层;设置对正为"上",比例为"2.40",样式为"STANDARD";距离设置为"500 mm";方向设置为垂直向上;端点如图 4-8(b)所示。

② 绘制女儿墙水平剖切投影线。仍在"中粗投影线"层,运用"直线"命令绘制。

③ 绘制未剖切到的女儿墙投影线。在"细投影线"层,运用"直线"命令绘制,得到如图 4-8(c)所示的女儿墙的图形文件。

(3) 屋顶建筑起坡投影线 在"细投影线"层运用"直线"命令绘制。

7. 标注尺寸

1) 水平尺寸

水平尺寸的标注同平面图中纵向尺寸的标注。

2) 垂直尺寸

垂直尺寸的标注类似于平面图中横向尺寸标注,可先完全按平面图中的横向尺寸进行标

注。其中,定位轴线块在屏幕上的插入点为楼、地面与外墙外投影线的交点。标注结束后按下述方法进行修改和完善。

(1) 删除所有定位轴线块中的圆。

(2) 运用"特性匹配"命令,把定位轴线块中的点画线改为细实线。

(3) 在相应位置加上标高标记。

8. 文本编辑

(1) 进行标高编辑。

(2) 进行图名等编辑。

9. 完善

修改与图 4-1 不同之处,得到如图 4-1 所示的"1—1 剖面图",存盘后退出 AutoCAD 绘图界面。

任务 2 运用已有的图形绘制

1. 绘制一层剖面图

(1) 绘制如图 4-9 所示的平面图,按下述的方法和步骤操作。

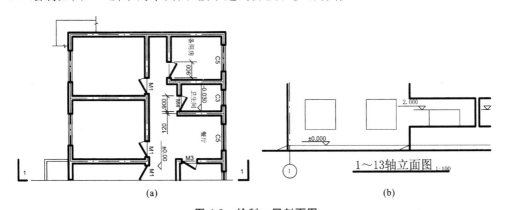

图 4-9 绘制一层剖面图

① 复制底层平面图,并在底层平面图 1—1 剖切符号处,把平面图切为两部分,留下 1—1 剖面图投影方向的部分,并旋转 90°,得到图 4-9(a)所示的图形。

② 复制"1~13 轴立面图",并保留 4-9(b)所示部分的图形文件(包括一层的阳台、门窗等)。

③ 运用图 4-9(a),拉出所绘 1—1 剖面图的水平方向的定位图形;运用图 4-9(b),拉出所绘 1—1 剖面图的垂直方向的定位图形;再对图形进行修剪、完善,得到图 4-6 所示的一层剖面图。

(2) 注意事项:绘制过程中,遵循的原则是剖切到的建筑构造组成的投影线在"中粗投影线"图层中绘制,未剖切到的建筑构造组成的投影线在"细投影线"图层中绘制,地平线在"粗投影线"图层中绘制。

2. 其他

同"项目 4/子项 4.1/任务 1"中的相关绘制部分。

子项 4.2 带楼梯的建筑剖面施工图的绘制

【子项目标】
能够绘制如图 4-10 所示的某住宅楼建筑剖面施工图。

【能力目标】
具备绘制某住宅楼(含楼梯)的建筑剖面施工图的能力。

任务 1 原图绘制

1. 建立图形文件

打开"项目 2/子项 2.3/任务 2"中建立的"A3 模板.dwg",另存为"住宅 2-2 剖面(带楼梯)建筑施工图.dwg"图形文件。

2. 设定图层

在原有图层的基础上,按表 3-1 所示设定新图层。

3. 设置状态栏

设置"对象捕捉"功能。

(1) 选中"对象捕捉"模式中的"端点(E) ☐ ☑端点(E)"、"中点(M) △ ☑中点(M)"、"垂足(P) ⊥ ☑垂足(P)"、"最近点(R) ✕ ☑最近点(R)"复选框。

(2) 启用状态栏中的"正交"功能、"对象捕捉"功能。

4. 绘制地平线

绘制结果如图 4-11(a)、图 4-11(b)所示。具体参数设置如下:图层为"粗投影线"层;命令为

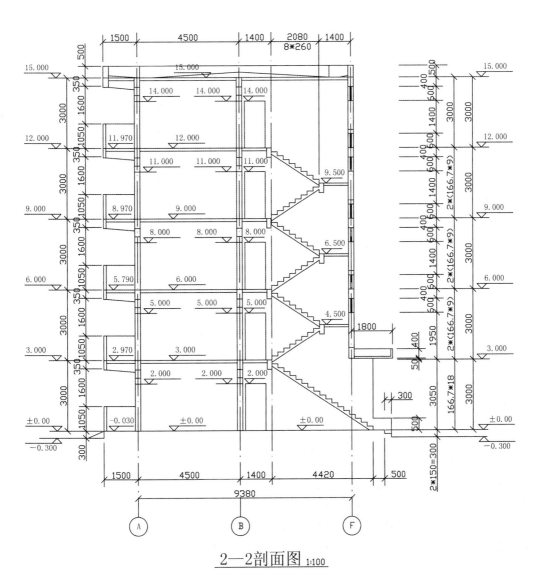

2—2剖面图 1:100

图 4-10 某住宅楼建筑剖面施工图

"直线"命令。图 4-11(a)所示为考虑地平线高差绘制的图线,图 4-11(b)所示为忽略地平线高差绘制的图线。

5. 绘制一层剖面图

1) 绘制 A 轴线处一层图线

运用"多线""直线""复制"等命令绘制,绘制结果如图 4-12 所示,绘制方法、步骤同"项目 4/子项 4.1/任务 1"中第 5 项中的步骤(1)。

2) 绘制阳台

运用"多线""直线""复制"等命令绘制,绘制结果如图 4-12 所示,绘制方法、步骤同"项目 4/子项 4.1/任务 1"第 5 项中的步骤(2)。

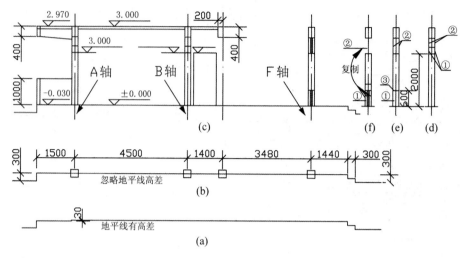

图 4-11 绘制地平线

3) 绘制其他轴线处一层剖面图线

(1) B 轴线处一层剖面图线 将 A 轴线处图线复制到 B 轴线处,得到如图 4-11(c)中所示的 B 轴线处一层剖面图线。

(2) F 轴线处一层剖面图线 将 A 轴线处图线复制到 F 轴线处,得到图 4-11(d)。在图 4-11(d)中,拉伸对象①,拉伸方向为垂直向下,拉伸距离为 1 400 mm;拉伸对象②,拉伸方向为垂直向下,并使拉伸后的长度为 600 mm,得到图 4-11(e)。在图 4-11(e)中,删除对象②;在对象①中运用"多线"命令,绘制窗扇(其中设置对正为"无",比例为"0.80",样式为"STANDARD");复制对象③,向上移动 240 mm,得到图 4-11(f)。在图 4-11(f)中,把①处的对象复制到②处,得到 F 轴线处一层剖面图线。如图 4-11(c)F 轴所示。

(3) 绘制一层顶楼板 在"粗投影线"图层,运用"多线"命令绘制 A 轴线与 B 轴线间、B 轴线与楼梯楼层平台梁间一层顶楼板。如图 4-11(c)所示。

(4) 绘制楼梯一层平台梁 在"粗投影线"图层,运用"矩形"命令绘制,如图 4-11 对象③所示。

6. 绘制五层剖面图

绘制如图 4-10 所示的五层剖面图。具体的绘制方法与步骤如下。

1) 忽略梯段及休息平台,绘制二至五层剖面图

绘制方法与步骤同"项目 4/子项 4.1/任务 1"中的相关内容。

2) 完善屋顶部分

绘制方法和步骤同"项目 4/子项 4.1/任务 1"中的相关内容,得到如图 4-10 所示的屋顶图形文件。

3) F 轴线入口处处理

如图 4-12 所示,绘制方法与步骤如下所述。

(1) 如图 4-12(a)所示,删除 F 轴线处 3 600 mm 以下的所有图形文件,并运用移动命令将对象①垂直向上移动 210 mm,得到图 4-12(b)。

(2) 在图 4-11(b)中拉伸对象②,拉伸方向垂直向下,拉伸距离 550 mm,得到图 4-11(c)。

(3) 在图 4-12(c)中运用"多线"命令绘制雨棚厚度投影线。图层选择"剖切线"层,设置对正为"下",比例为"0.80",样式为"STANDARD",以图示位置为基点。并分别在"剖切线"层、"细投影线"层绘制雨棚挡板上沿水平投影线,得到图 4-12(d)。

(4) 在图 4-12(d)中运用"直线"命令,在"细投影线"层绘制入口处墙体的投影线,得到图 4-12(e)。

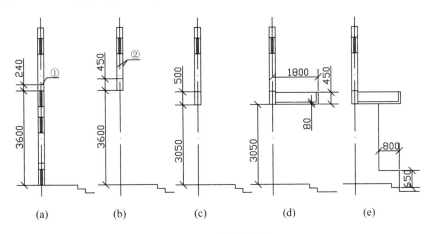

图 4-12 绘制投影线

4) 绘制梯段及休息平台

绘制结果如图 4-14 所示。

(1) 绘制标准梯段与楼梯休息平台 绘制方法与步骤如图 4-13(a)所示,具体的绘制步骤如下。

① 运用"直线"命令在"细投影线"层绘制踏步投影线 A。

② 复制 A,得到一梯段踏步投影线 B。

③ 镜像 B,得到两梯段踏步投影线 C。

④ 绘制、移动梯段板板底投影线得到两梯段投影线 E。

⑤ 运用"特性匹配"命令使第二梯段投影线成为"粗投影线"层图形文件,并在"粗投影线"层运用"直线"命令绘制休息平台及休息平台梁投影线得 F。

⑥ 运用"移动"命令把 F 图形文件移动到上述步骤(1)、(2)、(3)所得的忽略梯段及休息平台的二至五层带楼梯的剖面图中,得到 G,如图 4-13(a)所示。

(2) 对 G 运用阵列命令 阵列对象选择图中 G,阵列行数设置为"4",阵列列数设置为"1",行偏移设置为"30"(30 mm=层高 3 000 mm×绘图比例 1∶100),阵列角度设置为"0",得到图 4-13(b)。

(3) 完善 如图 4-13(b)所示,删除顶层梯段及休息平台、平台梁图形文件,运用"复制"、"延伸"等命令完善一层梯段图形文件,最终得到如图 4-14 所示的楼梯间图形文件。

7. 标注尺寸

1) 水平尺寸

水平尺寸的标注同平面图中纵向尺寸标注。

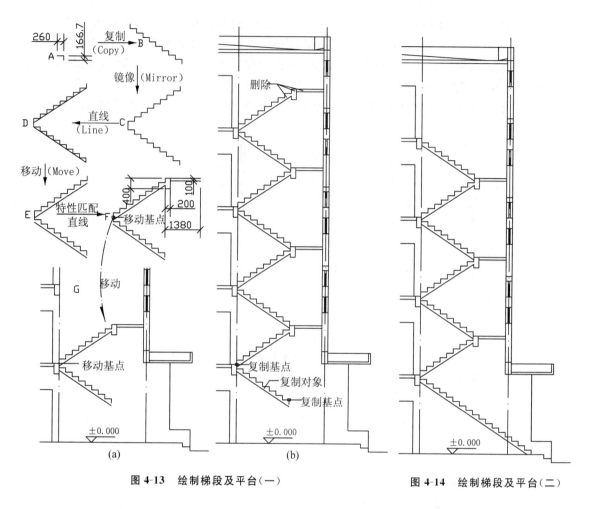

图 4-13 绘制梯段及平台(一)　　　　图 4-14 绘制梯段及平台(二)

2) 垂直尺寸

垂直尺寸的标注类似于平面图中横向尺寸标注,可先完全按平面图中横向尺寸标注。其中,定位轴线块在屏幕上的插入点为楼、地面与外墙外投影线的交点。标注结束后按下述方法进行修改和完善。

(1) 删除所有定位轴线块中的圆。

(2) 运用"特性匹配"命令,把定位轴线块中的点画线改为细实线。

(3) 在相应位置加上标高标记。

8. 文本编辑

(1) 进行标高编辑。

(2) 进行图名等编辑。

9. 完善

进一步完善和修改与图 4-10 不同之处,得到如图 4-10 所示的"2—2 剖面图"。存盘退出 AutoCAD 绘图界面。

项目 4
建筑剖面施工图的绘制

任务 2 运用已有图形文件绘制

一、运用已有平面图、立面图绘制

1. 绘制一层剖面图（不包括楼梯间、F轴墙体三层）

（1）如图 4-15 所示，绘制方法和步骤如下所述。

① 在底层平面图 2—2 剖切符号处，把平面图切为两部分，留下 2—2 剖面图投影方向的部分，并旋转 90°，得到如图 4-15(a)所示的图形。

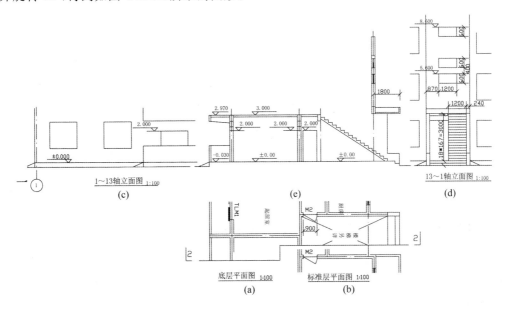

图 4-15 绘制一层剖面图

② 在标准层平面图 2—2 剖切符号处，把平面图分解为两部分，留下 2—2 剖面图投影方向的部分，并旋转 90°，留下与图 4-15(a)所示图形的不同切面图形，得到图 4-15(b)所示的图形。

③ 复制"1～13 轴立面图"并保留图 4-15(c)所示部分的图形文件（包括一层的阳台、门窗等）。

④ 复制"13～1 轴立面图"并保留图 4-15(d)所示部分的图形文件（包括一层楼梯间梯段、雨棚、二层及三层的门窗等）。

⑤ 运用图 4-15(a)、(b)，绘制 2—2 剖面图的水平方向的定位图形；运用图 4-15(c)、(d)，绘制 2—2 剖面图的垂直方向的定位图形，再对图形进行修剪和完善。最终得到如图 4-15(e)所示的图形文件。

（2）注意事项：绘制过程中，剖切到的建筑构造组成的投影线应在"中粗投影线"图层中绘制,未剖切到的建筑构造组成的投影线应在"细投影线"图层中绘制。

2. 其他部分

其他部分的绘制同"项目 4/子项 4.2/任务 1"中相关部分的绘制。

二、运用不带楼梯的剖面图绘制

1. 建立图形文件

打开"项目 2/子项 2.3/任务 2"中建立的"A3 模板.dwg",另存为"住宅 2-2 剖面(带楼梯)建筑施工图.dwg"图形文件。

2. 设定图层

在原有图层的基础上,按表 3-1 所示设定新图层。

3. 设置状态栏

设置"对象捕捉"功能。

(1)选中"对象捕捉"模式中的"端点(E) ☑端点(E)"、"中点(M) ☑中点(M)"、"垂足(P) ☑垂足(P)"、"最近点(R) ☑最近点(R)"复选框。

(2)启用状态栏中的"正交"功能、"对象捕捉"功能。

4. 复制 1—1 剖面图

结果如图 4-1 所示。

5. 对图 4-1 中的 B、E 轴线及轴线间的图形文件进行修改

(1)绘制图 4-16(a)。删除图 4-1 中 E 轴线处部分图形文件及 B、E 轴线间不需要的图形文件。

(2)修改图 4-16(a)中的对象 1。绘制方法与步骤如图 4-17 中对象 1 所示。具体方法与步骤如下所述。

① 运用"拉伸"命令将对象 1 中的楼层平台由 1 800 mm 修改为 1 400 mm,以及将平台梁宽度由 240 mm 修改为 200 mm,如图 4-17(f)所示。

② 运用"拉伸"命令将对象 1 中的楼层平台梁右侧投影线距离 B 轴线水平距离修改为 1 400 mm,如图 4-17(g)所示。

(3)修改图 4-16(a)中的对象 2。运用"移动"命令移动每层的对象 2,移动方向为水平向左,移动距离为 1 800 mm,得到如图 4-16(b)所示的图形文件。

(4)修改图 4-16(a)中的对象 3,其绘制方法与步骤如图 4-17 中对象 3 所示。具体操作步骤如下。

① 运用"拉伸"命令将对象 3 的窗高由 1 700 mm 修改为 600 mm,如图 4-17(b)所示。

② 运用"拉伸"命令将对象 3 中两窗之间的墙高由 1 300 mm 修改为 1 400 mm,运用"移动"命令水平下移对象 3 下部的窗过梁顶投影线,将过梁垂直高度由 400 mm 修改为 250 mm,如图

项目4
建筑剖面施工图的绘制

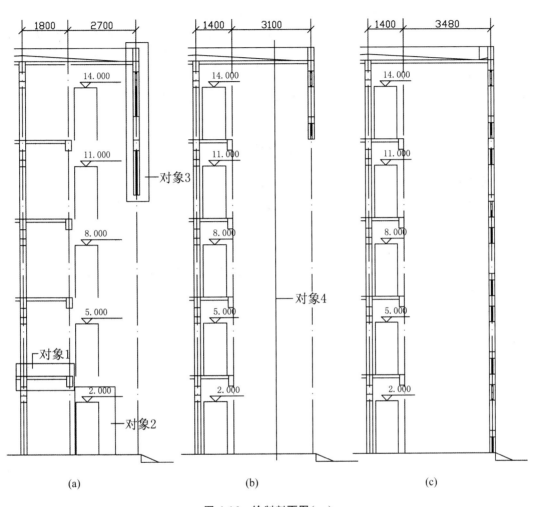

图 4-16 绘制剖面图(一)

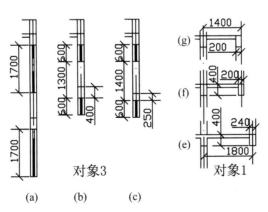

图 4-17 绘制剖面图(二)

4-17(c)所示。

③ 运用"矩形阵列"命令。阵列对象选择图 4-17(b)所示的对象 3;阵列行数设置为"5";阵列列数设置为"1";阵列行距设置为"30"(30 mm＝层高 3 000 mm×绘图比例 1∶100);阵列角

度设置为"0"。最终得到如图 4-16(c)所示的图形文件。

(5) 修改 B 轴与 E 轴之间距离,使 E 轴成为 F 轴。运用"拉伸"命令拉伸图 4-16(b)所示的对象 4(包括地平线、屋顶等图形文件),拉伸方向选择"水平向右",拉伸距离为 380 mm,得到图 4-16(c)所示的图形文件。此时,B 轴与 E 轴之间距离为 4 500 mm(=1 400 mm+3 100 mm),将其修改为 B 轴与 F 轴之间的距离 4 880 mm(=1 400 mm+3 480 mm),则图 4-16(b)中的 E 轴成为图 4-16(c)中的 F 轴。

6. 绘制、完善 B 轴与 E 轴及二者之间的图形文件

1) 完善屋顶部分

绘制如图 4-10 所示的屋顶图形文件,绘制方法与步骤同"项目 4/子项 4.2/任务 1"的相关内容。

2) F 轴入口处处理

绘制方法和步骤同"项目 4/子项 4.2/任务 1"中的相关内容,如图 4-12 所示。

3) 绘制梯段及休息平台

绘制方法、步骤同"项目 4/子项 4.2/任务 1"中的相关内容,如图 4-13 所示。

7. 标注尺寸

1) 水平尺寸

水平尺寸的标注同平面图中纵向尺寸的标注。

2) 垂直尺寸

左侧垂直尺寸的标注:保留原有复制图形文件中的左侧标注。右侧垂直尺寸的标注:删除原有复制图形文件中的右侧标注。其具体标注方法与步骤同"项目 4/子项 4.2/任务 1"中的相关内容。

8. 文本编辑

(1) 进行标高编辑。

(2) 进行图名及其他文字编辑。

9. 完善

进一步完善和修改与图 4-10 中的不同之处,最终得到如图 4-10 所示的"2—2 剖面图"。存盘后退出 AutoCAD 绘图界面。

(1) 绘制某住宅楼建筑剖面施工图(详见附录 A)。

(2) 绘制某宿舍楼建筑剖面施工图(详见附录 B)。

(3) 绘制某综合楼建筑剖面施工图(详见附录 C)。

项目 5

建筑详图的绘制

学习目标

☆ 项目目标

能够绘制某住宅楼建筑详图(详见附录 A)。

☆ 能力目标

具备绘制建筑详图的能力。

☆ CAD 知识点

(1) 绘图命令:直线(LINE)、多线(MULTILINE)、圆(CIRCLE)、圆弧(ARC)、矩形(RECTANG)、椭圆(ELLIPSE)、图案填充(BHATCH)、渐变色(GRADIENT)、多段线(PLINE)、正多边形(POLYGON)、创建块(MAKE BLOCK)、插入块(INSERT BLOCK)、属性块(WBLOCK)、多行文字(MTEXT)。

(2) 修改命令:删除(ERASE)、修剪(TRIM)、移动(MOVE)、复制(COPY)、镜像(MIRROR)、分解(EXPLODE)、延伸(EXTEND)、拉伸(STRETCH)、圆角(FILLET)、倒角(CHAMFER)、旋转(ROTATE)、偏移(OFFSET)、缩放(SCALE)、打断(BREAK)。

(3) 标准:视窗缩放(ZOOM)与视窗平移(PAN)、对象特性(PROPERTIES)、特性匹配(MATCHPROP)。

(4) 工具栏:特性、查询(INQUIRY)、图层(LAYER)、标注、样式。

(5) 菜单栏:工具(选项(OPTIONS)-显示)、格式(图形界线(LIMITS))、格式(文字样式(STYLE)、绘图(单行文本(DTEXT))、标注样式(DIMSTYLE))。

(6) 状态栏:正交(ORTHO)、草图设置(DSETTINGS)(包括捕捉与栅格、对象捕捉及追踪、极轴追踪、动态输入等的设置及其设置的开关)。

(7) 窗口输入命令:编辑多段线(PEDIT)。

子项 5.1 建筑楼梯详图的绘制

【子项目标】
能够绘制如图 5-3(a)、5-6(b)所示的某住宅楼楼梯详图(比例 1∶50)。
【能力目标】
具备绘制某住宅楼楼梯详图的能力。

任务 1 绘图前的准备工作

一、工程实例 1

如图 5-1 所示,把 a、b 两条线之间所有的图形实体清除,具体操作步骤如下。

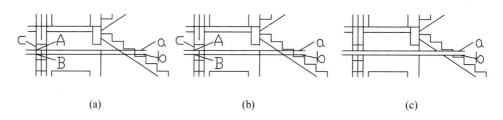

(a)　　　　　　　　　(b)　　　　　　　　　(c)

图 5-1　清除部分图形文件

(1) 打断直线 c 在直线 a、b 之间的线段。
选择启动"打断"命令,根据命令行提示按下述步骤进行操作。

　　命令:_break 选择对象:∥选择直线 c
　　指定第二个打断点或[第一点(F)]:∥输入 F
　　指定第一个打断点:∥选择直线 c 与直线 a 的交点 A 点
　　指定第二个打断点:∥选择直线 c 与直线 b 的交点 B 点

通过上述操作,得到如图 5-1(b)所示的图形文件。
(2) 打断除直线 c 以外的直线在直线 a、b 之间的线段。
重复执行"打断"命令,逐一打断其他直线在直线 a、b 之间的线段,得到如图 5-1(c)所示的图形文件。

二、工程实例 2

如图 5-2 所示,将剖切线 a 与下行梯段投影线在交点处断开。

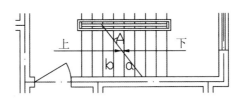

图 5-2 打断直线

(1) 打断直线 b。

选择"打断于点"命令,根据命令行提示按下述步骤进行操作。

　　命令:_break 选择对象://选择直线 b
　　指定第二个打断点或[第一点(F)]:_F
　　指定第一个打断点://选择直线 b 与直线 a 的交点 A,如图 5-2 所示
　　指定第二个打断点://选择后命令行出现"@"

(2) 打断除直线 a 与下行梯段投影线外的其他交点。

重复执行"打断于点"命令,在下行梯段投影线与剖切线 a 的交点处,逐一打断下行梯段投影线。

任务 2　绘制建筑楼梯平面详图

绘制如图 5-3(a)所示的标准层楼梯平面详图(比例 1∶50)。

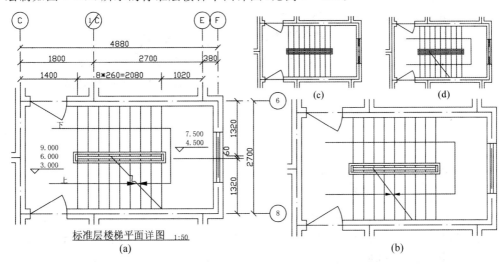

图 5-3　标准层楼梯平面详图

一、原图绘制

1. 建立图形文件

打开"项目 2/子项 2.3/任务 2"建立的"A3 模板.dwg",将其另存为"住宅楼梯详图.dwg"图形文件。

2. 设定图层

在原有图层的基础上,按表 3-1 所示设定新图层。

3. 设置状态栏

设置"对象捕捉"功能。

(1) 选中"对象捕捉"模式中的"端点(E) ☐ ☑端点(E)"、"中点(M) △ ☑中点(M)"、"垂足(P) ┴ ☑垂足(P)"、"最近点(R) ⊠ ☑最近点(R)"复选框。

(2) 启用状态栏中的"正交"功能、"对象捕捉"功能。

4. 绘制楼梯间图形文件

1)确定临时绘图比例

由图 5-3(a)可知,所要绘制的详图比例为 1∶50,考虑到绘制过程中计算绘制尺寸的方便,先设定绘图比例为 1∶100。

2)绘制楼梯间平面图

根据绘制一般建筑平面图的方法与步骤,运用 1∶100 的绘图比例,绘制标准层楼梯间平面图,如图 5-4(a)所示。

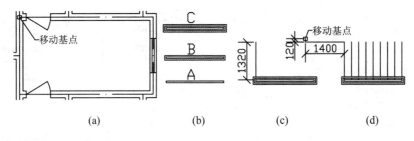

图 5-4 楼梯间平面图

3)绘制楼梯间内梯段、梯井、扶手、休息平台等图形文件

绘制时如无特殊说明,均在"细投影线"图层绘制,特性设置为"ByLayer"。

(1) 绘制梯井、扶手图形文件 运用"矩形"命令绘制梯井,如图 5-4(b)中 A 所示。其中,矩形尺寸设置为 2 080 mm×60 mm。运用"偏移"命令绘制扶手,偏移距离为 50 mm,偏移对象第一次选择为梯井,第二次选择为第一次偏移的结果,如图 5-4(b)中 B、C 所示。

(2) 绘制梯段图形文件　运用"直线"命令绘制梯段的踏步,长度为 1 320 mm,并运用"修剪"命令修剪掉被梯段扶手覆盖的部分,得到如图5-4(c)所示的图形文件。运用"矩形阵列"命令,阵列对象为图 5-4(c)所示的长度为 1 320 mm 的梯段踏步,阵列行数为"1";阵列列数为"9",阵列列距为"2.6"(2.6 mm＝踏步宽 260 mm×绘图比例 1∶100),阵列角度为"0"。最终得到如图 5-4(d)所示的梯段图形文件。

(3) 绘制楼梯间图形文件　移动梯段图形文件,在"辅助线"图层运用"直线"命令确定移动基点,如图 5-4(d)所示。运用"移动"命令把 5-4(d)中梯段、梯井、扶手等图形文件移至图 5-4(a)中,并运用"镜像"命令镜像所移动的图形文件,以梯井宽度的中点连线作为镜像轴,得到如图 5-3(c)所示的图形文件。

(4) 完善楼梯间图形文件　运用"直线""多段线""打断于点""修剪"等命令来绘制和修剪梯段走向、梯段剖切线、剖切线处踏步线断点等图形文件,得到如图 5-3(d)所示的图形文件。

(5) 注意事项　在阵列复制中,复制对象是两个图素,如图 5-4(c)所示,由于梯段扶手的覆盖,踏步线分为两段直线段。

5. 修改绘图比例

当完成图形文件的绘制而进行文本编辑和尺寸标注时,须将绘图文件按所要求的绘图比例进行修改。在此例中,当完成上述操作之后,运用"缩放"命令,将 5-3(d)所示的图形文件比例由 1∶100 改为 1∶50,比例因子设置为"2",最终得到如图 5-3(b)所示的图形文件(此时,图形文件比例为 1∶50)。

6. 标注尺寸

1) 水平尺寸

水平尺寸标注同平面图中纵向尺寸的标注。

2) 垂直尺寸

垂直尺寸标注同平面图中横向尺寸的标注。

3) 注意事项

水平尺寸的第一道尺寸中的"8＊280＝2 080"(见图5-5)标注可参考"项目 2/子项 2.1/任务 2"中的相关内容。

7. 文本编辑

(1) 进行标高编辑。
(2) 进行图名及其他文字编辑。

8. 完善

进一步完善和修改与图 5-3(a)的不同之处,最终得到如图 5-3(a)所示的标准层楼梯平面详图。

其他层楼梯平面详图都可仿照上述方法和步骤进行绘制。也可复制已有的"标准层楼梯平面详图",并在复制图形文件的基础上进行修改,得到相应的其他层楼梯平面详图。所有楼梯平面详图完成后,即可存盘退出 AutoCAD 绘图界面。

二、利用已绘建筑平面施工图绘制

复制该住宅标准层建筑平面施工图,并进行适当修剪后,运用"旋转"命令,使之旋转 90°,成为图 5-3(a)中所示的图形文件。

任务 3　绘制建筑楼梯剖面详图

绘制如图 5-5 所示的某住宅建筑楼梯剖面详图(比例 1∶50)。

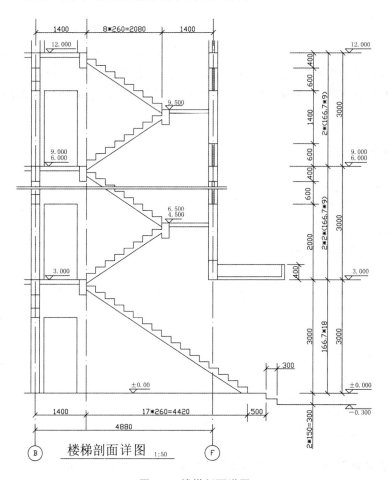

图 5-5　楼梯剖面详图

一、原图绘制

1. 建立图形文件

打开"项目2/子项2.3/任务2"建立的"A3模板.dwg",另存为"住宅楼梯详图.dwg"图形文件。或者直接打开"项目5/子项5.1/任务2"中建立的"住宅楼梯详图.dwg"图形文件。

2. 设定图层

在原有图层的基础上,按表3-1所示设定新图层。若在"住宅楼梯详图.dwg"图形文件中进行绘制,可使用原有图层。

3. 设置状态栏

设置"对象捕捉"功能。

(1) 选中"对象捕捉"模式中的"端点(E) ☑端点(E)"、"中点(M) ☑中点(M)"、"垂足(P) ☑垂足(P)"、"最近点(R) ☑最近点(R)"复选框。

(2) 启用状态栏中的"正交"功能、"对象捕捉"功能。

4. 确定临时绘图比例

由图5-5可知,所要绘制的详图比例为1∶50,考虑到绘制过程中计算绘制尺寸的方便,先设定临时绘图比例为1∶100。

5. 绘制地平线

绘制如图5-6(a)所示的地平线。图层选择"地平线"层,命令选择"直线"命令。

6. 绘制一层剖面图(忽略楼梯梯段及休息平台)

绘制如图5-6(b)所示的一层剖面图。绘制方法与步骤参照"项目4/子项4.2/任务1/5.绘制一层剖面图"中的相关内容。

7. 绘制四层剖面图

绘制如图5-6(c)所示的四层剖面图。其具体绘制方法与步骤如下所述。

(1) 忽略梯段及休息平台,绘制二至四层剖面图。

绘制方法与步骤同"项目4/子项4.1/任务1"中的相关内容。删除多余部分的图形文件,并参照"项目4/子项4.2/任务1"中的相关内容的绘制方法,对F轴入口处进行处理,得到如

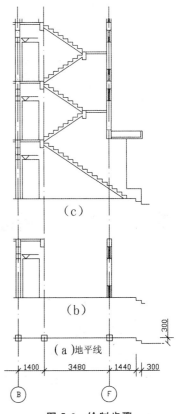

图5-6 绘制步骤

图 5-6(c)所示的图形文件。

(2) 绘制梯段及休息平台　如图 5-6(c)所示,其绘制方法与步骤同"项目 4/子项 4.2/任务 1"中的相关内容。

8. 绘制水平剖切投影线,修改绘图比例

运用"直线""修剪"等命令在二层第二跑梯段处绘制楼梯详图水平剖切面,并运用"缩放"命令放大所绘图形文件,缩放比例为"2"。最终得到如图 5-5 所示的楼梯详图图形文件,此时的绘图比例为 1∶50。

9. 标注尺寸

尺寸标注同平面图中的纵向尺寸标注。其中,应进行 1∶50 的标注样式的设定。其不同于 1∶100 标注样式的地方是:在"新建标注样式"对话框的"主单位"选项卡中的"测量单位比例"选项组中的"比例因子(E)"增量框中应输入"50"。

10. 文本编辑

进行标高、图名及其他文字编辑。

11. 完善

进一步完善和修改与图 5-5 不同之处,最终得到如图 5-5 所示的楼梯剖面详图。存盘退出 AutoCAD 绘图界面。

二、利用已绘建筑剖面施工图绘制

复制该住宅"2—2 剖面图",如图 4-10 所示。运用拉伸命令使二层及三层两层叠合成一层,根据图 5-6(c),删除图形文件中多余的部分。

子项 5.2　墙体详图的绘制

【子项目标】
能够绘制如图 5-7 所示的某住宅楼墙体详图(比例为 1∶20)。
【能力目标】
具备绘制某住宅楼墙体详图的能力。

项目5
建筑详图的绘制

任务 1 原图绘制

1. 建立图形文件

打开"项目2/子项2.3/任务2"中建立的"A3模板.dwg",另存为"住宅楼墙体详图.dwg"图形文件。

2. 设定图层

在原有图层的基础上,按表3-1所示设定新图层。

3. 设置状态栏

设置"对象捕捉"功能。

(1) 选中"对象捕捉"模式中的"端点(E) ☑端点(E)"、"中点(M) ☑中点(M)"、"垂足(P) ☑垂足(P)"、"最近点(R) ☑最近点(R)"复选框。

(2) 启用状态栏中的"正交"功能、"对象捕捉"功能。

4. 绘制墙体、圈梁、楼板的主体部分

绘制过程如图5-7(c)、图5-7(d)所示,具体方法和步骤如下。

1) 绘制轴线

图层选择"中心线"层,特性为"ByLayer",命令选择"直线"命令。

2) 绘制圈梁、砖墙垂直投影线

图层选择"中粗投影线"图层;命令选择"多线"命令;设置对正为"无",比例为"12",样式为"墙线-随层",其中绘图比例为"240 mm/20 mm(绘图比例为1∶20)"。

其中,"墙线-随层"多线样式设置如下:样式名为"粗墙线";偏移为"0.5";颜色为"ByLayer";线型为"ByLayer";将其置为当前层。设置结果如图5-8所示。

3) 绘制楼板、圈梁、墙体水平投影线

(1) 绘制楼板水平投影线。

图层选择"中粗投影线层",特性为"ByLayer";命令选择"多线"命令;设置对正为"上",比例为"6",样式为"墙线-随层"。其中,比例为6(=120 mm/20 mm),绘图比例为1∶20,起点为图5-7(c)中的端点。

(2) 绘制圈梁、墙体水平投影线。

图层选择"中粗投影线"层,特性为"ByLayer";命令选择"直线"命令。

4) 整理

运用"直线"命令在"辅助线"层绘制剖切线符号图形文件(根据需要选择"正交"功能),运用

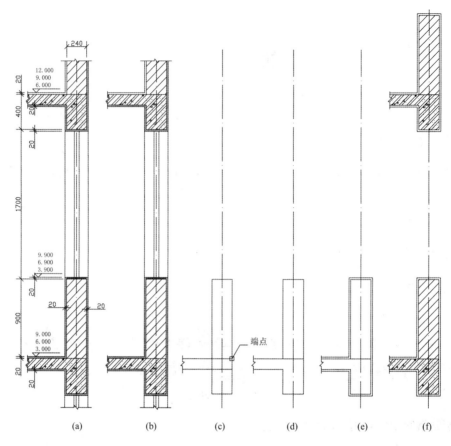

图 5-7 绘制立体部分(一)

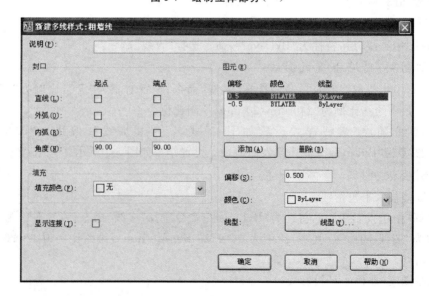

图 5-8 "粗墙线"对话框

"修剪"命令修剪掉楼板、圈梁中不需要的投影线。图 5-7(c)经修剪成为如图 5-7(d)所示的图形文件。

5. 绘制装饰层投影线

绘制装饰层投影线如图 5-7(e)所示,其具体操作如下所述。

(1) 运用"偏移"命令,绘制装饰层。偏移对象为上述所绘图形文件的外框线,偏移距离设置为 20 mm(输入1)。

(2) 运用"圆角"命令使所绘装饰层投影线在转角处垂直相交。

(3) 运用"特性匹配"命令将在"粗投影线"层的装饰层投影线修改为在"细投影线"层。

6. 填充材料图案、完善图形文件

(1) 在"辅助线"层运用"图案填充"命令按"建筑制图"的图例要求,填充图 5-7(e)中所示材料的图案。

(2) 运用"阵列"命令绘制上一层墙体等图形文件,如图 5-7(f)所示。

(3) 运用"直线"命令、"复制"命令等在"细投影线"层绘制窗框、窗扇垂直投影线。依据图 5-7(a)所示,修剪掉不需要的图形文件,补充上所需的图形文件,得到图 5-7(b)。

7. 标注尺寸和编辑标高

标注尺寸和编辑标高如图 5-7(a)所示。

8. 完善

进一步完善和修改与图 5-7(a)不同之处,最终得到如图 5-7(a)所示的墙体详图。存盘后退出 AutoCAD 绘图界面。

任务 2 利用已有图形绘制

1. 建立图形文件

打开"项目 2/子项 2.3/任务 2"建立的"A3 模板.dwg",另存为"住宅楼墙体详图.dwg"图形文件。

2. 设定图层

在原有图层的基础上,按表 3-1 所示设定新图层。

3. 设置状态栏

设置"对象捕捉"功能。

(1) 选中"对象捕捉"模式中的"端点(E) ☑端点(E)"、"中点(M) ☑中点(M)"、

"垂足(P) ⊥ ☑垂足(P)"、"最近点(R) ⋈ ☑最近点(R)"复选框。

(2) 启用状态栏中的"正交"功能、"对象捕捉"功能。

4. 运用已有剖面图

1) 绘制 E 轴线中部分墙体图形(比例为 1∶100)

复制该住宅楼 1—1 剖面图,并利用"删除""直线""修剪"等命令对原图进行修改,保留如图 5-9(a)所示的 E 轴线墙体的部分图形文件。运用"直线"命令在"辅助线"层绘制剖切线符号图形文件(根据需要选择"正交"功能)。

2) 修改图 5-9(a)所示的图形文件

(1) 修改比例。选择"收缩"命令,比例因子设置为"5"。得到如图 5-9(b)所示的 1∶20 图形文件。

(2) 绘制装饰线。选择"偏移"命令,偏移距离设置为 20 mm(输入 1),如图 5-9(c)所示。

(3) 删除原有窗框垂直投影线、延伸窗框装饰线,如图 5-9(d)所示。

(4) 完善装饰线。运用"修剪""延伸"等命令删除多余装饰线、补上所缺装饰线。再运用"特性匹配"命令将"粗投影线"层的装饰层投影线修改为"细投影线"层,如图 5-9(e)所示。

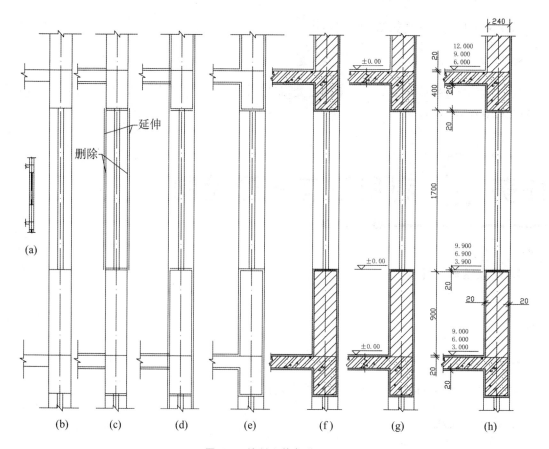

图 5-9　绘制立体部分(二)

5. 填充材料图案

如图 5-9(f)所示。

6. 插入标高图块

如图 5-9(g)所示。

7. 标注尺寸、编辑标高

如图 5-9(h)所示。

8. 完善

进一步完善图 5-9(g),修改其与图 5-7(a)的不同之处,最终得到如图 5-7(a)所示的墙体详图。存盘后退出 AutoCAD 绘图界面。

(1)绘制某住宅楼建筑详图(详见附录 A)。
(2)绘制某宿舍楼建筑详图(详见附录 B)。
(3)绘制某综合楼建筑详图(详见附录 C)。

项目 6

建筑施工说明、图纸目录等的编制

学习目标

☆ **项目目标**

能够编制某住宅施工说明、图纸目录、门窗表等文本文件(详见附录 A)。

☆ **能力目标**

具备编制建筑施工说明、图纸目录、门窗表等文本文件的能力。

☆ **CAD 知识点**

(1) 绘图命令:直线(LINE)、多线(MULTILINE)、圆(CIRCLE)、圆弧(ARC)、矩形(RECTANG)、椭圆(ELLIPSE)、图案填充(BHATCH)、渐变色(GRADIENT)、多段线(PLINE)、正多边形(POLYGON)、创建块(MAKE BLOCK)、插入块(INSERT BLOCK)、属性块(WBLOCK)、多行文字(MTEXT)、表格(TABLE)。

(2) 修改命令:删除(ERASE)、修剪(TRIM)、移动(MOVE)、复制(COPY)、镜像(MIRROR)、分解(EXPLODE)、延伸(EXTEND)、拉伸(STRETCH)、圆角(FILLET)、倒角(CHAMFER)、旋转(ROTATE)、偏移(OFFSET)、缩放(SCALE)、打断(BREAK)。

(3) 标准:视窗缩放(ZOOM)与视窗平移(PAN)、对象特性(PROPERTIES)、特性匹配(MATCHPROP)。

(4) 工具栏:特性、查询(INQUIRY)、图层(LAYER)、标注、样式。

(5) 菜单栏:工具(选项(OPTIONS)-显示)、格式(图形界线(LIMITS))、格式(文字样式(STYLE))、绘图(单行文本(DTEXT))、标注样式(DIMSTYLE))。

(6) 状态栏:正交(ORTHO)、草图设置(DSETTINGS)(包括捕捉与栅格、对象捕捉及追踪、极轴追踪、动态输入等的设置及其设置的开关)。

(7) 窗口输入命令:编辑多段线(PEDIT)。

项目 6
建筑施工说明图纸目录等的编制

 建筑施工说明的编制

【子项目标】
能够编制某住宅楼建筑施工说明(详见附录 A)。
【能力目标】
具备编制某住宅楼建筑施工说明的能力。

施工说明的编制一般常采用如下两种方法。

1. 在 Word 文档中编写

先在 Word 文档中编写完成施工说明,再复制文档中的所有内容,然后在 AutoCAD 界面中,选择"粘贴"命令,即可将施工说明复制到 AutoCAD 中的图形文件里。

在 AutoCAD 中粘贴施工说明时,可采用以下两种方式。

(1) 直接在 AutoCAD 界面中右击,在弹出的快捷菜单中选择"粘贴"命令。然后在命令行"指定插入点:"的提示下,单击绘图界面,弹出图 6-1 所示的"OLE 文字大小"对话框,在此对话框中可对所粘贴的文字进行编辑。单击"确定"按钮,将在 AutoCAD 界面上出现图 6-2 所示的文本形式。对文本进行修改时,可双击图 6-2 所示的文本,即可在 Word 界面中对文本进行编辑、修改。

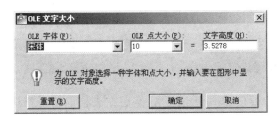

图 6-1 "OLE 文字大小"对话框

(2) 在 AutoCAD 界面上先打开"文字格式"编辑框,在此对话框中粘贴文本。在进行文本修改时,其方法与多行文字的修改相同。

图 6-2 粘贴文字后的文本形式

2. 在"文字格式"编辑框中编写

在 AutoCAD 绘图界面中,直接选择"多行文字"命令,打开"文字格式"编辑框,在此编辑框

中编辑建筑施工说明。

子项 6.2 建筑施工图图纸目录的编制

【子项目标】
能够编制如图 6-13 所示的某住宅楼图纸目录。
【能力目标】
具备编制某住宅楼图纸目录的能力。
【CAD 知识点】
绘图命令：表格（TABLE）。

一、基本知识

在 AutoCAD 中，标题栏、图纸目录、门窗明细表等内容的编制都属于表格的运用，表格是在行和列中包含数据的对象。可以使用空表格或表格样式创建表格对象；还可以将 Microsoft Excel 电子表格中的数据链接到表格中，从而可以直接使用 AutoCAD 中的表格进行一些简单的统计分析。表格创建完成后，用户可以单击该表格上的任意网格线来选中该表格，然后通过使用"特性"选项板来修改该表格。

二、创建表格样式

创建表格对象时，首先要创建一个空表格，然后在表格的单元格中添加内容，而在创建空表格之前首先要进行表格样式的设置。

1. "表格样式"对话框

表格样式控制着表格的外观和功能，在"表格样式"对话框中可以定义不同的表格样式并命名。

1) 启动命令

打开"表格样式"对话框可使用如下两种方法。

(1) 选择"格式(O)"→"表格样式(B)…"命令。

(2) 在命令窗口的"命令："后输入"TABLESTYLE"（简捷命令 TS），再按回车键。

2) "表格样式"对话框

"表格样式"对话框如图 6-3 所示，对话框中相关选项的功能介绍如下。

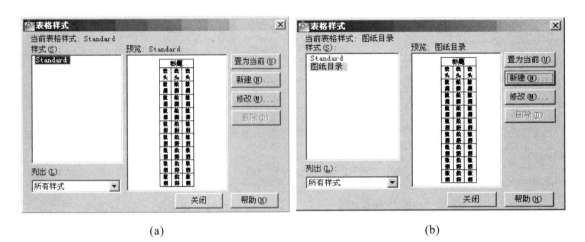

(a)   (b)

图 6-3 "表格样式"对话框

(1)"样式(S)"列表框：用于显示表格样式的名称。

(2)"列出(L)"下拉列表框：用于控制在当前图形文件中，是否全部显示所有格式样式。若选择"所有样式"，则在"样式(S)"列表框中将显示所有表格样式的名称；若选择"正在使用样式"，则在"样式(S)"列表框中将显示当前正在使用的表格样式的名称。

(3)"预览"图像框：用于显示当前表格样式。

(4)"置为当前(U)"按钮：用于将选定的表格样式设置为当前表格样式。如图 6-3(a)所示，当前使用的样式为"Standard"样式。

(5)"新建(N)…"按钮：用于创建新的表格样式。

(6)"修改(M)…"按钮：用于修改已有的尺寸标注样式。

(7)"删除(D)"按钮：用于删除选中的表格样式。

3)"创建新的表格样式"对话框

在图 6-3(a)所示的对话框中单击"新建(N)…"按钮，会弹出"创建新的表格样式"对话框，如图 6-4 所示，对话框中相关选项的功能如下。

(1)"新样式名(N)"文本框：用于设置新建的表格样式名称，如输入"图纸目录"，如图 6-4 所示。

(2)"基础样式(S)"下拉列表框：用于在此下拉列表框中选择一种已有的表格样式，新的表格样式将继承此表格样式的所有特点。用户可以在此表格样式的基础上，修改不符合要求的部分，从而提高工作效率。

2. "新建表格样式"对话框

在"创建新的表格样式"对话框中单击"继续"按钮，将弹出新建表格样式对话框，如图 6-5 所示。用户可利用该对话框为新创建的表格样式设置各种所需的相关特征参数。在进行各个参数的确定时，对话框中的左下侧的表格样式预览和右下侧表格单元样式预览中会显示出相应的变化，应特别注意观察以便确定所作定义或者修改是否合适。"单元样式"选项组中的单元样式名称下拉列表框中会显示单元样式名，AutoCAD 中提供了三个默认的选项，即"标题""表头"和"数据"。每个选项对应有"常规""文字""边框"三个选项卡，其具体设置方法如下。

图 6-4 "创建新的表格样式"对话框

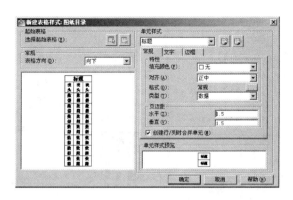

图 6-5 新建表格样式对话框(一)

1)"标题"选项

(1)"常规"选项卡 用于设置表格中"标题"单元格式的特性。"图纸目录"表格样式的"常规"选项卡的设置如图 6-5 所示。

(2)"文字"选项卡 用于设置表格中"标题"单元内文本的特性。"图纸目录"表格样式的"文字"选项卡的设置如图 6-6 所示。

(3)"边框"选项卡 用于设置表格中"标题"单元边框的特性。"图纸目录"表格样式的"边框"选项卡的设置如图 6-7 中所示。

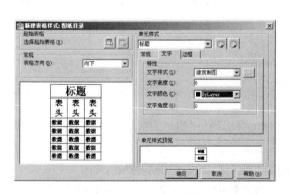

图 6-6 新建表格样式对话框(二)

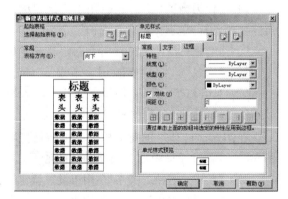

图 6-7 新建表格样式对话框(三)

2)"表头"选项

(1)"常规"选项卡 用于设置表格中"表头"单元格式的特性。"图纸目录"表格样式在设置时不选中"创建行/列时合并单元(M)"复选框,其他选项设置如图 6-5 所示。

(2)"文字"选项卡 用于设置表格中"表头"单元内文本的特性。"图纸目录"表格样式在设置时"文字高度(I)"设置为"6",其他选项设置如图 6-6 所示。

(3)"边框"选项卡 用于设置表格中"表头"单元边框的特性。"图纸目录"表格样式在设置时不选中"双线(U)"复选框,其他选项设置如图 6-7 所示。

3)"数据"选项

(1)"常规"选项卡 用于设置表格中"数据"单元格式的特性。"图纸目录"表格样式设置时,"对齐(A)"下拉列表框中选择"左中","创建行/列时合并单元(M)"复选框不选,其他选项设置如图 6-5 所示。

(2)"文字"选项卡　用于设置表格中"数据"单元内文本的特性。"图纸目录"表格样式在设置时"文字高度(I)"设置为"3.5",其他选项设置如图 6-6 所示。

(3)"边框"选项卡　用于设置表格中"数据"单元边框的特性。"图纸目录"表格样式在设置时不选中"双线(U)"复选框,其他选项设置如图 6-7 所示。

3. 将"图纸目录"表格样式置为当前层

在"新建表格样式:图纸目录"对话框中完成了上述操作后,单击"确定"按钮,则回到如图6-3(b)所示的"表格样式"对话框,比较图 6-3(a)与图 6-3(b)可以发现,图 6-3(b)中的"样式(S)"列表框中较图6-3(a)中多了"图纸目录"表格样式。在图 6-3(b)的"样式(S)"列表框中选中"图纸目录"表格样式,单击"置为当前(U)"按钮,再单击"关闭"按钮,结束创建表格样式操作,回到绘图界面。此时,在"格式"工具栏的"表格样式"下拉列表框中将显示"图纸目录"表格样式,如图 6-8 所示。

图 6-8 "图纸目录"表格样式

三、创建表格(Table)

1) 启动命令

启动"表格"命令,可采用如下三种方法。

(1)选择"绘图(D)"→"表格(T)…"命令。

(2)单击"绘图"工具栏中的"表格"按钮　。

(3)在命令窗口的"命令:"后输入"TABLE"(简捷命令 TB),再按回车键。

2) "插入表格"对话框操作

启动"表格"命令后,将弹出如图 6-9 所示的"插入表格"对话框。下面针对如图 6-13 所示的某住宅楼图纸目录表格的创建,介绍具体的参数设置方法。

"插入表格"对话框中各选项的功能介绍如下。

(1)"表格样式"下拉列表框:用于选择表格样式,此处选择"图纸目录"样式。

(2)"插入选项"选项组:用于选择插入表格的形式,此处选中"从空表格开始(S)"单选框。

(3)"预览"图像框:用于显示当前表格组成。

(4)"插入方式"选项组:用于选择表格插入绘图界面的方式,此处选中"指定插入点(I)"单选框。

(5)"列和行设置"选项组:用于确定表格的数据行数、列数、列宽及行高等相关参数,此处根据图 6-13 所示的某住宅楼图纸目录输入如图 6-9 所示的参数。

(6)"设置单元样式"选项组:用于确定表格的单元样式组成,此处按图 6-9 所示进行选择。

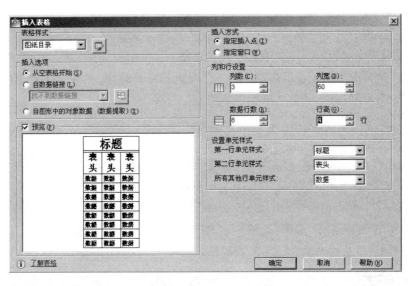

图 6-9 "插入表格"对话框

3）表格的形成

上述操作完成后，单击"确定"按钮，关闭"插入表格"对话框，回到绘图界面。根据命令行"指定插入点："的提示，在绘图区的合适位置选择一点，此时绘图区出现如图 6-10(a)所示的表格及"文字格式"编辑框。在该编辑框下，编辑图 6-10(a)表格中的文字，得到如图 6-10(b)所示的表格。按键盘中的上下键可进行表格中单元格的切换，也可直接双击所要编辑文字的单元格完成单元格的切换。

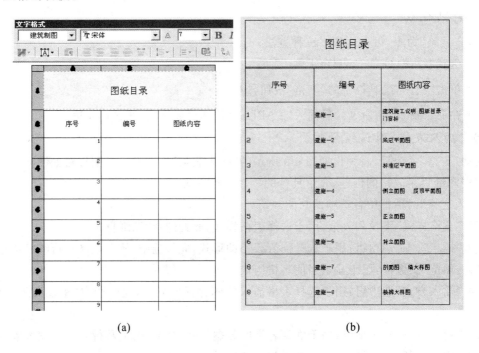

图 6-10 形成表格

四、编辑表格

可利用"特性"对话框对表格进行修改编辑,具体操作如下。

(1) 单击鼠标左键并拖曳鼠标,选择多个单元格。例如,把图 6-10(b)表格中"序号"的下一列全部选中。再单击鼠标右键,弹出如图 6-11(a)所示的快捷特性菜单,在该菜单中有"对齐""边框…""行""列""合并"等编辑命令,如果选择单个单元格,菜单中还会包括"公式"等选项,可直接选择某一编辑命令对所选单元进行编辑。

(2) 选择"特性"菜单项,弹出如图 6-11(b)所示的"特性"对话框,在该对话框中将单元宽度改为"20",单元高度改为"15",得到图 6-12。

(a)

(b)

图 6-11 编辑表格

(3) 使用"特性"命令,继续对图 6-12 所示的图纸目录进行编辑,最后得到如图 6-13 所示的某住宅楼图纸目录。

序号	编号	图纸内容
		图纸目录
1	建施-1	建筑施工说明 图纸目录 门窗标
2	建施-2	底层平面图
3	建施-3	标准层平面图
4	建施-4	侧立面图 屋顶平面图
5	建施-5	正立面图
6	建施-6	背立面图
8	建施-7	剖面图 墙大样图
8	建施-8	楼梯大样图

图 6-12 图纸目录示例

序号	编号	图纸内容
		图纸目录
1	建施-1	建筑施工说明 图纸目录 门窗表 屋顶平面图
2	建施-2	底层平面图
3	建施-3	标准层平面图
4	建施-4	1～13轴立面图（正立面）
5	建施-5	13～1轴立面图（背里面）
6	建施-6	1—1剖面图 楼梯剖面大样图
8	建施-7	2—2剖面图 墙大样图
8	建施-8	楼梯平面大样图

图 6-13 某住宅楼图纸目录

(1) 编制某住宅楼施工说明等文本、图表文件（详见附录 A）。
(2) 编制某宿舍楼施工说明等文本、图表文件（详见附录 B）。
(3) 编制某综合楼施工说明等文本、图表文件（详见附录 C）。

项目 7

图形输出

学习目标

☆ 项目目标

能够打印某住宅楼建筑施工图(详见附录 A)。

☆ 能力目标

具备打印建筑施工图的能力。

子项 7.1 配置打印机

【子项目标】
能够为计算机配置打印机。

任务 1 认识打印机

AutoCAD 提供了一体化的图形打印输出功能,能够帮助我们定制图形的打印样式,并非常直观方便地打印输出图形。本任务将详细介绍如何为 AutoCAD 配置一台打印机,打印样式的概念及如何添加、编辑打印样式,如何为图形对象(如上述已绘制的某住宅楼建筑施工图)指定打印样式等。

在打印输出图形文件之前,需要根据打印使用的打印机型号,在 AutoCAD 中配置打印机。AutoCAD 提供了许多常用的打印机驱动程序,配置打印机需要用到"打印机管理器"。

一、启动"打印机管理器"

可通过下述两种方法启动"打印机管理器"。
(1)选择"文件(F)"→"打印机管理器(M)…"命令。
(2)在命令行的"命令:"后输入"PLOTTER MANAGER",再按回车键。
启动打印机管理器后,弹出"Plotters"窗口,如图 7-1 所示。

图 7-1 启动打印机管理器

项目7
图形输出

二、配置打印输出设备

在"Plotters"窗口中,可根据具体的情况进行输出设备的配置,具体的步骤如下。

(1)在"Plotters"窗口的列表中双击"添加绘图仪向导"选项,弹出"添加打印机-简介"对话框,如图 7-2 所示。

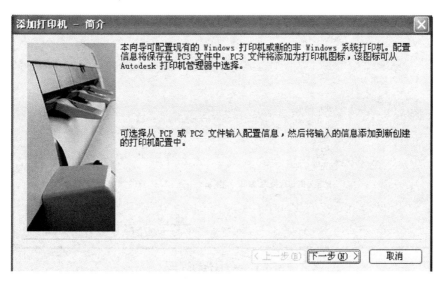

图 7-2 添加打印机(一)

(2)单击"下一步(N)"按钮,进入"添加打印机-开始"对话框,如图 7-3 所示。在该对话框的右半部分,有 3 个单选框,其具体功能分别如下。

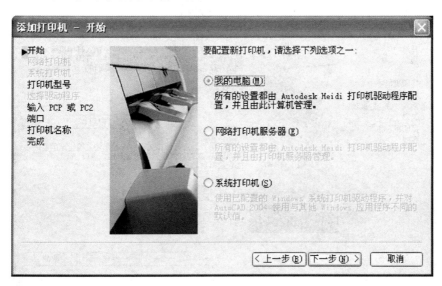

图 7-3 添加打印机(二)

①"我的电脑(M)":表示出图设备为打印机,并且直接连接于当前计算机上。

②"网络打印机服务器(E)":表示出图设备为网络打印机。

③"系统打印机(S)":表示使用 Windows 系统打印机。

(3) 下面以 HP7580 打印机为例进行介绍。选中"我的电脑"单选框,单击"下一步(N)"按钮,弹出"添加打印机-打印机型号"对话框,在该对话框中的"生产商(M)"列表框中选择"HP"选项,在"型号(O)"列表框中选择"7580B"选项,表示将添加 HP7580 打印机,如图 7-4 所示。

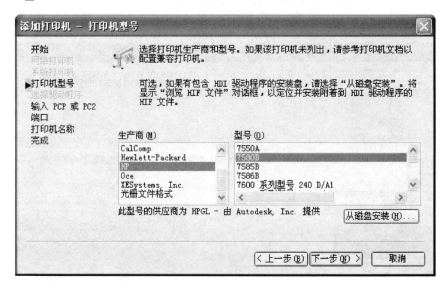

图 7-4 添加打印机(三)

(4) 单击"下一步(N)"按钮,弹出"添加打印机-输入 PCP 或 PC2"对话框,如图 7-5 所示,表示将从旧版本的 AutoCAD 打印配置文件中输入打印机配置信息。安装打印机时如没有所要添加的型号,可单击如图 7-4 所示对话框中的"从磁盘安装(H)…"按钮来安装驱动程序。

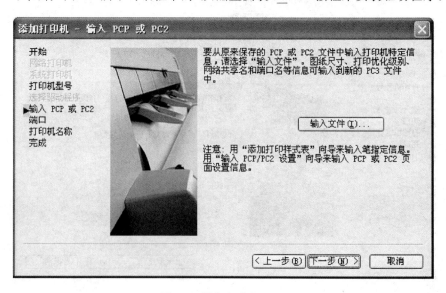

图 7-5 添加打印机(四)

(5) 单击"下一步(N)"按钮,弹出"添加打印机-端口"对话框,如图 7-6 所示。在该对话框中选择"打印到端口(P)"单选框,并在"端口"列表中选择"COM4"选项,表示图形将直接打印到 COM4 端口上。

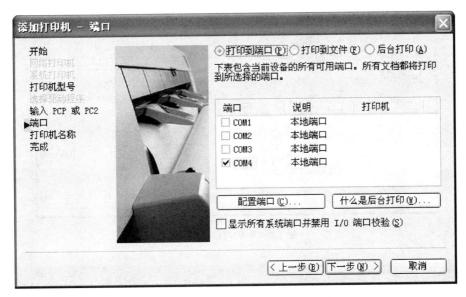

图 7-6　添加打印机(五)

(6)单击"下一步(N)"按钮,弹出"添加打印机-打印机名称"对话框,AutoCAD 自动将打印机的名称设置为"7580B",如图 7-7 所示。

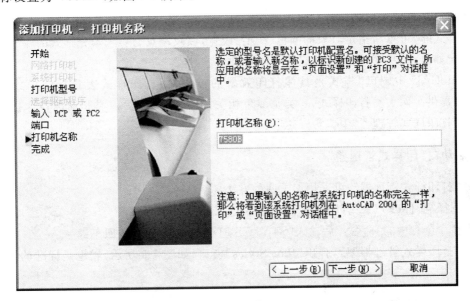

图 7-7　添加打印机(六)

(7)单击"下一步(N)"按钮,进入"添加打印机-完成"对话框,如图 7-8 所示。可以在该对话框中进行编辑打印机配置和校准打印机操作。设置完毕后,单击"完成"按钮,即可结束本次打印机驱动程序的安装。

经过上面的操作,AutoCAD 添加了一个新的打印机型号,可利用这个打印机绘制工程图。

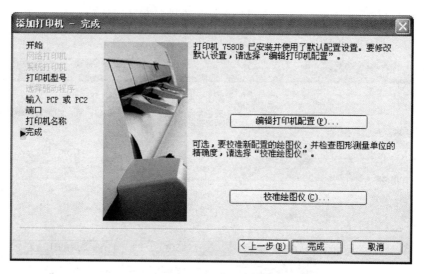

图 7-8 完成打印机添加

三、打印样式

AutoCAD 提供了控制打印外观的方法——打印样式。打印样式是一种对象特性,通过对不同对象指定不同的打印样式,从而得到不同的打印效果。

每个图形对象和图层都具有打印样式特性,打印样式是在打印样式表中确定的。在设置对象的打印样式时,可重新指定对象的颜色、线型、线宽,以及端点、角点、填充样式的输出效果,同时还可指定如抖动、灰度、笔号及浅显等打印效果。

在 AutoCAD 中,打印样式是具体打印效果的控制,而打印样式表是打印样式的集合。AutoCAD 提供了两大类打印样式,一类是颜色相关的打印样式,另一类是命名打印样式,它们都保存在"打印样式管理器"中。

1. 启动"打印样式管理器"

启动"打印样式管理器",可采用如下两种方法。

(1) 选择"文件(F)"→"打印样式管理器(Y)…"命令。

(2) 在命令行中的"命令:"后输入"STYLES MANAGER",再按回车键。

启动"打印样式管理器"后,弹出"Plot Styles"窗口,如图 7-9 所示,它也是标准的 Windows 浏览器窗口。

2. 颜色相关打印样式

使用颜色相关打印样式打印时,是通过对象的颜色来控制打印机的笔号、笔宽及线型设定的。在 AutoCAD 的旧版本中,采用的就是这种打印样式。与颜色相关的打印样式存储在以".ctb"为后缀的颜色打印样式表中。图 7-10 所示的是"打印样式表编辑器-acad.ctb"对话框中"表视图"选项卡的相关参数的设置。

项目7
图形输出

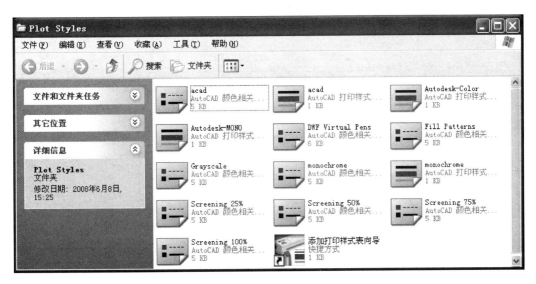

图 7-9 设置打印样式

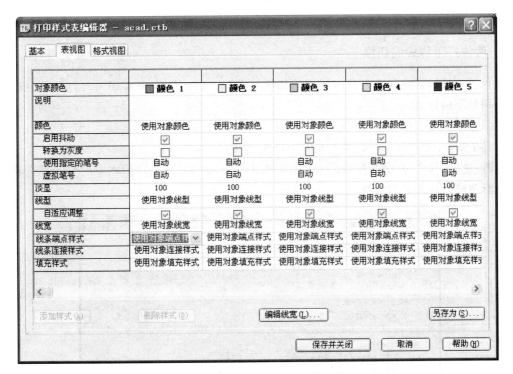

图 7-10 设置颜色打印样式

3. 命名打印样式

命名打印样式可独立于对象的颜色之外，可以将命名打印样式指定给任何图层和单个对象，而不需考虑图层及对象的颜色。命名打印样式是在以".stb"为后缀的命名打印样式表中定义的，图 7-11 所示的为"打印样式表编辑器-acad.stb"对话框中"表视图"选项卡中相关参数的设置。

图 7-11 设置命名打印样式

4. 两种打印样式的切换

颜色相关打印样式和命名打印样式的切换是在"选项"对话框中实现的。打开"选项"对话框可采用如下两种方法。

(1) 选择"工具(T)"→"选项(O)..."命令。

(2) 在命令行中"命令:"后输入 OPTIONS,再按回车键。

执行"选项"命令后,弹出"选项"对话框,如图 7-12 所示。在此对话框中的"打印"选项卡中即可进行两种打印方式的切换。

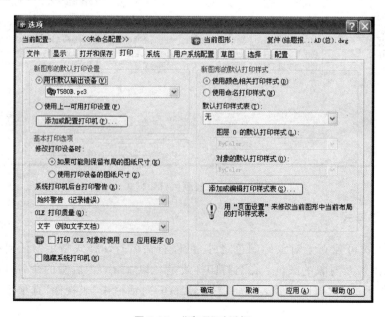

图 7-12 "选项"对话框

任务 2 创建打印样式

AutoCAD 提供了"打印样式管理器"命令。利用该命令，用户可以很方便地对打印样式进行编辑和管理，也可以创建新的打印样式。启动"打印样式管理器"后，弹出"Plot Styles"窗口，如图 7-9 所示。双击"添加打印样式表向导"图标，用户即可创建新的打印样式，具体操作步骤如下。

（1）在图 7-9 所示的"Plot Styles"窗口中，双击"添加打印样式表向导"图标，弹出"添加打印样式表"对话框，如图 7-13 所示。

（2）在"添加打印样式表"对话框中，单击"下一步(N)"按钮，进入"添加打印样式表-开始"对话框，选择"创建新打印样式表(S)"单选框，表示将创建一个新的打印样式表，如图 7-14 所示。

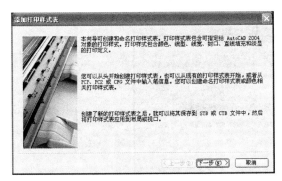
图 7-13 创建打印样式（一）

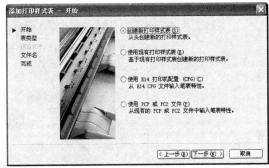
图 7-14 创建打印样式（二）

（3）在"添加打印样式表-开始"对话框中，单击"下一步(N)"按钮，进入"添加打印样式表-选择打印样式表"对话框。在该对话框中选中"命名打印样式表(M)"单选框，表示将创建一个命名打印样式表，如图 7-15 所示。

图 7-15 创建打印样式（三）

（4）单击如图 7-15 所示对话框中的"下一步(N)"按钮，进入"添加打印样式表-文件名"对话框,如图7-16所示。在"文件名(F)"文本框中输入打印样式文件的名称"某住宅建筑施工图",然后单击"下一步(N)"按钮,此时弹出如图7-17所示的"添加打印样式表-完成"对话框。

图 7-16　创建打印样式(四)

(5) 单击图7-17所示对话框中的"完成(F)"按钮,其操作结果是在"Plot Styles"中新增了文件名为"某住宅建筑施工图"的打印样式文件。

图 7-17　创建打印样式(五)

任务 3　为图形对象指定打印样式

定义好打印样式后,我们需要把打印样式指定给图形对象,并作为图形对象的打印特性,使AutoCAD按照定义好的打印样式来打印图形。

一、设置打印样式

(1) 打开如图7-18所示的"选项"对话框,在对话框的右侧选项"使用命名打印样式(N)"单选框,并在"默认打印样式表(T)"下拉列表框中选择"某住宅建筑施工图.stb",表示将使用"某住宅建筑施工图"命名打印样式表作为 AutoCAD 默认的打印样式表。

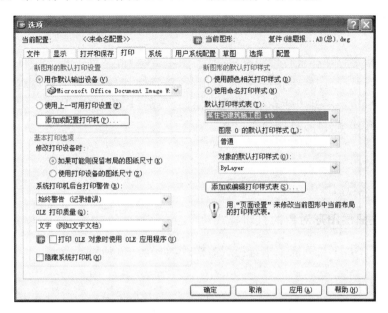

图 7-18 设置打印样式(一)

(2) 单击"确定"按钮,关闭"选项"对话框。

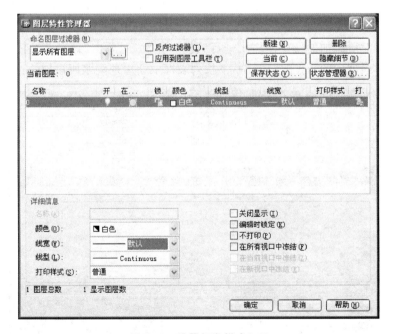

图 7-19 设置打印样式(二)

但是,设定的打印样式并没有在当前的 AutoCAD 环境中生效,必须关闭当前图形并重新打开后,才能使用"某住宅建筑施工图"打印样式表。

关闭当前图形并重新打开"图层特性管理器"对话框后,我们注意到"打印样式(S)"下拉列表框由原来的暗显变成亮显,如图 7-19 所示,此时表示设定的打印样式已经在当前图形中生效,即可以使用该打印样式了。

二、指定打印样式

为图形对象指定打印样式特性与指定颜色、图层、线型等特性一样,可使用"图层特性管理器"对话框为图形指定打印样式特性,也可使用"图层特性管理器"对话框为对象指定打印样式的特性。为所有层指定了打印样式后,当通过绘图仪或打印机打印图形时,所有层上的对象将按照定义的打印样式来打印,具体操作如下。

1. 选定图层

如图 7-19 所示,选择"0"图层。

2. 选定所在图层图形对象的打印样式

在"打印样式(S)"下拉列表框中选择所需样式,如图 7-20 所示。

3. 添加打印样式

如果在图 7-20 所示的"打印样式(S)"下拉列表框中没有合适的打印样式,可选择"其他…"选项,此时,弹出"选择打印样式"对话框,如图 7-21 所示。在"活动打印样式表"下拉列表框中选择"某住宅建筑施工图.stb",然后单击"编辑器(E)…"按钮,弹出"打印样式编辑器-某住宅建筑施工图.stb"对话框,如图 7-22 所示。在"表视图"选项卡中单击"添加样式(A)"按钮,即可添加所需打印样式,并对所添加的新打印样式进行编辑。完成后,单击"保存并关闭"按钮,此时"图层特性管理器"对话框中的"打印样式(S)"下拉列表框中会出现刚刚所添加的打印样式名。

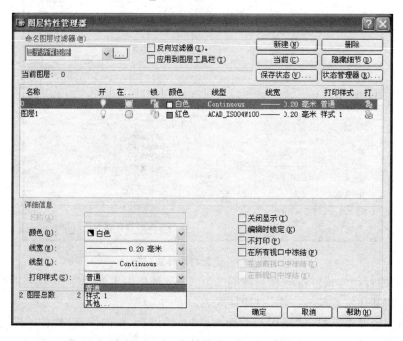

图 7-20 "图层特性管理器"对话框

图 7-21 "选择打印样式"对话框

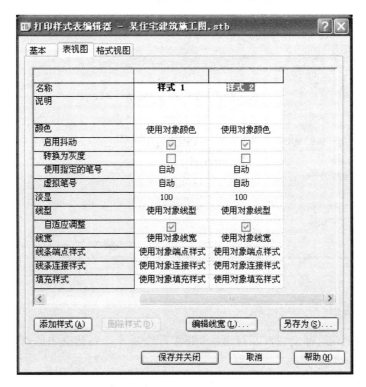

图 7-22 "打印样式表编辑器-某住宅建筑施工图.stb"对话框

子项 7.2 打印图形文件

在前面的介绍中,我们已经配置了打印机,添加了新的打印样式,并为图形对象指定了打印样式,下面就可以使用"打印"命令打印图形了。

1. 启动命令

启动"打印"命令,可使用下列三种方法。
(1) 选择"文件(F)"→"打印(P)…"命令。
(2) 在"标准"工具栏上单击"打印"按钮 。
(3) 在命令行中"命令:"后输入"PLOT",再按回车键。

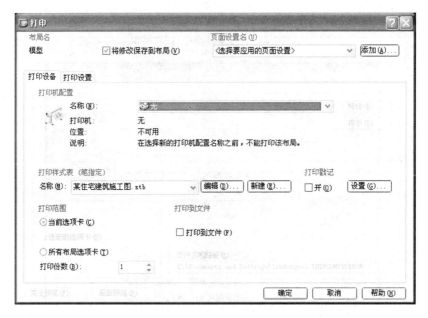

图 7-23 "打印"对话框(一)

2. "打印"对话框

启动"打印"命令后,弹出"打印"对话框,如图 7-23 所示。对话框中的两个选项卡含义如下。
1)"打印设备"选项卡
"打印设备"选项卡如图 7-23 所示,其主要选项介绍如下。
(1) "打印机配置"选项组:包括全部与打印机设备相关的选项。
(2) "打印样式表(笔指定)"选项组:用于确定新建打印样式文件的名称及类型。

(3)"打印范围"选项组:用于确定出图范围及打印份数。
(4)"打印到文件"选项组:用于确定输出文件的位置及名称。

2)"打印设置"选项卡

"打印设置"选项卡如图 7-24 所示,其主要选项介绍如下。

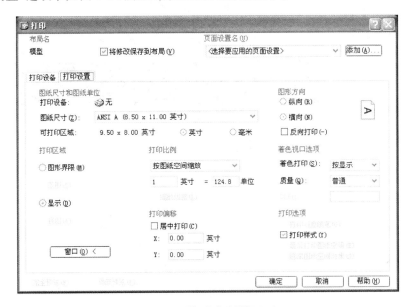

图 7-24 "打印"对话框(二)

(1)"图纸尺寸和图纸单位"选项组:用于控制纸张大小和单位。
(2)"图形方向"选项组:用于布置图形输出方向。
(3)"打印区域"选项组:用户可在该框架内设置输出框架区域。
(4)"打印比例"选项组:用于设定绘图比例。
(5)"打印偏移"选项组:用于设置图形在图纸上的位置。
(6)"着色视口选项"选项组:用于设置图形着色打印特性。
(7)"打印选项"选项组:用于控制相关打印属性。
(8)"完全预览(F)…"按钮:全部打印预览。
(9)"局部预览(P)…"按钮:局部打印预览。

3. 出图

完成以上各项操作后,单击"确定"按钮,即可输出图形。

(1)打印某住宅楼建筑施工图(详见附录 A)。
(2)打印某宿舍楼建筑施工图(详见附录 B)。
(3)打印某综合楼建筑施工图(详见附录 C)。

项目 8 建筑三维图的绘制

学习目标

☆ **项目目标**

能够绘制某住宅楼三维建筑效果图,如图 8-44 所示。

☆ **能力目标**

具备绘制简单建筑三维建筑效果图(无文本、无标注、无家具布置)的能力。

☆ **CAD 知识点**

(1) 绘图命令:直线(LINE)、矩形(RECTANG)、多段线(PLINE)、长方体(BOX)、面域(REGION)、拉伸(EXTRUED)。

(2) 修改命令:删除(ERASE)、修剪(TRIM)、移动(MOVE)、三维移动(3DMOVE)、复制(COPY)、延伸(EXTEND)、分解(EXPLODE)、偏移(OFFSET)、3D 镜像(MIRROR3D)、并集(UNION)、差集(SUBTRACT)、交集(INTERSECT)。

(3) 菜单栏:视图(三维视图)、工具(新建 UCS(W))、视图(动态观察)、视图(视觉样式)、视图(重生成)。

(4) 工具栏:对象特性、视窗缩放(ZOOM)与视窗平移(PAN)、建模、实体编辑、UCS、视图、视觉样式、图层、视图控件、视觉样式控件、VIEWCUBE 导航。

(5) 状态栏:正交(ORTHO)、草图设置(DSETTINGS)。

子项 8.1 认识三维绘图

【子项目标】
能够建立三维绘图坐标系,观察显示三维图形。
【能力目标】
具备设置用户坐标系(UCS)、控制视图切换、三维动态观察、视觉样式的能力。
【CAD 知识点】
(1) 命令:用户坐标系(UCS)、动态观察(3DORBIT)、自由动态观察(3DFORBIT)、连续动态观察(3DCORBIT)。
(2) 菜单栏:视图(三维视图)、工具(新建 UCS(W))、视图(动态观察)、视图(视觉样式)、视图(重生成)。

任务 1 设置三维环境

一、三维简介

在绘制建筑图时,常用多个平面图来反映建筑结构,有时需要观察整个建筑的全貌,以便得到更加直观的效果,这就需要绘制建筑的立体图。三维图形具有立体感强、直观等特点,它可以加快对建筑平面图的理解。

在二维图形中,使用了 X 和 Y 两个坐标来绘图,如平面图、立面图等。事实上,这些图形都是在真正的三维坐标中建立起来的。也就是说,即使直线、圆、圆弧是在二维坐标中画出的,实际也是用三维坐标存储的。在默认方式下,AutoCAD 将 Z 值设为 0,作为当前高度。所以,二维图形实际上只是三维空间中无穷多个视图中的一个。

三维绘图功能是 AutoCAD 最强大的功能之一,它有以下三个主要优点。
(1) 三维对象可以从任意角度观察和打印。
(2) 三维对象包含了数学信息,可用于工程分析。
(3) 阴影和渲染加强了对象的可视性。

二、建立三维绘图坐标系

1. 世界坐标系与用户坐标系

三维绘图与二维绘图最大的不同之处是需要对物体进行空间定位,也就是要清楚地知道绘制的物体是在哪个平面内。AutoCAD 提供了两种坐标系。一种是单一固定的世界坐标系(world coordinate system,即 WCS),主要用于二维绘图。同二维世界坐标系一样,三维世界坐标系是其他三维坐标系的基础,不能对其重新定义。另一种就是用户坐标系(user coordinate system,即 UCS),用户可以根据自己的需要建立专用的坐标系。用户坐标系为坐标输入、操作平面和观察提供一种可变动的坐标系。定义一个用户坐标系即改变原点(0,0,0)的位置及 XY 平面和 Z 轴的方向。可在 AutoCAD 的三维空间中的任何位置定位和定向 UCS,也可随时定义、保存和复用多个用户坐标系。熟练运用用户坐标系可以减少建立三维对象时所需要的计算,从而能够高效、准确地绘制出三维图形。

2. 创建用户坐标系

AutoCAD 通常是在基于当前坐标系的 XOY 平面上进行绘图的,这个 XOY 平面称为构造平面。在三维环境中绘图需要在不同的平面上绘图,因此,要把当前坐标系的 XOY 平面变换到需要绘图的平面上,也就是需要创建新的坐标系——用户坐标系,即重新确定坐标系的原点和 X 轴、Y 轴、Z 轴的方向,用户可以按照需要定义、保存和恢复任意多个用户坐标系。

1) 命令操作

AutoCAD 提供了多种方法来创建 UCS,通常使用下述三种方法。

(1) 在"UCS"工具栏上单击"UCS"按钮 ,或者直接使用其他按钮进行定义,图 8-1 所示为"UCS"工具栏中的 UCS 定义按钮。

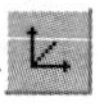

(2) 选择"工具(T)"→"新建 UCS(W)"→"子菜单"命令。

(3) 在命令窗口中"命令:"后输入"UCS",再按回车键。

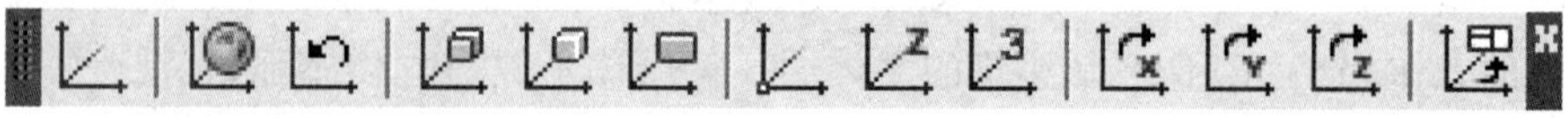

图 8-1 用户坐标系工具栏

执行"UCS"命令后,命令行提示如下。

指定 UCS 的原点或 [面(F)/命名(NA)/对象(OB)/上一个(P)/视图(V)/世界(W)/X/Y/Z/Z 轴(ZA)]<世界>:

2) 各个选项的含义

用户可通过各种选项来使用不同的方法定义 UCS,各个选项的具体功能说明如下。

① "面(F)":用于将 UCS 与选定实体对象的面对正。先选择一个面,在此面的边界内或面的边界上单击即可,被选中的面将高亮显示。UCS 的 X 轴将与找到的第一个面上的最近的边对正。

② "命名(NA)":用于按名称保存并恢复通常使用的 UCS 方向。

③"对象(OB)":用于在选定图形对象上定义新的坐标系。AutoCAD 对新原点和 X 轴正方向有明确的规则。所选图形对象不同,新原点和 X 轴正方向规则也不同。

④"上一个(P)":用于恢复上一个 UCS。程序会保留在图纸空间中创建的最后 10 个坐标系和在模型空间中创建的最后 10 个坐标系。

⑤"视图(V)":用于以垂直于视图方向(平行于屏幕)的平面为 XOY 平面来建立新的坐标系。此时,UCS 原点保持不变。在这种情况下,可以对三维实体进行文字注释和说明。

⑥"世界(W)":用于将当前用户坐标系设置为世界坐标系。

⑦"X":用于指定绕 X 轴的旋转角度来得到新的 UCS。

⑧"Y":用于指定绕 Y 轴的旋转角度来得到新的 UCS。

⑨"Z":用于指定绕 Z 轴的旋转角度来得到新的 UCS。

⑩"Z 轴(ZA)":用于使用指定的 Z 轴正半轴定义 UCS。Z 轴正半轴是通过指定新原点和 Z 轴正半轴上的任一点来确定的。

任务 2　观察显示三维图形

创建三维图形要在三维空间中进行绘图,不但要变换用户坐标系,还要不断变换三维图形的显示方位,也就是设置三维观察视点的位置,这样才能从空间中的不同方位来观察三维图形,使得创建三维图形更加方便快捷。

1. 切换视图

在绘制三维图形的过程中,常常需要从不同方向观察图形,AutoCAD 默认视图是 XOY 平面,方向为 Z 轴的正方向,看不到物体的高度。AutoCAD 提供了多种创建三维视图的方法,可利用"视图"工具切换视图,沿不同的方向观察图形。"视图"工具栏及"视图"工具选项如图 8-2 所示。

在"视图"工具选项中,不仅有工程图的 6 个标准视图方向,如"俯视""前视"等,还有 4 个轴测图的方向,如"西南等轴测""东南等轴测"等。

例如,在列表中选择"西南等轴测(S)""前视(F)"和"西北等轴测(W)"等视图来观察图形,可以得到图 8-3 所示的效果。

2. 动态观察

使用"动态观察(B)"命令,用户可以在当前窗口中创建一个三维视图,通过移动光标来实时地控制和改变视图效果,从不同的角度、高度和距离来查看图形中的对象。动态观察的操作方法如下。

(1)选择"视图(V)"→"动态观察(B)"命令,从级联子菜单中选择需要的观察方式。

(2)在功能区"视图"选项卡中的"导航"选项组中单击"动态观察"下拉列表框,从中选择相应命令。

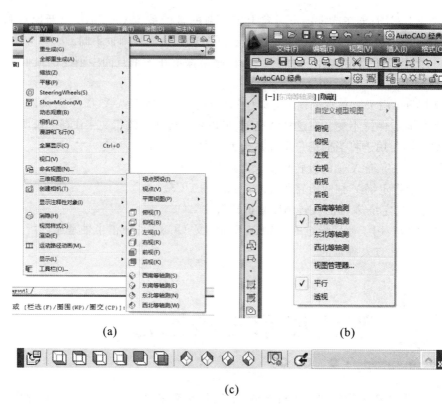

图 8-2 视图工具

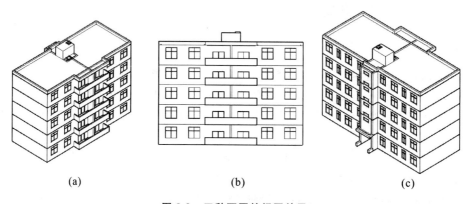

图 8-3 三种不同的视图效果

(3) 在命令窗口中输入相应的动态观察命令,按回车键确认。

AutoCAD 提供了动态观察、自由动态观察和连续动态观察三种方式,具体介绍如下。

(1) 动态观察(3DORBIT) 可对视图中的对象进行有一定约束的动态观察,只可以在水平和垂直方向上拖动对象进行三维动态观察。

(2) 自由动态观察(3DFORBIT) 可以使观察点绕视图的任意轴进行任意角度的旋转,可以对图形进行任意角度的观察。

(3) 连续动态观察(3DCORBIT) 可以使观察对象绕指定的旋转轴和旋转速度进行连续旋转运动,从而可以对其进行连续动态的观察。

3. 使用 ViewCube 导航

ViewCube 工具是在二维模型空间或三维视觉样式中处理图形时显示的导航工具，如图 8-4(a)所示。使用 ViewCube 工具，用户可以在标准视图和等轴测视图之间进行切换。当用户将光标放置在 ViewCube 工具上时，它将变为激活状态，通过拖动或单击 ViewCube 工具，可以将视图切换到所需的预设视图、滚动当前视图或更改为模型的主视图。

在 ViewCube 工具上单击右键，将会弹出 ViewCube 快捷菜单，如图 8-4(b)所示。使用快捷菜单命令可以恢复和定义模型的主视图，在视图投影模式之间进行切换，以及更改交互行为和外观。

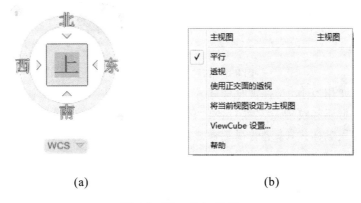

(a)　　　　　　　　　　　　(b)

图 8-4　ViewCube 工具

4. 视觉样式

用户可以通过更改视觉样式的特性来控制视图中模型的边和着色的显示效果。应用视觉样式或更改其设置时，关联的窗口会自动更新以反映这些更改。控制视觉样式的操作方法如下。

(1) 选择"视图(V)"→"视觉样式(S)"命令，从级联子菜单中选择需要的样式进行观察。

(2) 将工作空间切换至"三维建模"，在功能区中"常用"选项卡的"视图"选项组的"视觉样式"下拉列表框中选择需要的样式进行观察，如图 8-5 所示。

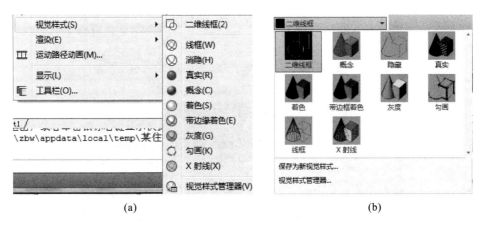

(a)　　　　　　　　　　　　(b)

图 8-5　设置视觉样式

对对象应用视觉样式时,一般使用来自观察者左后方上面的固定环境光。而选择"视图(V)"→"重生成(G)"命令可以重新生成图像,不会影响对象的视觉样式效果,并且用户还可以使用通常视图中进行的一切操作在此模式下运行,如窗口的平移、缩放、绘图和编辑等。例如,图 8-6 所示依次为三维线框、隐藏、真实及概念的视觉样式。

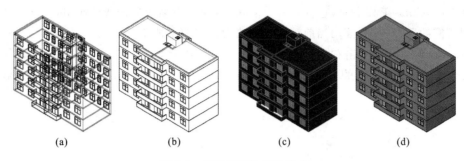

图 8-6　四种不同的视觉样式

用户除了可以使用以上 10 种视觉样式外,还可以通过"视觉样式管理器"来控制线型颜色、面样式、背景效果、材质和纹理及三维对象的显示精度等特性。在"视觉样式管理器"中显示了图形中可用的所有视觉样式,选定的视觉样式用黄色边框表示,其设置选项则显示在样例图像下方的面板中,如图 8-7 所示。

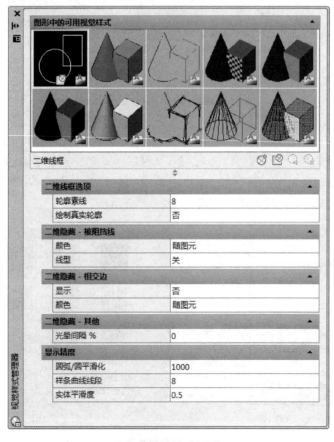

图 8-7　"视觉样式管理器"对话框

项目 8
建筑三维图的绘制

子项 8.2 某住宅楼三维建筑效果图的绘制

【子项目标】
能够绘制某住宅楼三维建筑效果图,如图 8-8 所示。
【能力目标】
具备绘制简单建筑三维建筑效果图(无文本、无标注、无家具布置)的能力。
【CAD 知识点】
(1) 绘图命令:直线(LINE)、矩形(RECTANG)、多段线(PLINE)、长方体(BOX)、面域(REGION)、拉伸(EXTRUED)。
(2) 修改命令:删除(ERASE)、修剪(TRIM)、移动(MOVE)、三维移动(3DMOVE)、复制(COPY)、延伸(EXTEND)、分解(EXPLODE)、偏移(OFFSET)、3D 镜像(MIRROR3D)、并集(UNION)、差集(SUBTRACT)、交集(INTERSECT)。
(3) 工具栏:对象特性、视窗缩放(ZOOM)与视窗平移(PAN)、建模、实体编辑、视图、视觉样式、图层。
(4) 状态栏:正交(ORTHO)、草图设置(DSETTINGS)。

任务 1 绘制前的准备

一、绘图命令

1. 长方体(BOX)

1)启动命令
启动"长方体"命令可使用如下三种方法。
(1) 单击"建模"工具栏上的"长方体"按钮 。
(2) 选择"绘图(D)"→"建模(M)"→"长方体(B)"命令。
(3) 在命令窗口中"命令:"后输入"BOX"并按回车键。

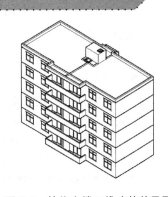

图 8-8 某住宅楼三维建筑效果图

2）具体操作

启动"长方体"命令后,根据命令行提示进行如下操作。

　　指定长方体的角点或[中心点(CE)]<0,0,0>：//确定长方体第一个角点
　　指定角点或[立方体(C)/长度(L)]：//确定另一个角点,并按回车键,结束命令操作

3）其他选项

其他主要选项含义如下。

（1）立方体(C)：用于绘制立方体。

（2）长度(L)：选择该项,即输入"L"并按回车键,按命令行提示进行如下操作。

　　指定长度：//输入长方体长度,并按回车键
　　指定宽度：//输入长方体宽度,并按回车键
　　指定高度：//输入长方体高度,并按回车键

最终得到如图8-9所示的立方体。

2. 面域(REGION)

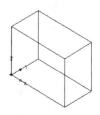

图8-9　绘制立方体

1）启动命令

启动"面域"命令可使用如下三种方法。

（1）单击"绘图"工具栏上的"面域"按钮 。

（2）选择"绘图(D)"→"面域(N)"命令。

（3）在命令窗口中"命令："后输入"REGION"并按回车键。

2）具体操作

启动"面域"命令后,根据命令行提示进行如下操作。

　　选择对象：//选择要生成面域的图形
　　选择对象：//继续选择要生成面域的图形或按回车键结束命令操作

例如,选择两个封闭图形,则出现"已提取2个环,已创建2个面域"的提示。

3. 拉伸(EXTRUDE)

1）启动命令

启动"拉伸"命令可使用如下三种方法。

（1）单击"建模"工具栏上的"拉伸"按钮 。

（2）选择"绘图(D)"→"建模(M)"→"拉伸(X)"命令。

（3）在命令窗口中"命令："后输入"EXTRUDE"并按回车键。

2）具体操作

启动"拉伸"命令后,根据命令行提示进行如下操作。

　　当前线框密度： ISOLINES= 4
　　选择要拉伸的对象：//选择拉伸对象,选择后出现"找到1个"提示
　　选择要拉伸的对象：//继续选择拉伸对象或按回车键,按回车键后继续如下操作
　　指定拉伸的高度或[方向(D)/路径(P)/倾斜角(T)]：//输入拉伸的高度并按回车键

二、修改命令

1. 布尔运算——并集运算（UNION）

并集运算是将多个实体合成一个新的实体，如图 8-10(a)所示。

1）启动命令

启动"并集运算"命令可使用如下三种方法。

(1) 单击"建模"工具栏上的"并集"按钮 ⬤。

(2) 选择"修改(M)"→"实体编辑(N)"→"并集(U)"命令。

(3) 在命令窗口中"命令："后输入"UNION"并按回车键。

2）具体操作

启动"并集运算"命令后，根据命令行提示进行如下操作。

  选择对象：//选择需要并集运算的对象，选择后出现"找到 1 个"提示

  选择对象：//继续选择需要并集运算的对象，选择后出现"找到 1 个，共计 2 个"提示

  选择对象：//按回车键结束命令操作

2. 布尔运算——差集运算（SUBTRACT）

差集运算是从一些实体中去掉部分实体，从而得到一个新的实体，如图 8-10(b)所示。

1）启动命令

启动"差集运算"命令可使用如下三种方法。

(1) 单击"建模"工具栏上的"差集"按钮 ⬤。

(2) 选择"修改(M)"→"实体编辑(N)"→"差集(S)"命令。

(3) 在命令窗口中"命令："后输入"SUBTRACT"并按回车键。

2）具体操作

启动"差集运算"命令后，根据命令行提示进行如下操作。

  _subtract 选择要从中减去的实体或面域…

  选择对象：//在被减去实体或面域上单击，单击后出现"找到 1 个"提示

  选择对象：//按回车键结束选择

  选择要减去的实体或面域…

  选择对象：//在要减去的实体或面域上单击，单击后出现"找到 1 个"提示

  选择对象：//按回车键结束差集运算命令

3. 布尔运算——交集运算（INTERSECT）

交集运算是从两个或多个实体的交集创建复合实体并删除交集以外的部分，如图 8-10(c)所示。

1）启动命令

启动"交集运算"命令可使用如下三种方法。

(1) 单击"建模"工具栏上的"交集"按钮 ⬤。

(2) 选择"修改(M)"→"实体编辑(N)"→"交集(I)"命令。

(3) 在命令窗口中"命令:"后输入"INTERSECT"并按回车键。

2) 具体操作

启动"交集运算"命令后,根据命令行提示进行如下操作。

  _intersect 选择实体或面域。

  选择对象:∥选择需交集运算对象,选择后出现"找到 1 个"提示

  选择对象:∥选择需交集运算对象,选择后出现"找到 1 个,总计 2 个"提示

  选择对象:∥按回车键结束交集运算命令操作

4. 3D 镜像（MIRROR3D）

1) 启动命令

启动"3D 镜像"命令可使用如下两种方法。

(1) 选择"修改(M)"→"三维操作(3)"→"三维镜像(D)"命令。

(2) 在命令窗口中"命令:"后输入"MIRROR3D"并按回车键。

2) 具体操作

启动"3D 镜像"命令后,根据命令行提示进行如下操作。

  _mirror3d

  选择对象:∥选择实体,选择后出现"找到 1 个"提示

  选择对象:∥按回车键结束选择

  指定镜像平面(三点)的第一个点或　[对象(O)/最近的(L)/Z 轴(Z)/视图(V)/XY 平面(XY)/YZ 平面(YZ)/ZX 平面(ZX)/三点(3)]<三点>:∥选择端面点 A

  在镜像平面上指定第二点:∥选择端面点 B

  在镜像平面上指定第三点:∥选择端面点 C

  是否删除源对象?[是(Y)/否(N)]<否>:∥按回车键选择默认值

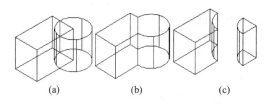

图 8-10　布尔运算

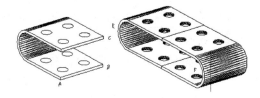

图 8-11　3D 镜像

任务 2　绘制墙体

  建筑平面图、立面图、剖面图和建筑详图,展示的是建筑物的平面结构,对于建筑物来说起到了细节描述的作用。通过细节描述,设计师对建筑物的大致轮廓有了一定的了解,但对建筑物的立体结构和三维轮廓并没有一个整体的认识,这就需要绘制三维建筑效果图,以进一步表

现建筑物的体量结构。

底层和标准层墙体三维建筑效果图如图 8-12 所示,具体绘制步骤如下。

(1) 选择"文件(F)"→"打开(O)"命令,打开本书附录 A 中的"某住宅楼建筑施工图.dwg"文件。

(2) 在平面图中进行必要的修改,修改的内容如下。

① 删除所有的标注、文字和不必要的门窗线条。

② 删除外墙体以内的墙线。

③ 保留外墙体,并利用直线、拉伸、修剪、延伸等命令进行修补。

修改结果如图 8-13 所示。

(3) 单击"图层特性管理器"按钮 ,进行如下修改。

① 新建"玻璃"层,颜色为绿色。

② 新建"墙"层,颜色为白色。

③ 新建"门窗格"层,颜色为蓝色。

④ 新建"入口"层,颜色为白色。

⑤ 新建"地板"层,颜色为白色。

(4) 确认"墙"层为当前图层,然后关闭"图层特性管理器"对话框。

(5) 选择"修改(M)"→"对象(O)"→"多段线(M)…"命令,将线段转换为多段线。启动"多段线"命令后按下述步骤操作。

命令:_pedit 选择多段线或[多条(M)]://输入 M 后按回车键,选择图 8-14 所示的线段

选择对象:

指定对角点://选择后出现"找到 40 个"提示

是否将直线和圆弧转换为多段线? [是(Y)/否(N)]? <Y>://按回车键

输入选项[闭合(C)/打开(O)/合并(J)/宽度(W)/拟合(F)/样条曲线(S)/非曲线化(D)/线型生成(L)/放弃(U)]://输入 J 并按回车键

合并类型= 延伸

输入模糊距离或[合并类型(J)]<0.0000>://按回车键,出现"37 条多段线已增加 2 条线段"提示

输入选项[闭合(C)/打开(O)/合并(J)/宽度(W)/拟合(F)/样条曲线(S)/非曲线化(D)/线型生成(L)/放弃(U)]://按回车键

修改结果如图 8-14 所示。

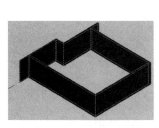

图 8-12 底层和标准层墙体三维建筑效果图

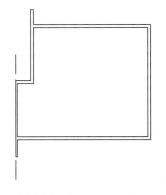

图 8-13 修改建筑施工图

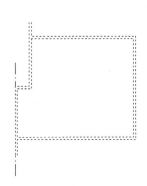

图 8-14 选择线段

(6) 单击"复制"按钮，选择图 8-15 所示的多段线，复制后将其放入"地板"层中。

(7) 关闭"地板"层，并将"墙"层置为当前图层。

(8) 单击"东南等轴测视图"按钮，转换观察视角。

(9) 单击"面域"按钮，选择图 8-15 所示的图形，将其转换为面域。

```
命令：_region
选择对象：//选择窗口第一角点，并在"指定对角点:"提示下选择窗口对角点，选择完对象后出现"找
         到 2 个"的提示
选择对象：//按回车键，出现"已提取 2 个环，已创建 2 个面域"的提示
```

(10) 单击"实体编辑"工具栏中的"差集"按钮，对墙体进行布尔差集运算，用外面的图形减去内部图形。

(11) 单击"建模"工具栏中的"拉伸"按钮，将面域向上拉伸 3 000 mm，结果如图 8-16 所示。

(12) 单击"视觉样式"工具栏中的"真实"视觉样式按钮，效果如图 8-17 所示。

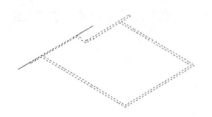 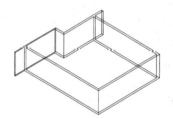 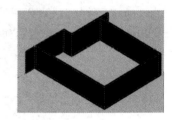

图 8-15　选择多段线　　　　图 8-16　拉伸面域　　　　图 8-17　"真实视觉样式"效果

任务 3　绘制门窗

底层和标准层门窗三维建筑效果图如图 8-18 所示，具体绘制步骤如下。

1. 门窗开洞

门窗开洞按下述步骤操作。

(1) 将"墙"层显示出来，确认"墙"层仍为当前图层。

(2) 单击"长方体"按钮，在窗的位置处绘制长方体，高度为 1 700 mm，在门的位置处绘制长方体，高度为 2 000 mm，结果如图 8-19 所示。

(3) 单击"移动"按钮，将窗的位置处的长方体向上移动 900 mm，如图 8-20 所示。

项目 8
建筑三维图的绘制

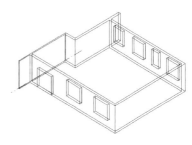

图 8-18 绘制门窗三维建筑图　　图 8-19 绘制长方体　　图 8-20 移动长方体

（4）单击"实体编辑"工具栏中的"差集"按钮 ⊚，将墙体和长方体进行布尔差集运算。最终效果如图 8-21 所示。

2．门窗窗格及玻璃

门窗窗格及玻璃的设计步骤如下。

（1）将"门窗格"层置为当前图层。

（2）单击"矩形"按钮 ▭，新建 UCS 坐标，并配合视图转换，绘制矩形，如图 8-22 所示。

（3）单击"偏移"按钮 ⌓，选择矩形，将其内偏移 50 mm，效果如图 8-22 所示。

（4）单击"拉伸"按钮 ⬆，选择各矩形，将其拉伸 50 mm，效果如图 8-23 所示。

（5）单击"差集"按钮 ⊚，用外面的图形减去里面的图形，效果如图 8-24 所示。

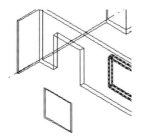

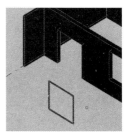

图 8-21 门窗三维效果　　图 8-22 绘制矩形并偏移　　图 8-23 拉伸矩形　　图 8-24 差集操作

（6）单击"前视图"按钮 ▦，并单击"长方体"按钮 ▭，绘制一个长为 1 600 mm、宽和高均为 50 mm 的长方体作为窗框，如图 8-25 所示。

（7）调整长方体的位置，如图 8-26 所示。

（8）将"玻璃"层置为当前图层。单击"长方体"按钮 ▭，捕捉窗框两个端点，高为 10 mm，绘制窗玻璃，效果如图 8-27 所示。

（9）单击"俯视图"按钮 ▦，用"移动"命令调整好窗框和玻璃的位置上，效果如图 8-28 所示。

图 8-25 绘制窗框   图 8-26 调整长方体的位置

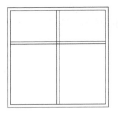

图 8-27 绘制窗玻璃   图 8-28 调整窗框和玻璃的位置

(10) 单击"复制"按钮 ,复制同尺寸、窗洞等数目的窗,并将其放在相应的位置上。效果如图 8-29 所示。

(11) 用同样方法绘制其他门和窗,效果如图 8-30 所示。

(12) 选择"修改(M)"→"三维操作(3)"→"三维镜像(D)"命令。启动"三维镜像(D)",按命令行提示进行如下操作,最终效果如图 8-31 所示。

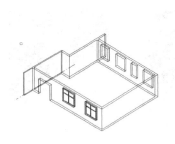
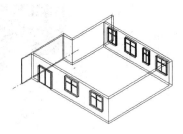
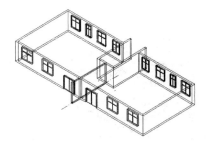

图 8-29 复制窗   图 8-30 绘制其他门窗   图 8-31 三维镜像

```
命令:_mirror3d
选择对象://选择窗口第一角点
指定对角点://在此提示下选择窗口对角点,选择完对象后出现"找到29个"提示
选择对象://结束选择,按回车键
指定镜像平面(三点)的第一个点或[对象(O)/最近的(L)/Z轴(Z)/视图(V)/XY平面(XY)/YZ平面
(YZ)/ZX平面(ZX)/三点(3)]<三点>://在镜像平面上指定第一点
在镜像平面上指定第二点://在镜像平面上指定第二点
在镜像平面上指定第三点://在镜像平面上指定第三点
是否删除源对象?[是(Y)/否(N)]<否>://按回车键
```

任务 4 绘制入口

入口三维建筑效果图如图 8-32 所示,具体绘制步骤如下。

(1) 单击"东北等轴测视图"按钮 ,转换观察视角,打开入口层,如图 8-33 所示。

图 8-32 入口三维建筑效果图

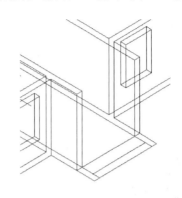

图 8-33 选择视图样式

(2) 单击"矩形"按钮 ,在"入口"层绘制如图 8-34 所示的 4 个矩形。

(3) 单击"移动"按钮 ,向上移动矩形 3、4 分别为 2 900 mm 和 3 000 mm,如图 8-35 所示。

(4) 单击"拉伸"按钮 ,向上拉伸矩形 1、2 两个矩形 500 mm,拉伸矩形 3、4 分别为 300 mm 和 200 mm,如图 8-36 所示。

(5) 单击"差集"按钮 ,用实体 3 减去实体 4,如图 8-37 所示。

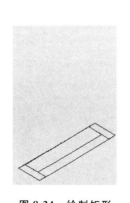

图 8-34 绘制矩形

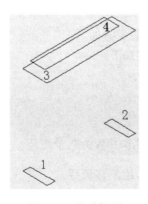

图 8-35 移动矩形

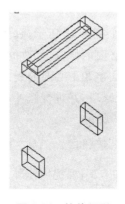

图 8-36 拉伸矩形

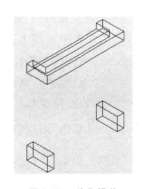

图 8-37 差集操作

(6) 打开"墙"和"门窗格"层,效果如图 8-32 所示。

任务 5 绘制阳台

阳台三维建筑效果图如图 8-38 所示,具体绘制步骤如下。

(1) 关闭其他层,只将"阳台"层显示出来,并置为当前图层,如图 8-39 所示。

(2) 选择"修改(M)"→"对象(O)"→"多段线(M)…"命令,将图 8-39 中的线段转换为多段线。

(3) 单击"面域"按钮 ，选择如图 8-39 所示的图形,将其转换为面域。

(4) 单击"建模"工具栏中的"拉伸"按钮 ，将面域向上拉伸 1 000 mm,效果如图 8-40 所示。

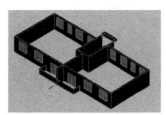  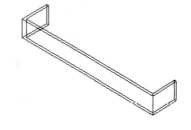

图 8-38　阳台三维建筑效果图　　图 8-39　显示阳台图层　　图 8-40　面域操作

(5) 将"墙""门窗格""玻璃""入口"层显示出来,效果如图 8-38 所示。

任务 6 绘制屋顶

屋顶三维建筑效果图如图 8-41 所示,具体绘制步骤如下。

(1) 在平面图中进行必要的修改,修改的内容如下。

① 删除所有的标注、文字和不必要的线条。

② 保留墙体、水箱、检修口,并进行修补。

③ 修改结果如图 8-42 所示。

(2) 单击"图层管理器"按钮 ，新建"房顶"层,并置为当前图层。

(3) 单击"多段线"按钮 ，捕捉墙体外边框,绘制多段线。

(4) 单击"偏移"按钮 ，将多段线向内偏移 240 mm。

(5) 单击"面域"按钮 ，选择多段线,将其转换为面域。

(6) 单击"建模"工具栏中的"拉伸"按钮，将面域向上拉伸 500 mm，如图 8-43 所示。

(7) 单击"差集"按钮，用外面的图形减去内部图形，效果如图 8-43 所示。

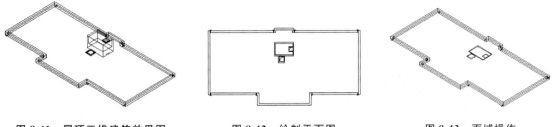

图 8-41　屋顶三维建筑效果图　　　　图 8-42　绘制平面图　　　　图 8-43　面域操作

(8) 单击"面域"按钮，选择水箱和屋顶检修口部分多段线，将其转换为面域。

(9) 单击"建模"工具栏中的"拉伸"按钮，将水箱面域外部向上拉伸 1 890 mm，内部向上拉伸 1 050 mm，屋顶检修口向上拉伸 100 mm。

(10) 单击"移动"按钮，将水箱内部实体向上移动 600 mm。

(11) 单击"差集"按钮，用水箱外面的图形减去内部图形，用屋顶检修口外面的图形减去内部图形，效果如图 8-41 所示。

任务 7　完善细部

某住宅楼整体三维建筑效果图如图 8-44 所示，具体绘制步骤如下。

(1) 利用相同方法绘制标准层三维效果图，如图 8-45 所示。

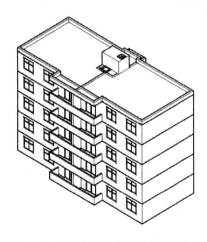

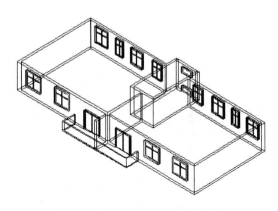

图 8-44　某住宅楼整体三维建筑效果图　　　　图 8-45　绘制标准层三维效果图

(2) 单击"复制"按钮 ,选择标准层模型,复制到一层模型中,位置如图 8-46 所示。

(3) 单击"复制"按钮 ,复制其他标准层模型,位置如图 8-47 所示。

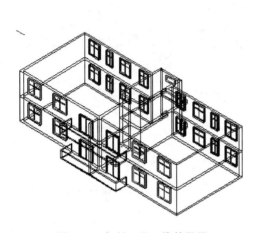
图 8-46 复制一层三维效果图

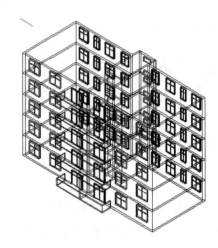
图 8-47 复制其他标准层三维效果图

(4) 将顶层显示出来。单击"移动"按钮 ,选择顶层中的所有实体,移动至标准层中,如图 8-48 所示。

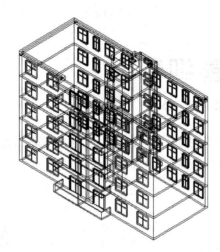
图 8-48 加入屋顶

(5) 选择"视图"→"消隐"命令,观看三维效果,如图 8-44 所示。

(1) 绘制某住宅楼三维建筑效果图(住宅楼建筑施工图详见附录 A)。
(2) 绘制某宿舍楼三维建筑效果图(宿舍楼建筑施工图详见附录 B)。
(3) 绘制某综合楼三维建筑效果图(综合楼建筑施工图详见附录 C)。

项目 9 BIM 建筑基础建模

学习目标

☆ 项目目标

创建某住宅楼 BIM 建筑模型,如图 9-1 所示。

☆ 能力目标

具备创建简单建筑的 BIM 建筑模型的能力。

☆ 知识点

Autodesk Revit 软件的相关功能。

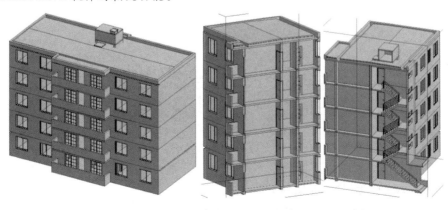

图 9-1 某住宅楼的 BIM 建筑模型

子项 9.1 认识 BIM

任务 1 BIM 简介

BIM 是 Building Information Modeling(建筑信息模型)的缩写,它是通过数字信息仿真模拟建筑物所具备的三维几何形状信息及非几何形状信息等真实信息,以三维数字技术为基础,集成建筑工程项目各种相关信息的工程数据模型,是对工程项目设施实体与功能特性的数字化表达。

BIM 具有单一工程数据源,可解决分布式、异构式工程数据之间的一致性和全局共享问题,支持建设项目生命期中动态的工程信息创建、管理和共享,可为设计师、建筑师、水电暖铺设工程师、开发商及最终用户等各个环节人员提供"模拟和分析",是一种应用于设计、建造、管理的数字化方法,支持建筑工程的集成管理环境,使建筑工程在其整个进程中提高效率、减少风险。

BIM 具有模型信息的完备性、关联性、一致性等特征,具体介绍如下。

● 模型信息的完备性:既是对工程对象 3D 几何信息和拓扑关系的描述,也是对完整的工程信息,如设计、施工、维护等信息及其工程对象之间的工程逻辑关系的描述。

● 模型信息的关联性:信息模型中的对象是可识别且相互关联的,系统能够对模型的信息进行统计和分析,并生成相应的图形和文档。

● 模型信息的一致性:在建筑生命期的不同阶段,模型信息是一致的,同一信息无需重复输入,而且信息模型能够自动演化,模型对象在不同阶段可以简单地进行修改和扩展而无需重新创建,避免了信息不一致的错误。

任务 2 BIM 核心建模软件

目前市场上常用 BIM 软件有很多,大致可归类为 BIM 核心建模、BIM 方案设计、BIM 结构分析、BIM 可视化、BIM 模型综合碰撞检查、BIM 造价管理及 BIM 运营等软件。其中,核心建模软件主要有以下四个门类,具体介绍如下。

(1) Autodesk 公司的 Revit 建筑、结构和机电系列。其在民用建筑市场借助 AutoCAD 的天然优势,占有相当不错的市场份额。

（2）Bentley 建筑、结构和设备系列。Bentley 产品在工厂设计（如石油、化工、电力、医药等）和基础设施（如道路、桥梁、市政、水利等）领域有无可争辩的优势。

（3）Nemetschek 下属的 Graphisoft 公司的 ArchiCAD、AllPLAN、Vectorworks 产品。其中，ArchiCAD 是一个推出时间较早的、具有一定市场影响力的产品，但是在中国由于其仅限于建筑专业，与多专业一体的设计院体制不匹配，很难实现市场占有率的较大突破。Nemetschek 的另外两个产品，AllPLAN 主要市场在德语区，Vectorworks 则多在欧美市场使用。

（4）Dassault 公司的 CATIA 及 GeryTechnology 公司在 CATIA 基础上开发的 Digital Project。其在航空、航天、汽车等领域具有垄断地位，是全球最高端的机械设计制造软件，应用到工程建设行业无论是对复杂形体还是超大规模建筑，其建模能力、表现能力和信息管理能力都比传统的建筑类软件有明显优势，但其与工程建设行业存在的对接问题是其不足之处。

综上所述，在充分顾及项目业主和项目组关联成员的相关要求情况下，对 BIM 建模软件的选用有如下建议。

- 民用建筑设计，适合采用 Autodesk Revit。
- 工厂设计（如石油、化工、电力、医药等）和基础设施适合采用 Bentley。
- 建筑师事务所可选择 ArchiCAD、Revit 或 Bentley。
- 所设计项目严重异形、购置预算又比较充裕的，可选用 CATIA 或 Digital Project。

子项 9.2 某住宅楼 BIM 建筑基础模型的创建

本项目以某住宅楼项目为例简单介绍 BIM 建筑建模方法，选择 Autodesk Revit 软件。该软件所使用的项目格式及其保存后缀有：项目（后缀为.rvt）、项目样板（后缀为.rte）、族（后缀为.rfa）和族样板（后缀为.rft）等。绘制一个项目前，需要选定特定的项目样板；建立一个族文件时，需要选定特定的族样板。

双击桌面图标，启动 Revit 后，弹出如图 9-2(a)所示的"最近使用的文件"界面。在该界面中，Revit 会分别按时间顺序依次列出最近使用的项目文件和族文件的缩略图和名称。

1. 建立某住宅楼项目

为某住宅楼项目设置项目样板可使用如下三种方法。
（1）使用"Ctrl+N"快捷键。
（2）选择 →"新建"→"（项目）"命令。
（3）在"最近使用的文件"界面中的"项目"栏中，单击"新建…"或选择所需样板的名称。

此时弹出"新建项目"对话框，在对话框中按图 9-2(a)所示进行设置，选择"确定"按钮，弹出"Revit"工作界面，在"快速访问栏"中单击按钮，弹出"另存为"对话框，如图 9-2(b)所示。在"文件名(N)"文本框中输入"住宅楼项目"，确定文件保存位置（可先新建"某住宅楼 BIM"文件夹），单击"保存(S)"按钮，回到"Revit"工作界面，如图 9-3 所示。

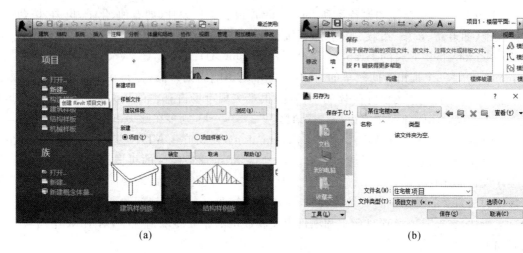

图 9-2 启动 Revit

2. Autodesk Revit 工作界面

Autodesk Revit 2016 版采用 Ribbon 界面,如图 9-3 所示,其各项功能详细介绍如下。

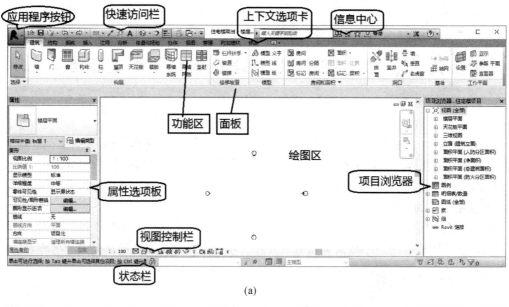

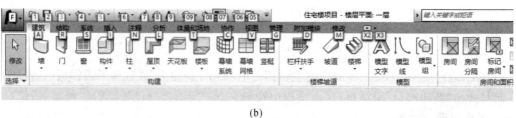

图 9-3 Autodesk Revit 工作界面

（1）功能区　创建或打开文件时，功能区会显示。它提供创建项目或族所需的全部工具。

（2）应用程序菜单　提供对常用文件操作的访问，如"新建"、"打开"和"保存"等。此外，用户还可使用更高级的工具管理文件，如"导出"和"发布"等。

（3）快速访问栏　包含一组默认工具。用户可以自定义快捷访问栏，使其显示最常用的工具。

（4）上下文选项卡　提供与选定对象或当前动作相关的工具。

（5）信息中心　包含一个位于标题栏右侧的工具集，用户可以访问许多与产品相关的信息源。

（6）面板（选项栏）　位于功能区下方，它可以根据当前工具或选定的图元显示条件工具。

（7）属性选项板　无模式对话框，通过该对话框，可以查看和修改用来定义图元属性的参数。

（8）项目浏览器　用于显示当前项目中所有视图、明细表、图纸、族、组和其他部分的逻辑层次。展开和折叠各分支时，将显示下一层项目。

（9）视图控制栏　快速访问影响当前视图的功能。

（10）状态栏　提供有关要执行操作的提示。高亮显示图元或构件时，会显示族和类型的名称。

（11）绘图区　用于显示当前项目的视图（以及图纸和明细表）。每次打开项目中的某一视图时，此视图会显示在绘图区域中其他打开的视图的上面。

（12）提示　常见的有工具提示和按钮提示，具体介绍如下。

● 工具提示：将光标停留在某个工具之上时，默认情况下，Revit 会显示工具提示。如图 9-2(b)中对"保存"工具的提示。工具提示可以提供有关用户界面中某个工具或绘图区域中某个项目的信息，或者在工具使用过程中提供下一步操作的说明。

● 按键提示：提供了一种通过键盘来访问应用程序菜单、快速访问工具栏和功能区的方式。例如，在 Revit 界面中按"ALT"键，界面中会显示出按键提示快捷键，如图 9-3(b)所示。用户可以按照界面提示按快捷键"F"来开启菜单栏，或按其他键来开启某个选项卡。

3. 住宅楼项目建筑建模过程

本项目主要介绍住宅楼项目的标高、轴网、墙、门、窗、楼板、屋顶、楼梯等 BIM 建筑基础模型的创建。

任务 1　创建标高和轴网

一、创建标高

选择"项目浏览器"→"立面（建筑立面）"→"南"，双击鼠标左键，将视图切换至南立面视图，如果 9-4(a)所示。

1. 修改默认楼层标高参数

双击"标高 1",将"标高 1"修改为"一层 F1",按回车键,弹出"重命名"对话框,单击"是"按钮。采用相同的方法,将"标高 2"修改为"F2"。双击标高数据"4.000",将其修改为"3.000",按回车键或按"Esc"键得到图 9-4(b)所示楼层的标高参数。此时,属性选项板中的相应参数随之修改。

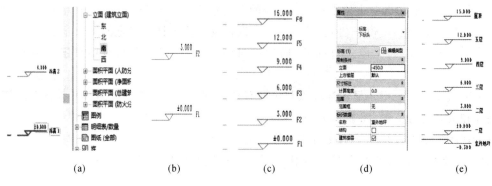

图 9-4 创建标高

2. 创建 F3、F4、F5、F6

选择"建筑"→基准"标高"→ "修改|放置 标高"→"阵列"命令,单击"F2"标高线并将回车键,得到图 9-5(a)。按照图 9-5(b)所示设置选项卡,单击"F2"标高线,将光标移向其上方,输入层高为"3000"并按回车键。最终得到图 9-4(c)。

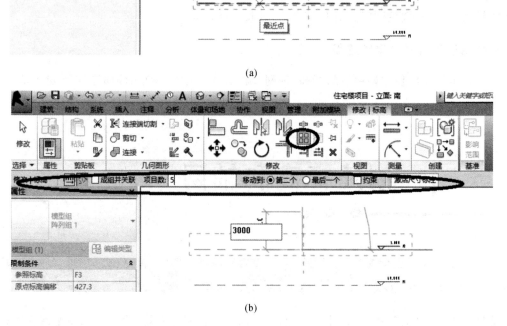

图 9-5 创建 F3、F4、F5、F6

项目 9 BIM建筑基础建模

3. 编辑标头名

双击"F6"标高线,将其名称修改为"屋顶"后按回车键确认,得到图9-4(e)中所示的"屋顶"标高。采用相同的方法,分别修改"F1""F2""F3""F4""F5"标高名称为"一层""二层""三层""四层""五层",如图9-4(e)所示。

> 注意:注:如果层数过多,方便起见,可以采用F1、F2、F3等作为标高名称。

4. 编辑室外地坪标高

单击选中"一层"标高线,选择" "→修改"复制" 命令,在"一层"标高线上单击捕捉一点作为复制参考点,垂直向下移动光标,输入间距值"450"(单位:mm)后按回车键生成"F7",修改"属性"选项卡,如图9-4(d)所示,按"Esc"键,得到图9-4(e)所示的住宅楼项目标高。

二、创建轴网

1. 编辑项目浏览器中的楼层平面

选择"项目浏览器"中的"楼层平面",此时"楼层平面"项下只有"一层""二层""场地"等,如图9-6(a)所示。

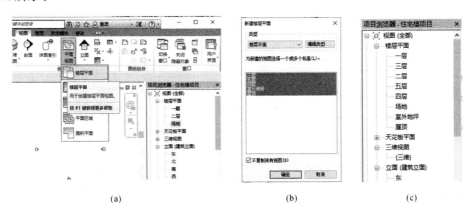

(a)   (b)   (c)

图9-6 编辑"楼层平面"

选择"视图"→"平面视图"→"楼层视图"命令,弹出"新建楼层平面"对话框,如图9-6(b)所示,选中框中的所有平面,单击"确定"按钮,此时"项目浏览器"中的"楼层平面"项下显示刚刚新建的楼层,如图9-6(c)所示。

2. 创建一层平面视图轴网

(1) 设置轴线属性。选择"项目浏览器"→"楼层平面"→"一层";选择"建筑"→基准"→轴

网"命令(或输入"GR"快捷命令,并按回车键),此时出现" 修改|放置 轴网 "上下文关联选项卡,如图 9-7(a)所示。单击"属性"栏中的" 编辑类型 ",弹出"类型属性"对话框,按如图 9-7(b)所示设定各项,单击"确定"按钮,回到绘图界面。

（2）绘制垂直轴线。选择" 修改|放置 轴网 "→绘制" 直线 "命令垂直绘制①轴;选择" 拾取线 ",偏移量输入"2700",拾取①轴向右生成②轴,同方法、步骤,按照附录 A 图纸数据信息依次生成③轴~⑦轴。如图 9-7(c)所示。

（3）绘制水平轴线,其方法同步骤（2）绘制垂直轴线的方法。运用" 直线 "命令水平绘制轴线,并修改轴头名称为Ⓐ轴;选择" 拾取线 ",设置偏移量为"4500",选择Ⓐ轴向上生成Ⓑ轴。采用相同的方法、步骤,按照附录 A 图纸数据信息依次生成Ⓒ轴~Ⓔ轴。如图 9-7(d)所示。

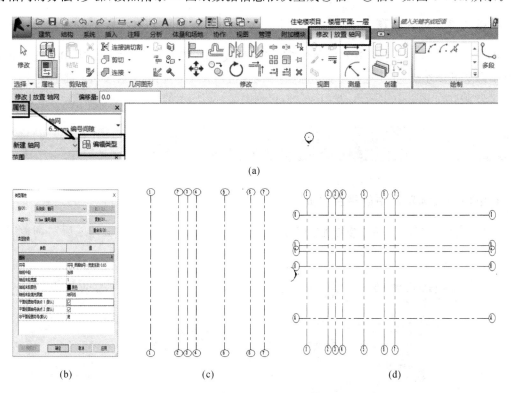

图 9-7　绘制一层平面视图轴网

（4）完善轴网。单击轴线②,单击轴头附近的锁头,使其解锁,如图 9-8(a)所示。选中轴头上方小圆,拖曳单根轴网轴头至其与Ⓒ轴交点处,如图 9-8(b)所示,点击隐藏符号方框,隐藏其轴头②,如图 9-8(c)所示。按回车键结束操作,得到图 9-8(d)。

（5）采用相同的方法,修改其他轴线,得图 9-9(a)。选择修改面板中的" 镜像 "命令,依次镜像⑥、⑤、④、③、②、①,得到如图 9-9(b)中所示⑧、⑨、⑩、⑫、⑬轴线。

（6）调整Ⓓ轴标头。选择Ⓓ轴线,点击如图 9-9(d)的"添加弯头",捕捉图 9-9(e)中的拖曳点,调整 D 轴标头到合适位置,如图 9-9(f)所示,按回车键结束操作。采用相同的方法调整其他轴标头位置,得图 9-9(b)。

（7）在"项目浏览器"中双击"立面（建筑立面）"项下的"南"立面进入南立面视图,使用前述编辑标高和轴网的方法,调整标头位置、添加弯头。其他立面的调整方法相同。

项目 9
BIM建筑基础建模

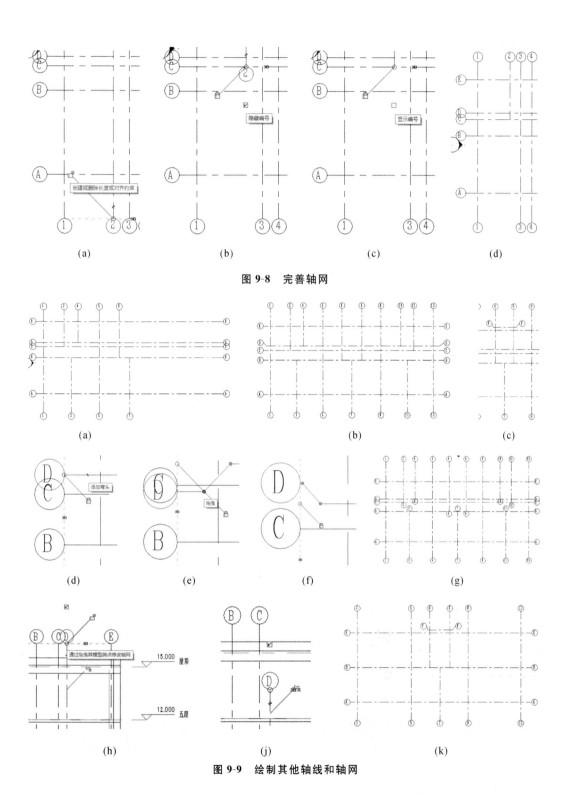

图 9-8　完善轴网

图 9-9　绘制其他轴线和轴网

3. 创建其他层平面视图轴网

此时，其他层平面视图轴网如图 9-9(g)所示。

选择"项目浏览器"→"楼层平面"→"一层"平面视图,如图9-9(b)所示;选择与图9-9(g)有差异的轴线,如②、④、⑥、⑧、⑩、⑫、③、⑦、⑪、ⓓ轴等;选择"修改|轴网"→基准"影响范围"命令,在弹出的"影响基准范围"对话框中,勾选"楼层平面"中的二层、三层、四层、五层、屋顶,按"确定"按钮,回到一层平面视图绘图界面,分别打开"项目浏览器"中的楼层平面的二层到屋顶平面视图,此时,已经修改为如图9-9(b)所示轴网。

添加ⓕ轴线。选择"项目浏览器"→"楼层平面"→"二层"平面视图,添加ⓕ轴,如图9-9(c)所示。此时,各层视图均出现ⓕ轴。选择"项目浏览器"→"立面(建筑立面)"→"东"立面视图,把ⓕ轴拖曳至一层平面视图范围以外的标高处。

4. 修改屋顶平面视图轴网

选择"项目浏览器"→"楼层平面"→"屋顶"平面视图,对照附录A屋顶平面图中所显示的轴网信息,对绘图界面中所显示轴网进行修改。具体步骤如下。

(1)修改开间方向轴线,删除屋顶平面视图中ⓒ轴、ⓓ轴。具体操作如下。

选择"项目浏览器"→"立面(建筑立面)"→"东"立面视图,选择ⓓ轴,打开其锁定,解除端部约束,捕捉端部圆圈,如图9-9(h)所示。按住鼠标左键把端部拖至屋顶标高以下位置(屋顶平面视图范围以外),如图9-9(j)所示。用同样的方法操作ⓒ轴。最后重新锁定ⓒ轴、ⓓ轴。打开屋顶平面视图,其开间方向轴线同附录A中屋顶平面图。如图9-9(k)中对应图元所示。

(2)修改进深方向轴线,具体操作如下。

选择"项目浏览器"→"立面(建筑立面)"→"南"立面视图,其操作方法、步骤同步骤"(1)修改开间方向轴线"。逐一对南立面视图中②轴、③轴、④轴、⑩轴、⑪轴、⑫轴进行修改。打开屋顶平面视图,其进深方向轴线同附录A中屋顶平面图。如图9-9(k)中对应图元所示。

此时屋顶平面视图中,轴网同附录A中屋顶平面图轴网,如图9-9(k)所示。

> **注意:** 也可按"任务5 创建屋顶BIM建筑基础模型"中"一、创建轴网"相关章节方法创建屋顶轴网。

任务 2 创建一层BIM建筑基础模型

一、创建一层墙体

1. 创建一层外墙墙体

1)设置外墙构造参数

(1)基本设置。选择"项目浏览器"→"楼层平面"→"室外地坪"平面视图;选择"建筑"→"

墙"→"墙:结构";选择"属性"→"编辑类型",弹出"类型属性"对话框,单击"复制(D)…"选项,在弹出的"名称"对话框中输入名称"外墙-240 墙"(见图 9-10(a)),按"确定"按钮,此时,"类型(T)"栏文本框将变为"外墙-240 墙"(见图 9-10(b))。

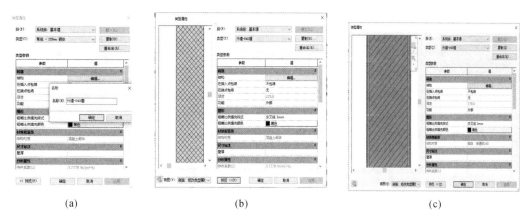

图 9-10　设置外墙构造的基本参数

(2) 砌体结构层参数设置。选择"类型参数"→"构造"栏→"编辑…",在弹出的"编辑部件"对话框中,反复运用" 插入(I)　　删除(D)　　向上(U)　　向下(O) "功能,得到符合附录 A 外墙层数的设置,见图 9-11(a)。选择 混凝土砌块 中材质预览,在弹出的"材质浏览器"对话框中输入"砖",在搜索到的材质中选中"砌体-普通砖 75×225 mm",如图 9-11(c)所示。在"创建并复制材质 "下拉菜单中选择"复制选定的材质",在新出现的材质名称处修改名称为"砌体-普通砖 115×240 mm",并依据附录 A 相关要求设定其外观等相关参数后,按"确认"按钮回到"编辑部件"对话框,修改其厚度,得到图 9-11(b)所示的" 5 结构 [1]　　砌体-普通　240.0 "。

(3) 其他构造层参数设置同步骤(2),得到图 9-11(b)所示的符合附录 A 外墙要求的构造参数设定。

完成上述设定后,按"确定"按钮,回到"类型属性"对话框(见图 9-10(c)),此时在预览框中将显示完成设置后的构造形式。按"确定"按钮回到绘图界面。

(4) 阳台处分户墙与阳台栏板墙等设定,其方法步骤同上述"外墙-240 墙"的设置。名称分别设为"外墙-240 墙双面外"(用于阳台分户墙及楼梯入口处外墙)、"外墙-120 墙双面外"(用于阳台栏板),根据附录 A 的要求,"编辑部件"对话框分别设定为如图 9-11(e)和图 9-11(f)所示的形式。

2) 创建外墙

外墙绘制可按下述步骤进行。

(1) 选择"建筑"→"墙"→"墙:结构"→" 修改|放置 墙 "→绘制面板" 直线"命令,此时面板选项卡为" 修改|放置 墙 　高度: ▼ 二层平 ▼ 3450.0　定位线: 墙中心线 ▼ □链 偏移量: 0.0　半径: 1000.0 "。

(2) 设定"属性"选项卡。按照图 9-11(d)所示,设定"属性"选项卡,根据附录 A 要求,勾选"外墙-240 墙双面外"或"外墙-120 墙双面外"。

(3) 根据附录 A 一层平面图及其数据信息,绘制一层外墙,并按空格键,调整对外墙面。如图 9-12(a)所示。

完成一层外墙体后可选择"视图"→"三维视图"命令,进行三维模型查看,如图 9-12(b)所示。

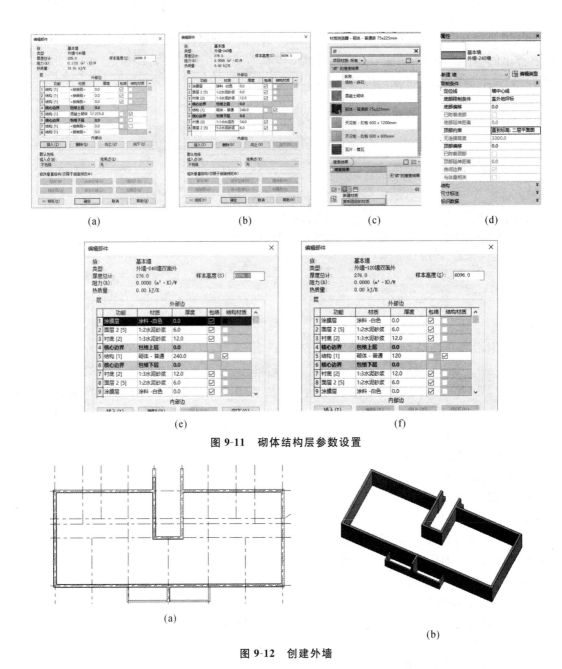

图 9-11 砌体结构层参数设置

图 9-12 创建外墙

2. 创建一层内墙墙体

1) 设置内墙构造参数

(1) 基本设置。其设置方法同外墙,名称设置为"内墙-240"。

(2) 砌体构造参数设置。其设置方法同外墙,结构层如图 9-13(a)所示。

2) 创建内墙

创建内墙的方法与创建外墙相同,绘制时,"属性"选项卡按图 9-13(b)所示设定。创建结果如图 9-14 所示。

项目 9
BIM建筑基础建模

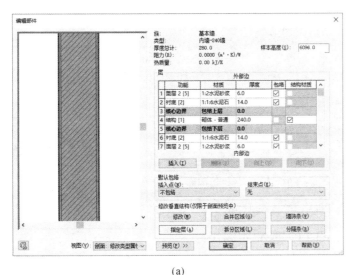
(a)

(b)

图 9-13 设定内墙构造参数

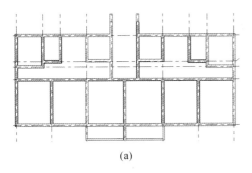
(a)

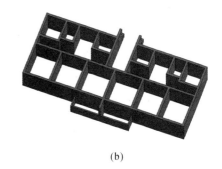
(b)

图 9-14 创建内墙

二、创建一层门构件

1. 创建 M1

1) 设置 M1 属性

(1) 载入门族,选择"项目浏览器"→"楼层平面"→"一层"平面视图。选择"建筑"→"构件"→" 门";选择"属性"→" 编辑类型",弹出"类型属性"对话框,单击"载入"选项,在弹出的"打开"对话框中,依次打开"建筑"→"门"→"普通门"→"平开门"→"单扇"文件夹,如图 9-15(a)所示。选择符合附录 A 需求的门族,如"单嵌板木门 1",单击"打开(O)"按钮,回到"类型属性"对话框。

(2) 设置 M1 属性。按图 9-15(b)所示勾选"族""类型"选项,单击"复制"按钮,在弹出的"名称"对话框中输入名称,如"M1-900x2000",按"确定"按钮回到"类型属性"对话框,并按照附录 A 中 M1 尺寸,修改对话框中的相关参数,包括尺寸、类型标记等,具体如图 9-15(c)所

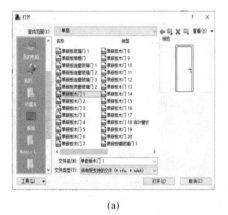  

(a)　　　　　　　　　　　(b)　　　　　　　　　　　(c)

图 9-15　设定 M1 属性

示。按"确定"按钮回到绘图界面。此时绘图界面中的"属性"选项卡"单嵌板木门 1"选项中将出现"M1-900×2000"选项,如图 9-16 所示。

> **注意**:在"类型属性"对话框中也可根据所建模型的施工图的要求,设置门的其他属性,如材质和装饰等的设定,具体方法和步骤可参考"1. 创建一层外墙墙体/1)设置外墙构造参数/(2)砌体结构层参数设置"中材质设定的相应部分。

2) 绘制 M1

M1 绘制可按下述步骤进行。

(1) 激活"门"命令。常用如下两种方式。

① 输入快捷命令"DR",按回车键。

② 选择"建筑"→" 门"命令。

(2) 绘制 M1 激活门命令后,在"修改│放置门"选项卡中单击标记选项"在放置时进行标记"使之亮显。其面板设置见图 9-16 所示界面中左侧的选项卡的设置:在"属性"选项卡中,选择类型为"单嵌板木门 1"中的"M1-900×2000",底高度设定为"0.0"。光标移动到①②轴之间的Ⓑ轴内墙,此时光标上下移动可使图元上下翻转,空格键可使图元左右翻转,在图元调整合适时单击,生成"M1",按 ESC 键退出放置命令。选中"M1",出现相应的临时尺寸标注,单击需要修改的尺寸,使其数据符合附录 A 要求;选择"修改"→" 锁定"命令,完成Ⓑ轴内墙中 M1 的绘制。重复上述绘制步骤,完成其他内墙处 M1 绘制,如图 9-16 所示。

2. 创建其他门

根据附录 A 中相关数据信息,按"一、创建 M1"中的方法、步骤绘制 M2、M3、M4、M5、TLM1,如图 9-16 所示界面中的相应图元。其中,需要注意的事项如下。

(1) 当门的位置在垂直内墙上时,面板设置为" 修改│放置门　垂直　标记 │ 引线 "。

(2) 如果门的平面视图与附录 A 有差别时,双击门图元,对该门族进行修改,由于本项目篇幅所限,在此不予详述,具体详见本书的配套教材《建筑 CAD 实训》中的相关内容。

(3) 门全部绘制好后,按 ESC 键退出"修改│放置门"选项卡操作。

项目 9
BIM建筑基础建模

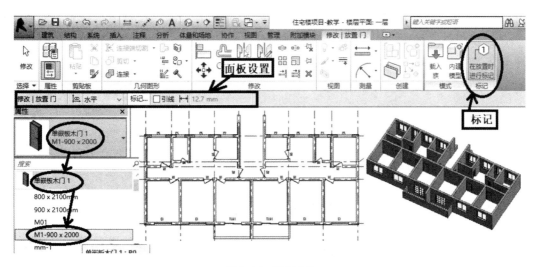

图 9-16　绘制 M1

三、创建一层窗构件

1. 创建 C1

1）设定 C1 属性

（1）载入窗族。选择"项目浏览器"→"楼层平面"→"一层"平面视图；选择"建筑"→"窗"。选择"属性"→"编辑类型"，弹出"类型属性"对话框，单击"载入"选项，在弹出的"打开"对话框中，依次打开"建筑"→"窗"→"普通窗"→"推拉窗"文件夹；选择符合附录 A 需求的窗族，如"推拉窗 6(或 x)"，单击"打开(O)"按钮，回到"类型属性"对话框。

（2）设定 C1 属性。参考"二、创建一层门构件/1. 创建 M1/1)设定 M1 属性/(2)设定 M1 属性"的方法、步骤，勾选"类型属性"对话框中"族""类型"选项，按"复制"按钮，在弹出的"名称"对话框中输入名称"C1-1800x1700"，再按"确定"按钮回到"类型属性"对话框，按照附录 A 中 C1 尺寸，修改对话框中的相关参数，并把"类型标记"修改为 C1。按"确定"按钮回到绘图界面。

2）绘制 C1

C1 绘制可按下述步骤进行。

（1）激活"窗"命令。常采用如下两种方式。

① 输入快捷命令"WN"，并按回车键。

② 选择"建筑"→"窗"命令。

（2）绘制 C1。可参考"二、创建一层门构件/1. 创建 M1/2)绘制 M1/(2)绘制 M1"方法、步骤绘制 C1，具体操作如下。

"放置窗"选项卡中单击标记选项"在放置时进行标记"；面板设置为" "。在"属性"选项卡中，"推拉窗""底高度"栏设定为"900"；光标移动到①②轴之间的Ⓐ轴外墙,图元调整合适时单击,生成"C1",按 ESC 键退出放置命令。选中"C1",出现相邻临时尺寸标注,单击需要修改的尺寸,直至符合附录 A 的要求,选择"修改"→"锁定"命令,完成Ⓐ轴外墙中 C1 的绘制。重复上述绘制步骤,完成其他外墙处 C1 绘制,如图 9-16 所示。

2. 创建其他窗

根据附录 A 中相关数据信息,按上述"一、创建 C1"方法、步骤绘制 C2、C3、C5,如图 9-16 所示。其中,需要注意的事项如下。

(1) 绘制窗时,应实时调整属性选项卡中的"底高度"栏数据。

(2) 窗全部绘制好后,按 ESC 键退出"修改 | 放置门"选项卡操作。

四、创建一层楼地面

1. 设置一层楼地面构造参数

(1) 基本设置。选择"项目浏览器"→"楼层平面"→"一层"平面视图;选择"建筑"→"楼板"→"楼板:结构"。选择"属性"→"编辑类型",弹出"类型属性"对话框,类型勾选"常规-150",单击"复制(D)..."按钮,在弹出的命名对话框中输入名称"楼地面-混凝土垫层-80 mm",单击"确定"按钮,此时,"类型(T)"栏文本框将变为"楼地面-混凝土垫层-80 mm",如图 9-17(a)所示。

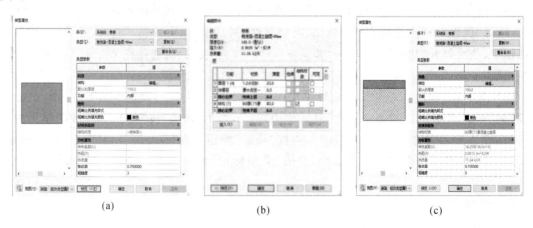

图 9-17 设置一层楼地面构造参数

(2) 楼地面参数设置。在"类型参数"项中的"构造"栏中点击"编辑..."按钮,在弹出的"编辑部件"对话框中,参考"一、创建一层墙体/1.创建一层外墙墙体/1) 设定外墙构造参数/(2) 砌体结构层参数设置和(3) 其他构造层参数设定"中的方法,参照附录 A 楼地面构造数据信息,设置该对话框,如图 9-17(b)所示。设置完成后,单击"确定"按钮回到"类型属性"对话框,如图 9-17(c)所示。单击"确定"按钮,回到绘图界面。

2. 绘制一层楼地面

（1）启动楼板绘制命令。选择"项目浏览器"→"楼层平面"→"一层"平面视图,选择"建筑"→"▭楼板"→"▱楼板:结构"命令。

（2）创建"±0.000"功能区楼地面。

① 创建矩形功能区。选择绘制面板"▱边界线"→"▭矩形"命令;属性面板及绘图环境面板的设置如图 9-18(a)所示。依次捕捉楼地面标高为"±0.000"如辅助房、起居室、卧室或楼梯间等规整矩形区开间和进深墙体轴线的对角点,按从左上角到右下角的顺序选择对角点。

② 创建异形功能区。此区域为户型中餐厅和走道部位。选择"绘制"面板→"▱边界线"→"✓"命令,属性面板及绘图环境面板的设置如图 9-18(a)所示。依次捕捉异形区域中墙体纵横轴线的相交点,并形成闭合区域,按逆时针方向逐一选择。

③ 创建楼梯间楼地面。绘制楼梯间和台阶连接的边界时,将绘图环境中偏移量修改为 0,其他边界的绘制方法和步骤同创建异形功能区。

绘制好上述区域边界后,选择模式面板"✓",创建的楼地面如图 9-18(d)阴影部分所示。

（3）创建"-0.030"矩形功能区楼地面。属性面板及绘图环境面板的设置如图 9-18(b)所示,此时对角点为区域内的对角点。其他操作与步骤(2)中"±0.000"矩形功能区楼地面创建方法相同。创建的楼地面如 9-18(e)阴影部分所示。

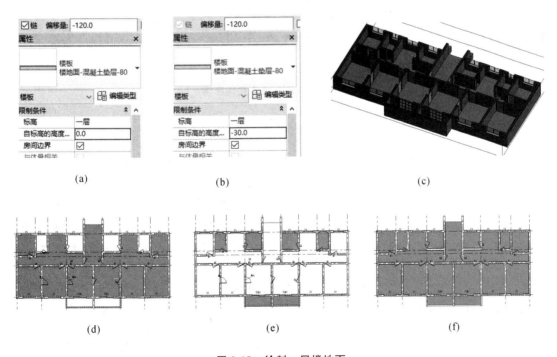

图 9-18　绘制一层楼地面

（4）效果显示。在"项目浏览器"中双击楼层平面中"一层"视图,框选所有图元,选择面板中的"过滤器",在弹出的过滤器对话框中只框选楼板,按"确定"按钮,回到一层视图界面。此时,一层楼地面布置图如图9-18(f)所示,选择"视图"面板中的" ",可得如图9-18(c)所示的三维图。

五、创建台阶

1. 创建台阶建筑轮廓族

(1) 选择→" 运用程序菜单"→" 新建"→" 族",弹出"新族-选择样板文件"对话框,选择"公制轮廓.rft"族样板,并双击打开进入族编辑器模型。

(2) 选择"创建"→"属性"→" 族类型",进入"族类型"对话框,单击右侧"参数"中的"添加"按钮,弹出"参数属性"对话框,在名称中输入"材质",其参数类型选择"材质",其余为默认值。依次按"确定"按钮,回到绘图界面。

(3) 选择"详图"→" 直线",按照附录A中的数据信息,绘制如图9-19(a)所示的图形。

(4) 完成轮廓的绘制后,将其命名为"室外台阶.rfa"族文件,保存到合适的位置。

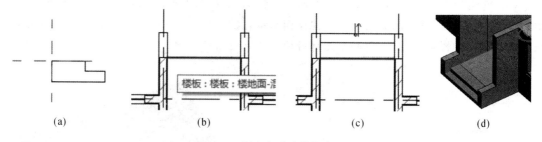

图 9-19 创建台阶建筑轮廓族

2. 绘制室外台阶

(1) 选择"插入"→"载入族"命令,载入上述已经创建好的"室外台阶"轮廓族。

(2) 选择"建筑"→" 楼板"→" 楼板:楼板边缘";进入" 修改|放置楼板边缘"选项卡,打开楼板边缘"类型属性"对话框,如图9-20(a)所示。复制名称为"室外台阶"的楼板边缘类型,如图9-20(b)所示。设置"类型参数"中的"轮廓"为"室外台阶:室外台阶"(即步骤(1)中载入的轮廓族),修改"材质"为"混凝土",如图9-20(c)所示,单击"确定"按钮,退出"类型属性"对话框。

(3) 将光标靠近楼梯处楼地面边缘,使之亮显,如图9-19(b)所示,单击,完成台阶的绘制,得到图9-19(c)、图9-19(d)(三维)。

注意:为了防止绘制过程中误操作而使图元被修改,可以框选所有完成图元,在"修改|选择多个"面板中,选择 锁定命令即可,此时被选中图元显示被锁住,如图9-21(a)所示。此时,锁定按钮暗显。同样,如果需要修改前面锁定的某图元,可选择该图元,点击 解锁命令,即可对该图元进行编辑。

项目 9
BIM建筑基础建模

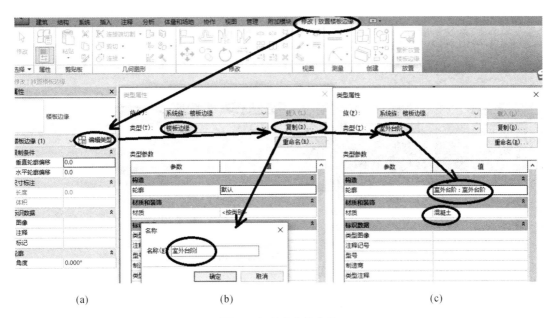

图 9-20 创建室外台阶

任务 3 创建二层 BIM 建筑基础模型

一、创建二层墙体、门窗构件

常见的二层墙体、门窗构件的创建步骤、方法如下所述。

(1) 创建二层视图绘图环境。选择"项目浏览器"→"楼层平面"→"一层"平面视图,选择内外墙、楼板及其边缘、门窗等所有图元,如图 9-21(a)所示;选择" 修改 | 选择多个 "→"剪贴板"→" 复制"→" 粘贴"→""" 与选定的识图对齐",如图 9-21(a)所示;弹出"选择视图"对话框,选择"楼层平面:二层",如图 9-21(b)所示,单击"确定"按钮,回到绘图界面。

(2) 选择"项目浏览器"→"楼层平面"→"二层"平面视图,此时出现与一层平面视图一样的图元,选择所有图元,如图 9-21(a)所示。选择" 修改 | 选择多个 "→"选择"面板→" 过滤器",如图 9-21 所示,并如图 9-21(c)所示设置弹出的"过滤器"对话框,单击"确定"按钮,再按 Delete 键删除所选楼板、楼板边缘,回到二层平面视图界面。

(3) 完善楼梯间轴线、墙及门窗。根据附录 A 中二层平面相关数据信息,删除楼梯入口处不需要的墙体,添加楼梯处Ⓕ轴线、外纵墙及其窗图元,修改楼梯间处其他墙体的内外墙属性,横墙为内墙,修改后楼梯间二层平面视图如 9-22 楼梯间所示。

完成上述步骤后,框选所有图元,选择锁定按钮,如图 9-22 所示。

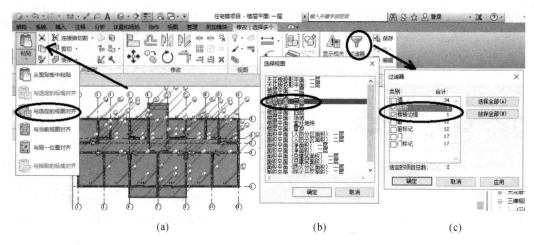

图 9-21　创建二层墙体、门窗构件

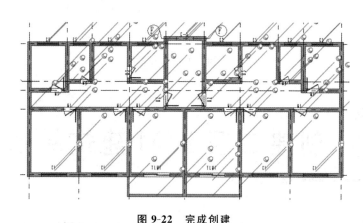

图 9-22　完成创建

二、绘制二层楼板

1. 设置二层楼板构造参数

(1) 基本设置。选择"项目浏览器"→"楼层平面"→"二层"平面视图;选择"建筑"→"楼板"→"楼板:结构"。选择→"属性"→"编辑类型",弹出"类型属性"对话框,其中类型勾选"常规-150",单击"复制(D)…"选项,在弹出的命名对话框里输入名称"某住宅建筑楼板",单击"确定"按钮,此时,"类型(T)"栏文本框将变为"某住宅建筑楼板"。可参照"四、创建一层楼地面"中相应部分的方法、步骤来设置。

(2) 二层楼板参数设置。选择"类型参数"项中"构造"栏中"编辑…"按钮,在弹出的"编辑部件"对话框中,参照"一、创建一层墙体/1. 创建一层外墙墙体/1)设定外墙构造参数/(2)砌体结构层参数设置和(3)其他构造层参数设定"的方法,参照附录 A 楼板构造数据信息,设置该对话框。单击"确定"按钮回到"类型属性"对话框,单击"确定"按钮,回到绘图界面。

2. 绘制二层楼板

（1）启动楼板绘制命令。选择"项目浏览器"→"楼层平面"→"二层"平面视图；选择"建筑"→" 楼板"→" 楼板：结构"命令。

（2）创建"0.0"功能区楼板。选择"绘制"→" 边界线"→" 直线"命令；属性面板及绘图环境面板的设置如图9-23（a）所示。按照附录A中施工图的数据信息，依次捕捉二层视图中外墙轴线间交点（楼梯间处楼板边缘，需要根据楼梯标准层平面图的具体尺寸进行绘制），选择"模式"→" "命令，创建完成其楼地面。创建完成的楼板如图9-24（a）中阴影部分所示。

（3）创建"-30.0"功能区楼板。选择"绘制"→" 边界线"→" 直线"命令；属性面板及绘图环境面板的设置如图9-23（b）所示，绘制阳台楼板时，绘图环境面板中偏移量应根据需要进行设置，以使楼板伸入至外纵墙轴线、阳台栏板结构层外延线。其他操作方法与步骤（2）"0.0"功能区楼板的绘制相同。创建完成的楼板如图9-24（b）中阴影部分所示。

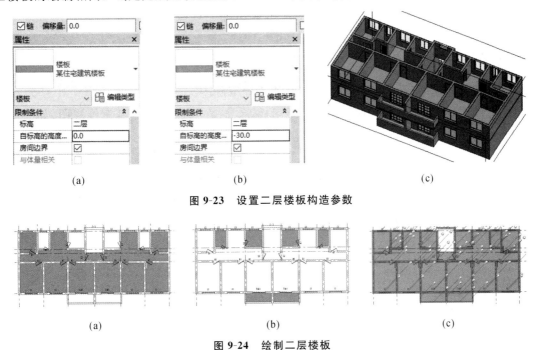

(a)　　　　　　　(b)　　　　　　　(c)

图 9-23　设置二层楼板构造参数

(a)　　　　　　　(b)　　　　　　　(c)

图 9-24　绘制二层楼板

（4）效果显示。选中步骤（2）、（3）中创建的楼板及其二层视图中的墙、门窗图元，选择"修改"→" 锁定"命令；如图9-24（c）所示。选择"视图"面板中的" "按钮，得到某住宅楼一层、二层三维视图，如图9-23（c）所示。

三、创建雨棚

1. 创建雨棚板

雨棚板使用"迹线屋顶"工具创建。选择"项目浏览器"→"楼层平面"→"二层"平面视图；选择"建筑"→"屋顶"→"迹线屋顶"命令;"属性"面板中设置"底部标高"为"二层",自标高的底部偏移量为0,坡度为0;根据附录A的材料要求,创建"某住宅楼建筑雨棚板"屋顶类型;据其具体位置、尺寸,选择"绘制"→"边界线"→"直线"命令,创建雨棚轮廓线。创建时,根据不同段,修改绘图环境中的偏移量,左右下边以雨棚板下左右下墙的轴线为轨迹,偏移量为120,上边偏移量为0。最终绘制的雨棚板如图9-25所示。

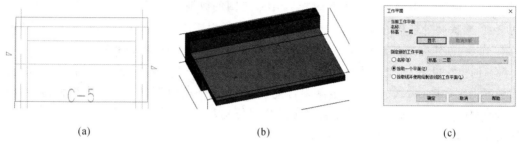

图 9-25　创建雨棚板

2. 创建雨棚栏板

可通过"内建模型"来创建雨棚栏板,具体操作如下所述。

(1) 创建"内建模型绘图环境"。选择雨棚板,单击，界面中出现其三维视图,如图9-25(b)所示。选择"建筑"→"构件"→"内建模型"命令,在弹出的"族类型和族参数"对话框中选择"建筑"过滤器列表下的"常规模型"族类别,单击"确定"按钮,在弹出的"名称"对话框中输入"某住宅楼雨棚栏板",单击"确定"按钮,界面中出现创建选项卡。

(2) 设置工作平面。选择"创建"→"放样"命令;选择"修改|放样"→"工作平面"→"设置"命令,在弹出的"工作平面"对话框中按图9-25(c)所示进行设置,单击"确定"按钮,回到三维视图;光标移动到雨棚下表面,当图9-26(a)中高亮显示后单击鼠标。

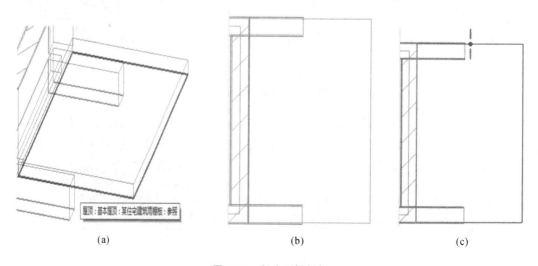

图 9-26　创建雨棚栏板

项目 9
BIM建筑基础建模

（3）设置绘制路径。改变" 放置 线 "选项卡界面为" 修改 | 放样 "选项卡界面，并设定界面中三维视图为" 上 "视图，雨棚板视图如图 9-26(b)所示；选择"放样"→" 绘制路径"命令，出现" 修改 | 放样 > 绘制路径 "选项卡界面，选择"绘制"面板→" 直线"命令，沿如图 9-25(a)所示的雨棚板边线(左、上、右三边)绘制栏板路径，得图 9-26(c)；选择"模式"面板中的" 完成编辑模式"结束路径绘制，回到" 修改 | 放样 "选项卡界面。

（4）绘制内建模型轮廓。选择"放样"→" 编辑轮廓"命令，出现 修改 | 放样 > 编辑轮廓 选项卡，打开"项目浏览器"中"北"立面视图；选择"绘制"→" 直线"命令，根据附录 A 雨棚栏板的具体尺寸绘制栏板断面，如果 9-27(a)所示；依次选择" 修改 | 放样 > 编辑轮廓 "→"模式"→" "" 修改 | 放样 "→"模式"→" "" 修改 | 放样 "→"在位编辑"→" (完成模型)"，可得到如图 9-27(b)所示的雨棚效果图。选择" 连接 连接"命令，依次选择雨棚板、雨棚栏板，可使其连接表面光滑，如图 9-27(c)所示。

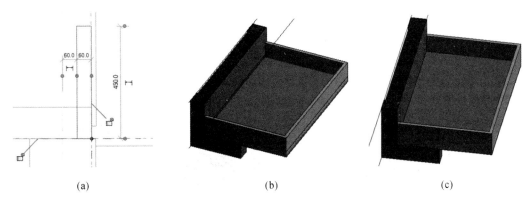

图 9-27 绘制雨棚栏板

任务 4 创建标准层 BIM 建筑基础模型

建筑标准层 BIM 建模可用已有楼层 BIM 模型进行创建，具体操作如下所述，其步骤如图 9-28所示。

（1）利用二层图元，创建标准层基本图元。框选二层所有图元，如图 9-28(a)阴影部分所示，显示 修改 | 选择多个 选项卡；选择"剪贴板"→" 复制到剪贴板"命令；选择"剪贴板"→" 粘贴"→" 与选定的识图对齐"命令，按如图 9-28(b)所示设置"选择视图"对话框，单击"确定"按钮结束操作，得到与框选的二层视图一样图元的三层、四层、五层视图。

（2）完善。根据附录 A 中的数据信息，添加楼梯间窗户。如图 9-29 所示，经完善后，标准层楼梯间平面视图及三维视图由图 9-29(a)修改为图 9-29(b)。此时，一到五层的三维视图如 9-29(c)所示。

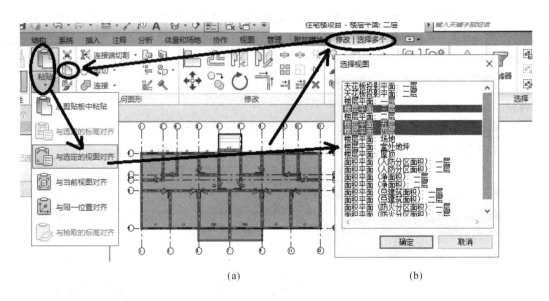

图 9-28 创建标准层基本图元

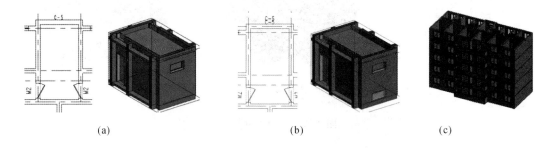

图 9-29 创建标准层 BIM 建筑基础模型

任务 5 创建屋顶 BIM 建筑基础模型

一、创建轴网

(1) 过滤选择。打开"项目浏览器"中的五层平面视图。选择所有图元,如图 9-30(a)所示;选择"选择"→"过滤器"命令,如图 9-30 中" 修改 | 选择多个 "选项卡界面所示;按图 9-30(c)所示,设置弹出的"过滤器"对话框,单击"确定"按钮后,界面出现只选择了轴线的五层平面视图,如图 9-30(b)中阴影部分所示。

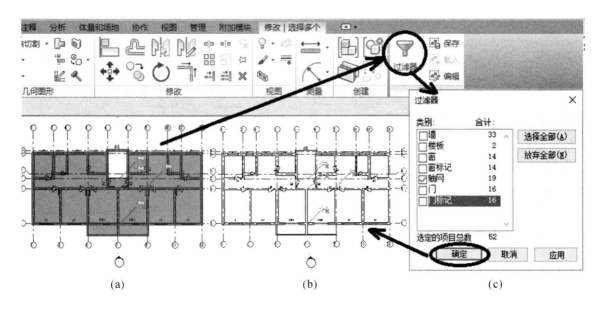

图 9-30　过滤选择

（2）创建屋顶轴网。接步骤（1），选择"剪贴板"→"复制到剪贴板"命令；选择"剪贴板"→"粘贴"→"与选定的标高对齐"命令；在"选择标高"对话框中选择"屋顶"选项，单击"确定"按钮，回到界面；打开屋顶平面视图，如图 9-31(a)所示。

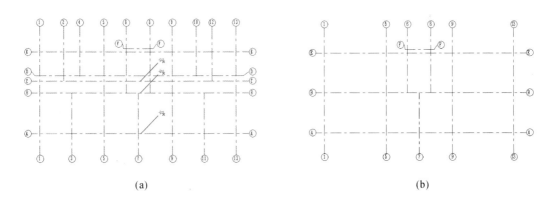

图 9-31　创建屋顶轴网

（3）完善屋顶轴网。

完善①—⑬轴线。打开南立面视图，如果 9-32(a)所示。根据附录 A 屋顶平面图显示轴线，修改轴线显示楼层，具体方法、步骤参考"任务 1　创建标高和轴网/二、创建轴网/2.创建一层平面视图轴网/（4）完善轴网"中相关内容。得到图 9-32(b)所示的屋顶南立面 1 到 13 轴视图，其中②、③、④、⑩、⑪、⑫轴拉至屋顶（标高 15.000 以下某位置）。

完善Ⓐ—Ⓕ轴线。打开东立面视图，具体方法、步骤同上述操作。

打开"屋顶"平面视图，得到如图 9-31(b)所示的屋顶轴网。

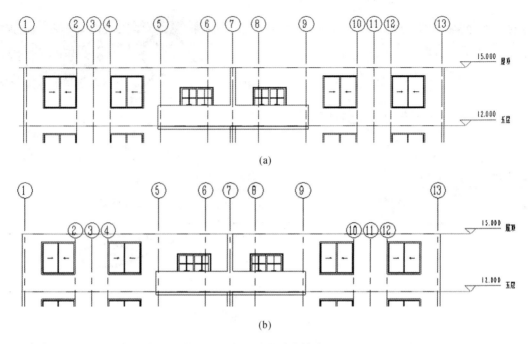

图 9-32 完善屋顶轴网

二、创建墙体

选择"建筑"→" 墙"→" 墙:建筑"命令;属性及绘图环境面板的设置如图 9-33 所示;根据附录 A 中的数据信息,沿着相应轴线绘制高为 500 mm 的女儿墙,如图 9-33(a)所示。其三维视图如图 9-33(b)所示。

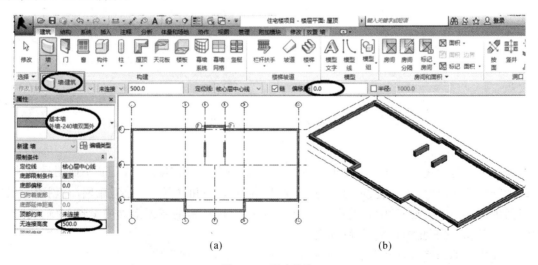

图 9-33 创建墙体

三、创建屋顶楼板模型

1. 设置屋顶楼板构造参数

选择"项目浏览器"→"楼层平面"→"屋顶"平面视图;选择"建筑"→"楼板"→"楼板:结构"命令;选择"属性"→"编辑类型";选择"类型属性"→"某住宅建筑楼板"。在"类型属性"对话框中单击"复制(D)…"按钮,在弹出的命名对话框中输入"某住宅楼屋顶楼板";在"类型参数"项的"构造"栏中单击"结构"右侧的"编辑…"按钮;根据附录A屋顶楼板构造,来设置某住宅楼屋顶楼板;最后回到"屋顶"平面视图界面。

2. 绘制屋顶楼板

选择"修改|创建楼层边界"→"绘制"模板→"边界线"→"直线";按"☑链 偏移量:0.0 □半径:1000.0"来设置绘图环境,并沿着外墙轴线绘制屋顶楼板边界,阳台处尺寸根据附录A来输入相应的绘制长度,最终得到如图9-34(a)所示的楼板边缘。选择"模式"→"✓"得到图9-34(b);选择"修改|楼板"→"视图"→"",得到屋顶楼板三维视图,如图9-34(c)所示。

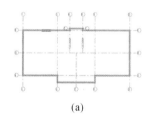
(a)

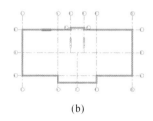
(b)

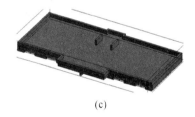
(c)

图9-34 创建屋顶楼板模型

四、创建屋顶面层模型

1. 设置屋顶面层构造参数

选择"项目浏览器"→"楼层平面"→"屋顶"平面视图;选择"建筑"→"构件"→"屋顶"→"迹线屋顶";选择"修改|创建屋顶迹线"→"工作平面"→"参照平面";选择"放置 参照平面"→绘制"拾取线",分别选择Ⓐ、Ⓔ轴线,根据附录A中相关数据信息,确定偏移量,绘制如图9-35(a)所示的参考平面。其中,参考平面与屋顶楼板的交线将是檐沟轨迹线。

2. 设置屋顶面层构造参数

选择"修改|创建屋顶迹线"→绘制"边界线"→"属性"→"编辑类型";选择"类型属性"→"架空隔热保温屋顶";在"类型属性"对话框中单击"复制(D)…"按钮,在弹出的命名对话

框中输入"某住宅楼屋面"。在"类型参数"项的"构造"栏中单击"结构"右侧的"编辑…"按钮；根据附录 A 中屋顶楼板构造，设置某住宅楼屋顶面层，按图 9-35(b)所示来进行设置；回到"屋顶"平面视图界面。

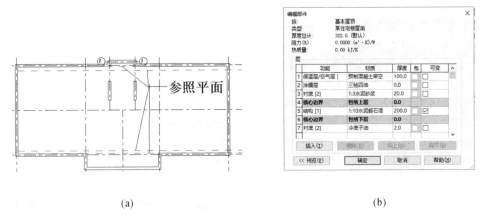

(a)　　　　　　　　　　　　　　　　　(b)

图 9-35　设置屋顶面层构造参数

3. 创建屋顶面层 BIM 模型

选择"修改|创建屋顶迹线"→绘制"几边界"→"直线"；根据附录 A 相关数据，绘制如图 9-36(a)所示的屋顶面层轨迹线。选择"模式"→"✓"，得到图 9-36(b)、(c)。

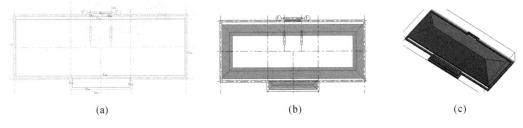

(a)　　　　　　　　　　　　(b)　　　　　　　　　　　　(c)

图 9-36　绘制屋顶

回到"屋顶"平面视图界面。选中所绘制三个区域坡屋顶，如图 9-36(b)所示；选择"修改|屋顶"→"模式"→"编辑迹线"，修改属性面板中尺寸标注的坡度"默认度数"为"0.00"；选择"模式"→"✓"，选择"修改|屋顶"→"形状编辑"→"添加分割线"，根据附录 A 的要求，添加分水线，修改三个区域中分割线各自起坡后的高度，右击，选择"取消"命令，回到"建筑"选项卡界面，如图 9-37 所示。

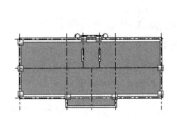  

图 9-37　创建屋顶面层 BIM 模型

五、完善屋顶

1. 水箱

运用内建模型创建水箱,具体操作如下。

选择"建筑"→"构建"→"构件"→"内建模型",在"族类别和族参数"对话框的"过滤器列表"下拉菜单中选中"建筑",并选择"常规模型",在"名称"对话框中输入"某住宅楼水箱"。打开南立面视图;选择"建筑"→"基准"→"参照平面",在南立面视图中,绘制水箱底部的标高参考面。选择"建筑"→"工作平面"→"设置"→"设置"→"工作平面"→"指定新的工作平面"→"拾取一个平面(P)",拾取刚刚绘制的平面,并把视图转到"楼层平面:屋顶"视图。选择"建筑"→"形状"→"拉伸"→"修改|创建拉伸"→"绘制"→"□"命令,在属性面板中,以拉伸终点为0.0、拉伸起点为120绘制水箱底板;选择"模式"→"✓",得到图9-38(a)所示的水箱底板图元。

根据附录A水箱的具体尺寸,绘制水箱的侧板、顶盖,如图9-38(b)、(c)所示。

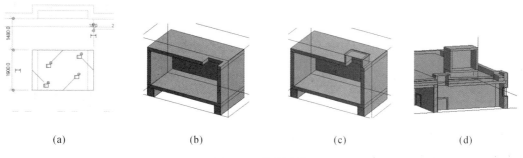

(a)   (b)   (c)   (d)

图9-38 绘制水箱

2. 上人孔

参照附录A中相关数据,按照上述创建水箱模型的方法、步骤,运用竖井、内建模型创建上人孔,得到图9-38(d)。

任务 6 创建楼梯间模型

一、创建一层楼梯间

打开一层楼层平面视图。选择"建筑"→"楼梯坡道面板"→"楼梯"→"楼梯(按草图)"命令;选择"修改|创建楼梯草图"→"工作平面"→"参照平面"→"绘制"→"拾取线",分别以⑥

轴、Ⓑ轴为参照线,偏移量分别为 720 mm、1400 mm,绘制如图 9-39(a)所示的参考平面。选择"修改|创建楼梯草图"→绘图面板→"梯段"→"直线"命令,依据附录 A 信息,按图 9-39(b)所示设置属性面板,绘制如图 9-39(c)所示的一层梯段,选择"模式"→"✓",结束一层梯段绘制。打开其三维视图,删除靠墙一边栏杆,其三维效果图如图 9-39(d)所示。

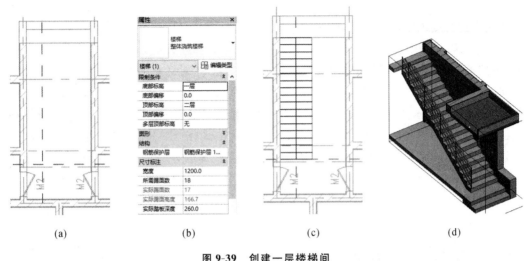

图 9-39 创建一层楼梯间

二、创建标准层楼梯间

创建标准层楼梯间的具体方法和步骤与创建一层楼梯间相同,绘制过程中所创建的参考平面、楼梯平面图、楼梯三维图如图 9-40(a)、(b)、(c)所示。

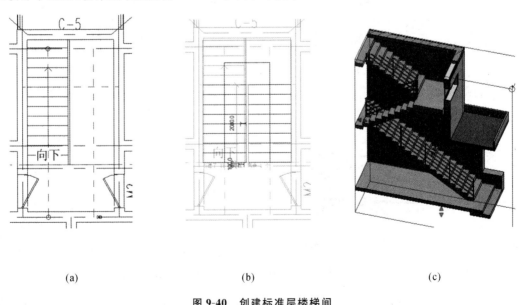

图 9-40 创建标准层楼梯间

四层楼梯间的创建,需要增加水平护栏,其他同二到三层。删除参考平面。

楼梯间的三维图形如图 9-40(c)所示。

(1) 创建某宿舍楼 BIM 建筑模型(宿舍楼建筑施工图详见前面项目成果或附录 B)。
(2) 创建某综合楼 BIM 建筑模型(综合楼建筑施工图详见前面项目成果或附录 C)。

附录 A 某住宅楼建筑施工图

建筑施工说明

1. 设计依据：建设单位及有关领导部门审批文件；城建局、规划局、消防局、电管局、市政工程管理局等有关部门审批文件；国家颁发的有关建筑设计规范及规定。
2. 总则：凡设计图纸与规范要求有关规定有重复，本说明不再重复。施工要求各节点或全部详图，均应按各图要求安全面施工。未编定执行：设计中采用标准图、通用图，不论采用其局部节点或全部详图，均应按各图要求安全面施工。工程施工时，必须按结构、电气、水道、通风等专业的图纸配合施工。
3. 设计标高及标注：本图尺寸除标高以m为单位外，其余尺寸以mm为单位。室内标高±0.000mm对应的绝对标高由甲方单位提供。图中标高为该处结构标高。
4. 墙体高由甲方单位提供。图中标高及MU7.5烧结机制砖及M5.0水泥混合砂浆砌筑。
5. 墙身防潮层：20mm厚1:2水泥砂浆掺5%防水剂；设于此区域室内地坪低60mm处。
6. 建筑构造：内墙：14mm厚1:3水泥砂浆底、6mm厚1:2水泥砂浆面、满涂内墙1:2水泥砂浆两遍，刷外用白色乳胶漆两遍，刷素水泥浆一道。20mm厚C15素混凝土垫层。20mm厚1:2水泥砂浆随打随平；素土分层夯实（200mm厚）。外墙：14mm厚1:3水泥砂浆底，6mm厚1:2水泥砂浆面，满涂内墙1:2水泥砂浆两遍，刷外用白色墙面砂浆随打随平。顶棚：10mm厚1:1:6水泥石灰砂浆底，7mm厚1:2水泥砂浆随打随平。屋顶：20mm厚1:3水泥砂浆找平层，冷底子油一遍及热沥青一遍两油，1:10水泥陶砂石屋坡层（最薄处为30mm厚），20mm厚1:3水泥砂浆找平层，三毡四油防水层，1:0.5:10水泥石灰砂浆抹面。楼面：20mm厚水泥石灰砂浆抹面。115mm×240mm×180mm高黏土砖墙中部500mm，板缝以1:3水泥浆勾缝，加工安装严格按照国家现行施工及验收规范执行。
凝土架空板砌在砖墙上。板缝用1:3水泥浆勾缝。
7. 门窗：平开门立樘位置与开启方向见平面图；窗框居中，门窗材料见门窗表；铝合金详见建施7定做。
8. 落水管：落水管及水斗均选用UPVC材料，雨水管管径为φ100。
9. 散水：12mm厚水泥砂浆抹面，100mm厚C15混凝土，80mm厚碎石垫层，30m设一道伸缩缝，缝内填沥青麻丝。
10. 楼梯栏杆栏板详见苏G9205第32页楼梯栏杆1。

图纸目录

序号	编号	图纸内容
1	建施-1	建筑施工说明 图纸目录 门窗表 屋顶平面图
2	建施-2	底层平面图
3	建施-3	标准层平面图
4	建施-4	1～13轴立面图（正立面）
5	建施-5	13～1轴立面图（背立面）
6	建施-6	1-1剖面图 楼梯剖面大样图
7	建施-7	2-2剖面图 墙大样图
8	建施-8	楼梯平面大样图

门窗表

序号	编号	数量	洞口尺寸（长×高）/(mm×mm)	备注
1	M1	40	900×2000	01SJ606-QBM1
2	M2	10	900×2000	详见01SJ606-FHM.A.0920
3	M3	10	800×2000	仿01SJ606-QBM3-0920
4	M4	10	700×2000	详见01SJ606-0720
5	M5	10	600×2000	仿01SJ606-QBM1-020
6	TLM1	10	1800×2000	仿01SJ606-QBM1-020
7	C1	20	1800×1700	铝合金窗详见建施7定做
8	C2	10	1200×1700	铝合金窗详见建施7定做
9	C3	10	900×1700	铝合金窗详见建施7定做
10	C4	7	1200×600	铝合金窗详见建施7定做
11	C5	20	1500×1700	铝合金窗详见建施7定做

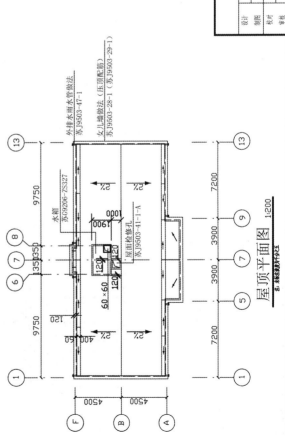

屋顶平面图 1:200

设计项目	某住宅楼
设计阶段	建筑施工图
图号	建施-1
图名	建筑施工说明 图纸目录 门窗表 屋顶平面图
比例	见图
图幅	A3

职业技术学院

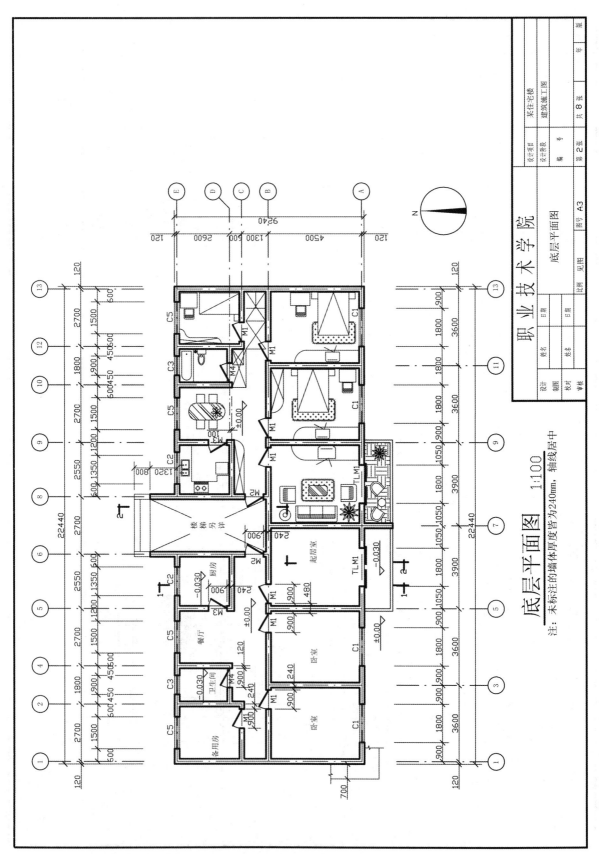

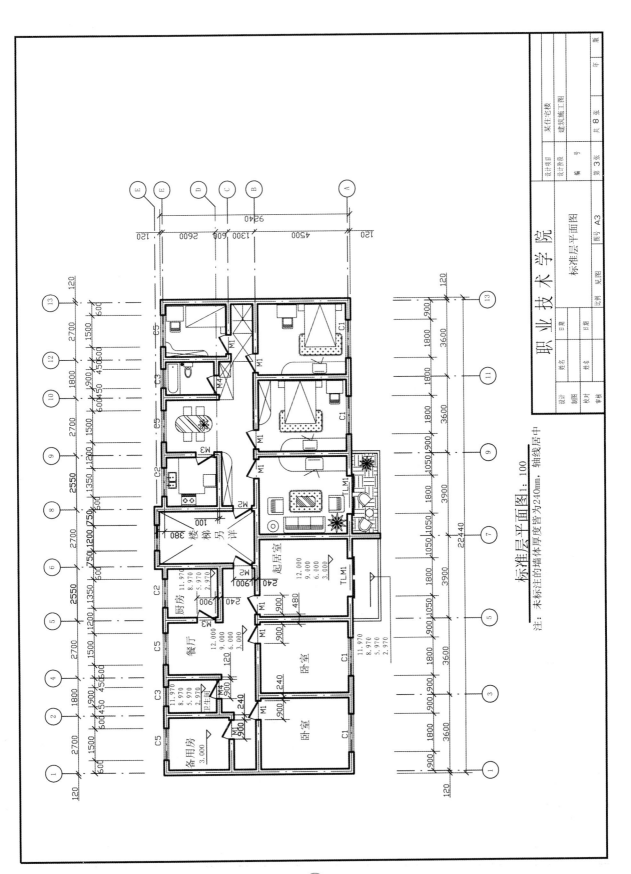

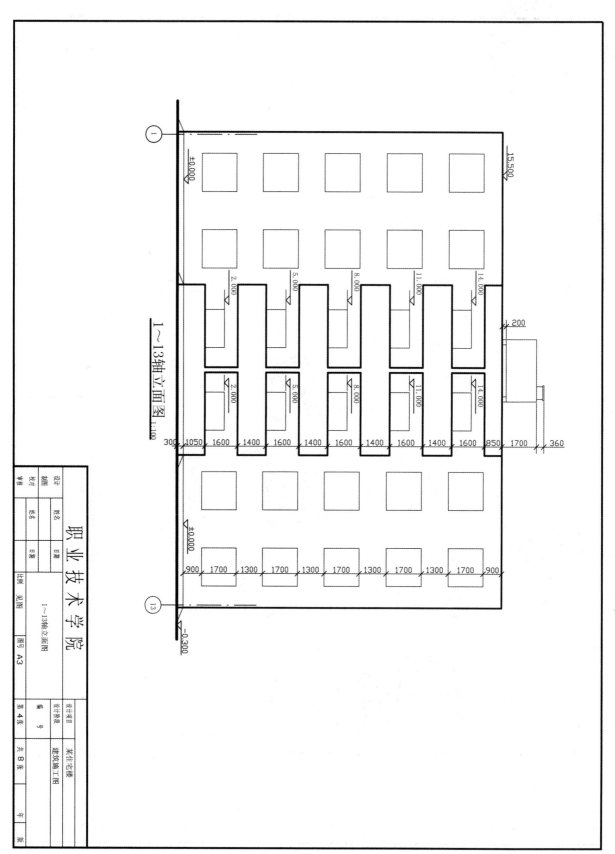

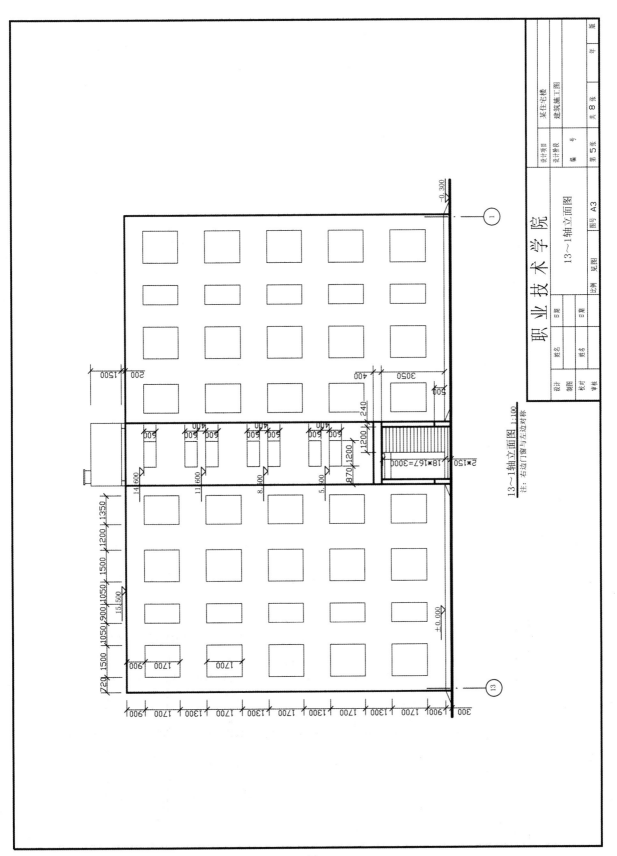

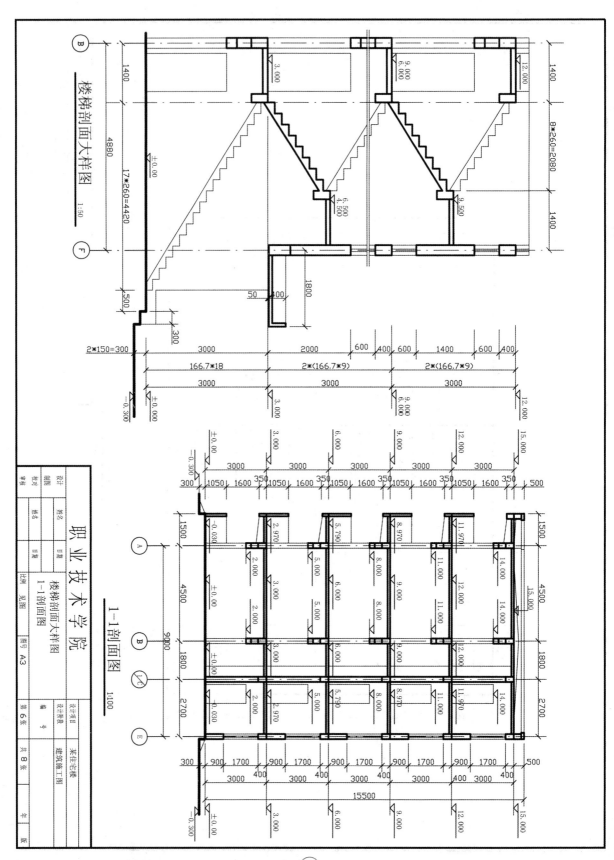

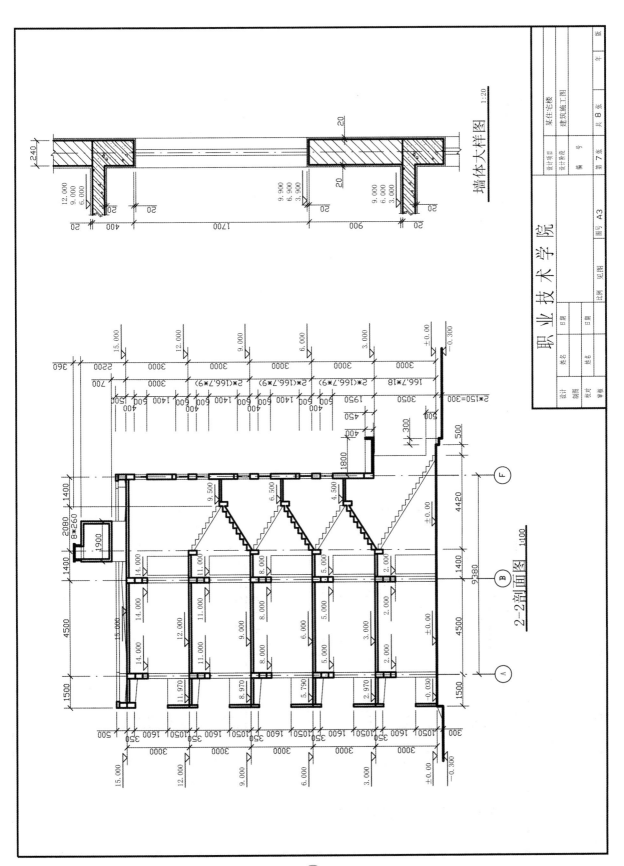

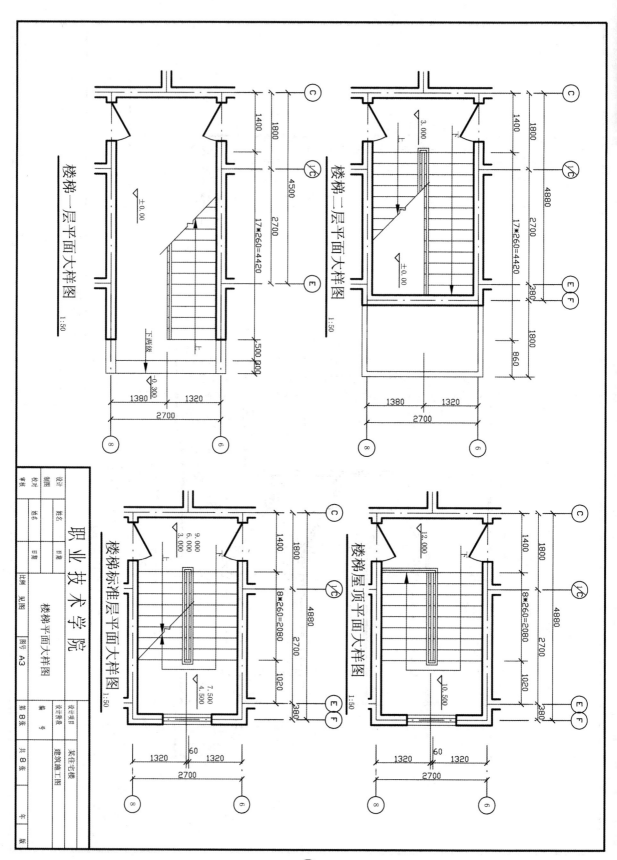

附录 B 某学生宿舍楼建筑施工图

建筑施工说明

一、设计依据

建设单位及有关领导部门的要求；城规局、规划局、土地局、电管局、市政工程局等有关部门审批的文件；国家颁发的有关建筑规范及规定。

二、总则

1. 本说明不再重复，本说明与图纸均按全部执行中华人民共和国现行的有关规范、规程、标准及施工验收规范。对建筑物所用材料规格、施工要求等有关规定，均应按图纸各图要求全面施工。木工程施工图，通用图不论采用其他何种图例，凡图中所注尺寸标高及材料标准，除图纸另有注明外，均以mm为单位，标高以m为单位。
2. 本图纸中的标高、除屋面以外的为建筑标高，屋面为结构标高。
3. 设计标高及标注
   本建筑的室内±0.000相当于绝对标高8.900m（如有变动时与设计人员、甲方单位协商确定）。

三、设计标高及标注

本建筑的室内±0.000相当于绝对标高8.900m（如有变动时与设计人员、甲方单位协商确定）。

四、墙体

±0.000mm以上外墙体以下为标准砖砌体，砌面用8的外墙体以外，其他未特别注明的，均以mm为单位。
砂砖、M5.0水泥砂浆砌筑。其余用 MU10、M5.0 混合砂浆砌筑。
墙体配筋应符合建筑抗震设计规范GB50011-2010中相关规定，卫生间、楼梯间与卫生间墙体选用MU10蒸压灰砂砖、M7.5水泥砂浆砌筑。

五、防潮层

防潮层采用：2水泥砂浆掺5%的防水剂20mm厚，设于标高比该区域室内地坪低60mm处。

六、建筑构造

1. 外墙

涂料外墙（颜色由甲方自定）：5mm厚建筑面砖白水泥砂浆擦缝（错缝砖颜色，规格由甲方自定）；2-3mm厚建筑陶瓷胶结剂；6mm厚1:2.5水泥砂浆粉面压实抹光，水泥砂浆内掺比该区域配料掺量2%掺增浆。

2. 内墙

卫生间内墙（瓷砖墙面），6mm厚1:3水泥砂浆打底。
其他内墙，12mm厚1:1:6水泥石灰膏砂浆，1:0.3:3水泥石灰膏砂浆打底，5mm厚1:2.5水泥砂浆面。

3. 屋面

砂浆：12mm厚1:3水泥砂浆面。
其他屋面：4mm厚SBS防水卷材两道，银灰色粉面浆，20mm厚1:3水泥砂浆找平层，40mm厚1:2水泥砂浆掺5%防水剂，20mm厚1:3水泥砂浆找平层，100mm厚C20细石混凝土整体现浇，钢筋Φ4配筋，200中×200中，预制板。
接缝处：20mm厚1:3水泥石灰膏砂浆，预制板。

4. 楼面

卫生间楼面（地砖楼面）：8-10mm厚地砖铺面，1:1水泥砂浆结合层，20mm厚1:3水泥砂浆找平层，5mm厚1:5-1.8水泥砂浆结合层，15mm厚1:3水泥砂浆找平，四周抹八字角，聚氨酯涂膜防水层1mm厚，1:2水泥砂浆压实抹光层，15mm厚1:3水泥砂浆面，预制或现浇钢筋混凝土楼板。
一般楼面：10mm厚，1:2水泥砂浆结合层，15mm厚1:3水泥砂浆找平，四周抹八字角，预制或现浇钢筋混凝土楼板。

5. 地面

卫生间地面（地砖地面），8-10mm厚地砖面层，干水泥面粘结料，15mm厚1:3水泥砂浆打底，素水泥浆结合层一道，素土夯实。
一般地面：20mm厚，10mm厚1:2干硬性水泥砂浆面层，压实抹光，60mm厚C10素混凝土层，100mm厚碎石或碎砖夯实，素土夯实。

注：防水层上卷150mm，所有楼面与墙面，300mm宽一布二油。

6. 顶棚

砌筑外墙钢筋混凝土楼板，（颜色由甲方自定）：6mm厚1:2.5水泥砂浆粉面，6mm厚1:3水泥砂浆面。

7. 踢脚

踢脚（与楼面相同面层）：3水泥砂浆打底，钢丝网水泥砂浆；
制成钢筋混凝土楼板，（预制板或加厚10%配以），掏12mm厚1:2水泥砂浆打底。

8. 门窗

1. 立樘位置：门居中，窗居中。
2. 门窗洞口宽度应由门窗厂根据使用要求、加工安装确定，材料性能具体按设计定，及安装楼板执行。
3. 不锈钢制作做三度调和漆，严格按国家现行的施工及验收规范。
4. 落水管；露天水斗均采用UPVC材料，雨水管内径为φ100。

9. 落水管

落水管；12mm厚1:2水泥砂浆抹面，100mm宽の缝，10mm。

10. 散水

散水：30mm沥一道伸缩缝，100mm厚C1混凝土，80mm厚碎石垫层，素土夯实。

11. 所有管道穿墙孔、均应事先预留。

七、建筑立面色彩

本参建筑立面整体效果的颜色，请施工单位先做试块，经业主确认，同意后方可施工。

图纸目录

序号	图纸名称	图号	标准图	折合一号图	备注
1	图纸目录，建筑施工说明，门窗表	建施-1			2#
2	一层平面图，1-1剖面施工图	建施-2			2#
3	二层平面图，2-2剖面图	建施-3			2#
4	1-3层平面图，0-4轴立面图	建施-4			2#
5	三层楼梯平面图，三层楼梯立面图	建施-5			2#
6	三层楼梯平面图，卫生间大样图	建施-6			2#
7	卫生间大样图，楼梯剖面大样图	建施-7			2#
8					
9					
10					
11					
12					
13					
14					

门窗表

序号	编号	数量	洞口尺寸（长×高）/(mm×mm)	备注
1	M1	30	900×2000	木门，详见建施-8
2	M2	6	900×2000	木门，详见建施-8
3	M3	1	800×1800	木门，详见建施-8
4	C1	42	1800×1800	塑钢窗，详见建施-8
5	C2	30	1200×1800	塑钢窗，详见建施-8
6	C3	12	1800×600	塑钢窗，详见建施-8

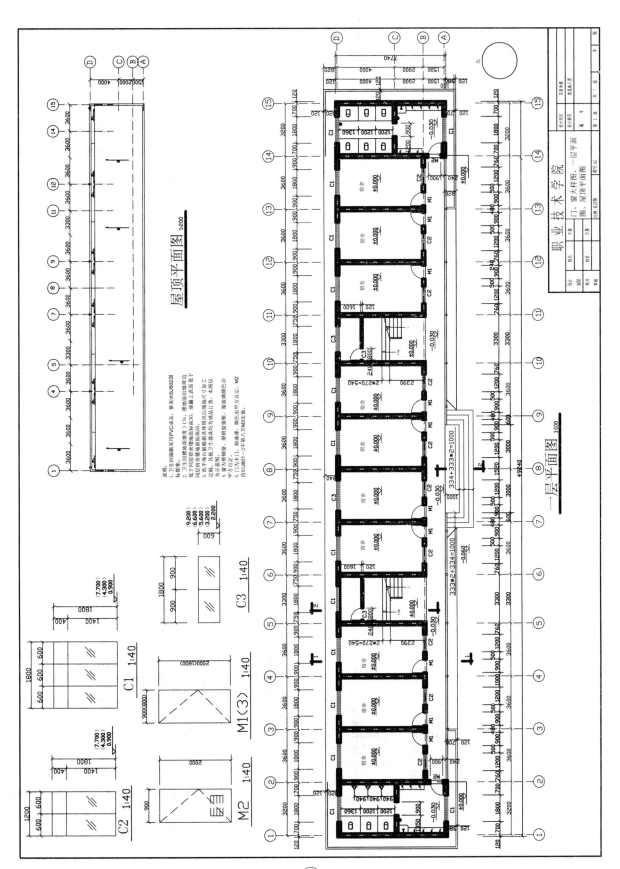

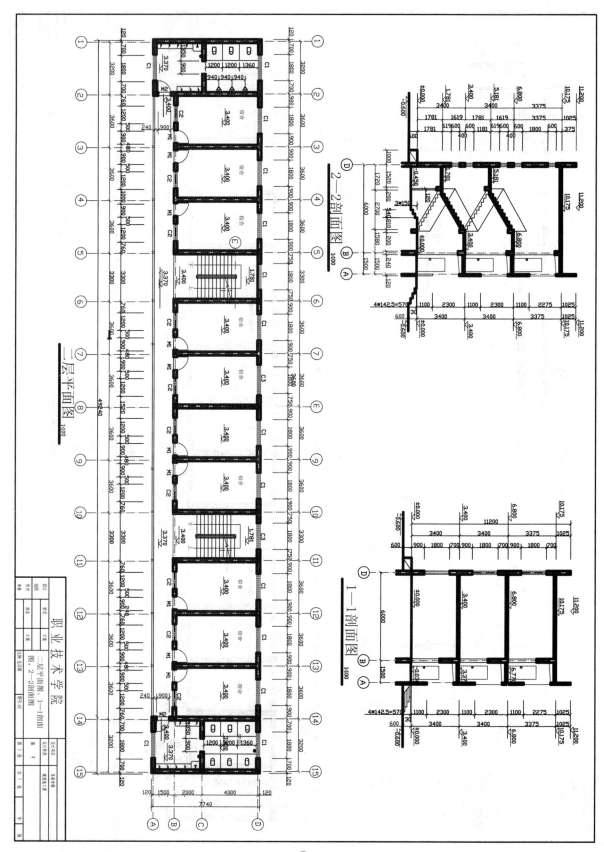

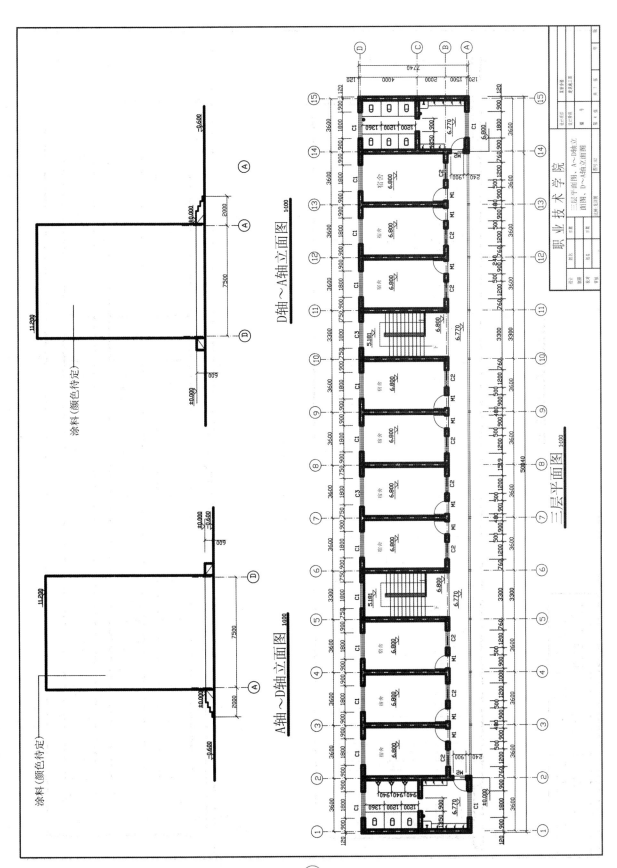

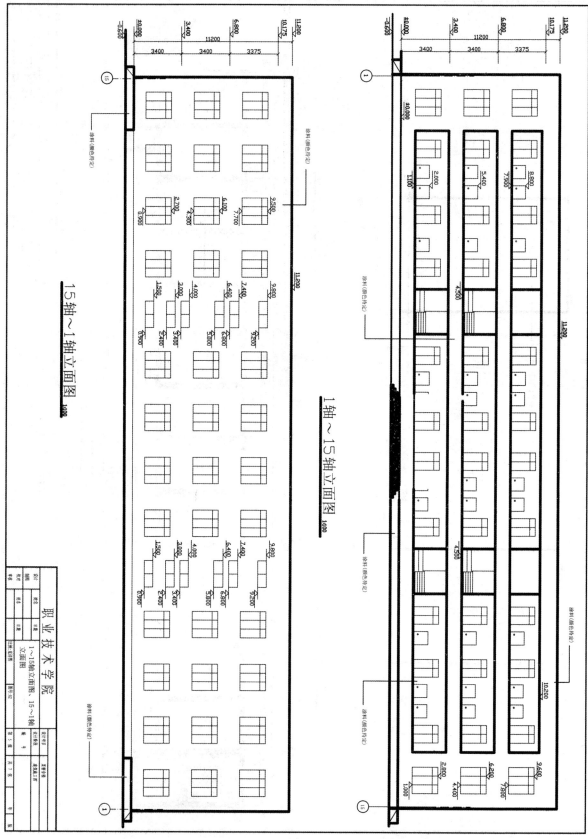

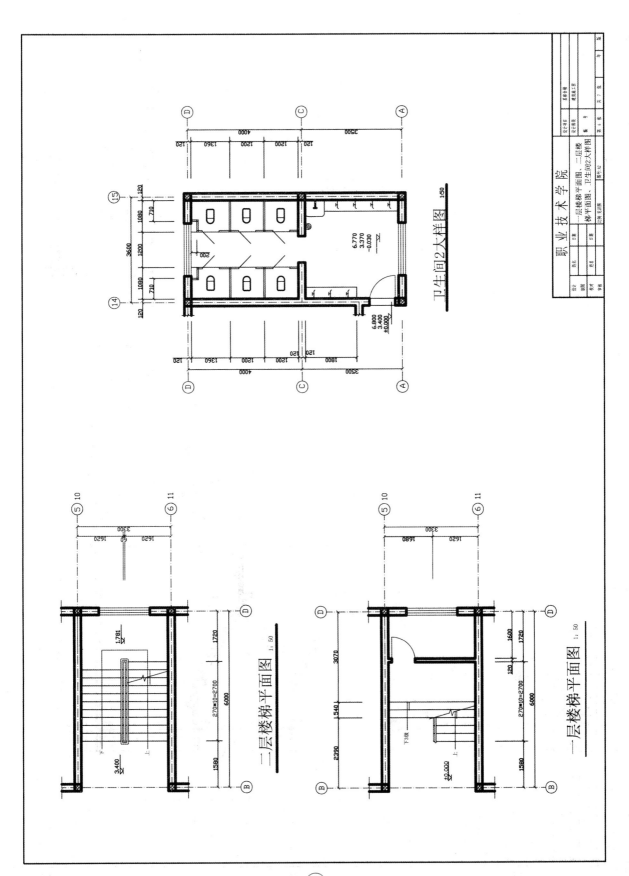

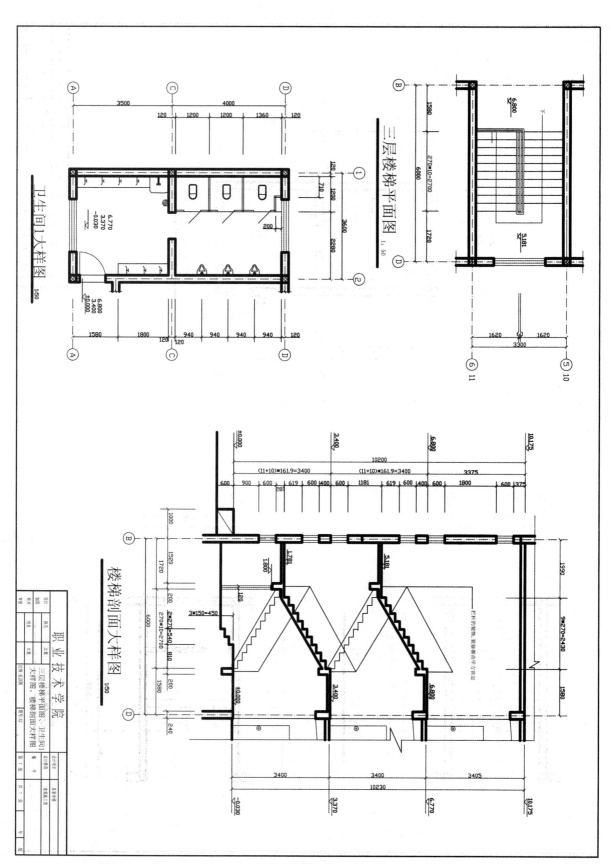

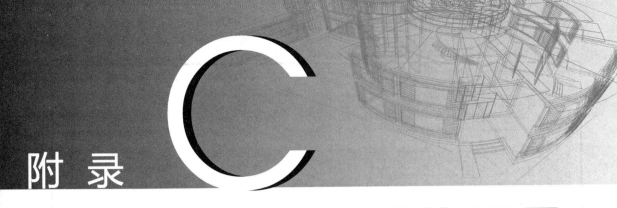

附录 C
某综合楼建筑施工图

建筑施工说明

一、设计依据
1. 建设单位及有关职能部门审批文件。
2. 城建局、规划局、土地局、电管局、市政工程局等有关部门审批意见。
3. 国家现义的有关建筑规范及规定。

二、总则
1. 凡设计及验收图纸(如剖面、地面等)对建筑物所用材料规格、施工要求等等关的规定，本说明不再复述，均按有关规定执行。
2. 设计中采用新技术、新工艺、不论是明示或用其它方式示意的表达，均需征得设计师同意后方可实施。
3. 本工程施工时，必须与给排水、电气、水通、通风等专业的图纸密切配合。

三、设计标高及室内
设计建筑物室内±0.000标高相当于绝对标高365.900mm（如有变动由设计人员、甲方单位共同解决）。
±0.000m以下尺寸以毫米计，标高以米为单位。其他均以毫米为单位。

四、墙体
1. 图面层所注各层构造做法，除有指明为防水防水做法外。其他均以标明。
2. ±0.000m以下以及卫生间均用MU10烧结砖砌筑M7.5水泥砂浆砌筑。M5.0水泥砂浆勾缝，其余用MU10砼砖砌筑砌块、M5.0混合砂浆砌筑。

五、防水层
防潮层采用：1.2cm厚水泥砂浆掺膨润5%的防水剂20mm厚，设于标高比室内地面低60mm处。

六、建筑构造
1. 外墙
砌乳胶漆（颜色由甲方自定）
12mm厚1:3水泥砂浆找平层。
2. 内墙
卫生间内墙（瓷砖墙面）
5mm厚甸钠瓷砖白水泥勾缝擦净（磁砖规格及颜色、规格由甲方自定）
2-3mm厚胶黏剂黏结层。
12mm厚1:2.5水泥砂浆找平层。
12mm厚1:3水泥砂浆打底。
其他内墙
5mm厚1:0.3:6水泥石灰膏砂浆。
12mm厚1:1:6水泥石灰膏砂浆打底。

3. 顶棚
砌平顶涂料（颜色由甲方自定）
6mm厚1:2.5水泥砂浆粉面。
6mm厚1:3水泥砂浆打底。
预制板。

其他屋面
4mm厚SBS 防水卷材两遍，银光粉保护层。
20mm厚1:3水泥砂浆找平层。
40mm厚（最薄处）1:8水泥砂浆找坡层。
40mm厚C20细石混凝土整浇层，内配Φ4钢筋@200中中双向预制板。

4. 楼面
卫生间楼面（地砖楼面）
8-10mm厚地砖（地砖楼面）
5mm厚1:1水泥砂浆结合层。
15mm厚1:3水泥砂浆找平层。
聚氨酯三道涂膜厚1.5~1.8mm防水层
20mm厚1:3水泥砂浆找平层。
钢筋砼现浇楼板。均涂刮腻子两遍。

一般楼面
10mm厚1:3水泥砂浆找平层。
15mm厚1:3水泥砂浆找平层。
钢筋砼现浇楼板。

5. 地面
卫生间地面（地砖地面）
8-10mm厚地砖，干水泥擦缝。
撒素水泥面（酒适量清水）。
20mm厚1:2干硬性水泥砂浆结合层。
砌素水泥浆一道，1:3水泥砂浆粉面
20mm厚1:3水泥砂浆找平层。
60mm厚C10素混凝土垫层。
100mm厚C10碎石混凝土垫层夯实。
素土夯实。

一般地面
20mm厚1:3水泥砂浆找平层，压实抹光。
60mm厚C10素混凝土垫层。
100mm厚C10碎石混凝土垫层夯实。
素土夯实。

注：防水层周边应卷起高于150mm，所有楼地面与墙面、
坚壁、转角处均匀做加固200mm高，一布二涂。

6. 顶棚
腻平顶涂料（颜色由甲方自定）
6mm厚1:2.5水泥砂浆粉面。
6mm厚1:3水泥砂浆打底。
预制板。

7. 踢脚（与楼地面相同面层，高度150mm）
20mm厚1:3水泥砂浆找平层。
12mm厚1:3水泥砂浆找平层。

8. 门窗
1. 立樘位置、尺寸中，留门中。
2. 门窗材料、尺寸及门窗颜色，规格等按施工设计确定。
3. 加工安装门窗标准框必须严格按照国家现行的施工及验收规范执行，
4. 加工安装胸门窗PVC材料，两水管的管内径为φ100。
5. 不锈钢构件做二度调和漆。

9. 落水管
落水管及水斗均用PVC材料，两水管的管内径为φ100。

10. 散水
散水做法见建设综合体（详见建筑大样图）。
100mm厚C15混凝土。

七、建筑防水
涉及建筑立面整体体效果的颜色，请施工单位先做试认定后，同意后方可实施。

图纸目录

序号	图纸名称	图纸编号	张数	复用图	折合标准图	备注
1	建筑施工说明、做法表、门窗表			建施-1	1	2#
2	一层平面图			建施-2	1	2#
3	二层平面图			建施-3	1	2#
4	三层平面图			建施-4	1	2#
5	屋顶平面图及A轴、B轴、C轴立面图			建施-5	1	2#
6	1轴~14轴立面图、14轴~1轴立面图			建施-6	1	2#
7	1-1、2-2剖面图、墙身大样图			建施-7	1	2#
8	楼梯大样图			建施-8	1	2#
9						
10						
11						
12						
13						
14						
15						
16						
17	图纸目录			折一号图		

标准图 复用图 折一号图 张
本设计 折一号图 张
工程名称：南京化工职业技术学院实训基地综合楼
设计项目：江苏科瑞工程设计有限公司
设计阶段：施工图
设计
制图
校核
审核
第1张 共1张

门窗表

序号	编号	数量	洞口尺寸（长×高）/(mm×mm)	备注
1	M1	25	1000×2200	木门，详见建施-8
2	M2	5	800×2000	木门，详见建施-8
3	M3	4	800×2200	木门，详见建施-8
4	C1	22	2400×2200	塑钢窗，详见建施-8
5	C2	4	600×2200	塑钢窗，详见建施-8
6	C3	18	1200×2200	塑钢窗，详见建施-8
7	C4	12	1500×600	塑钢窗，详见建施-8
8	C5	3	2400×2600	塑钢窗，详见建施-8
9	C6	2	600×2600	塑钢窗，详见建施-8
10	C7	7	1200×2600	塑钢窗，详见建施-8

职业技术学院 某综合楼 建筑施工图

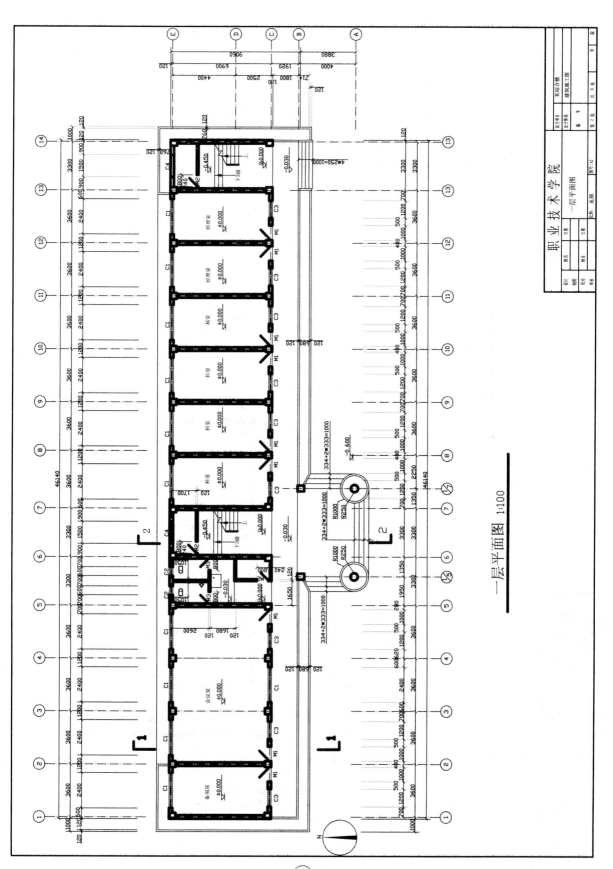

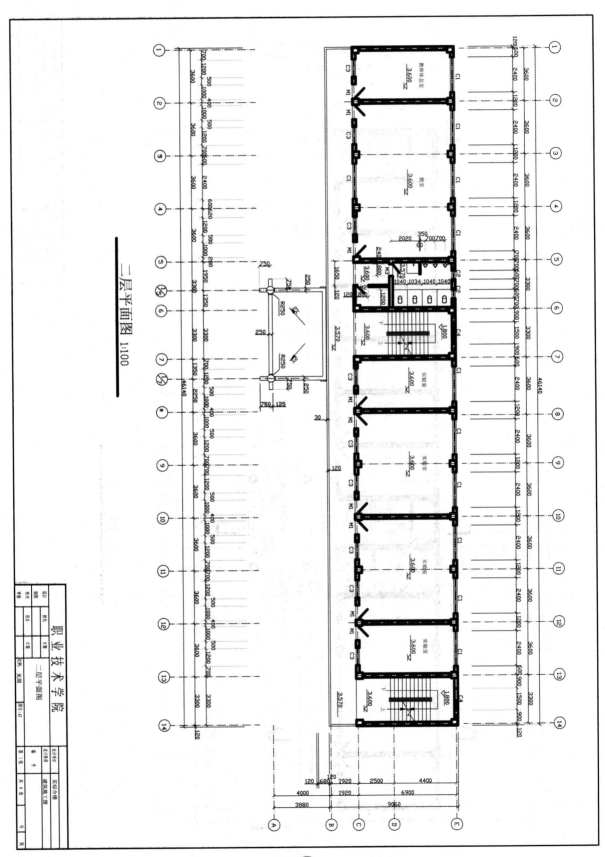

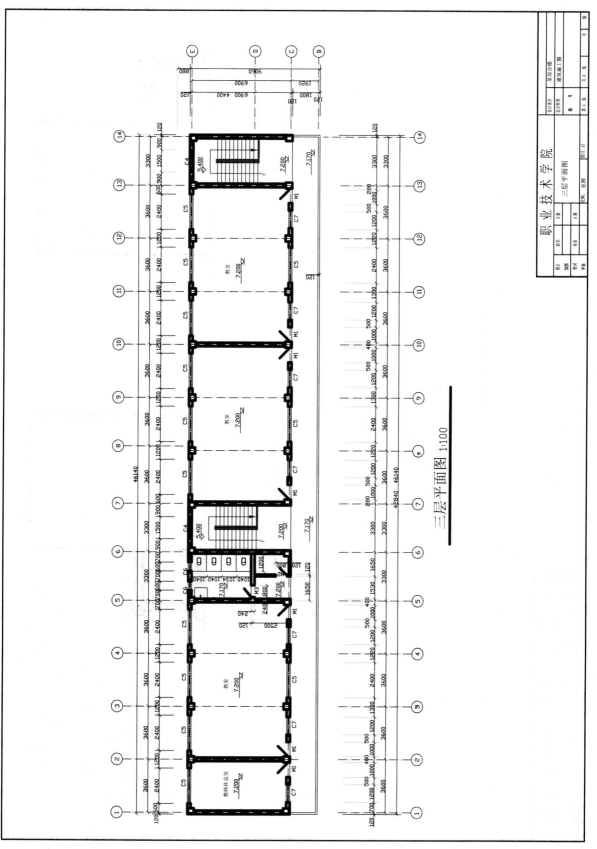

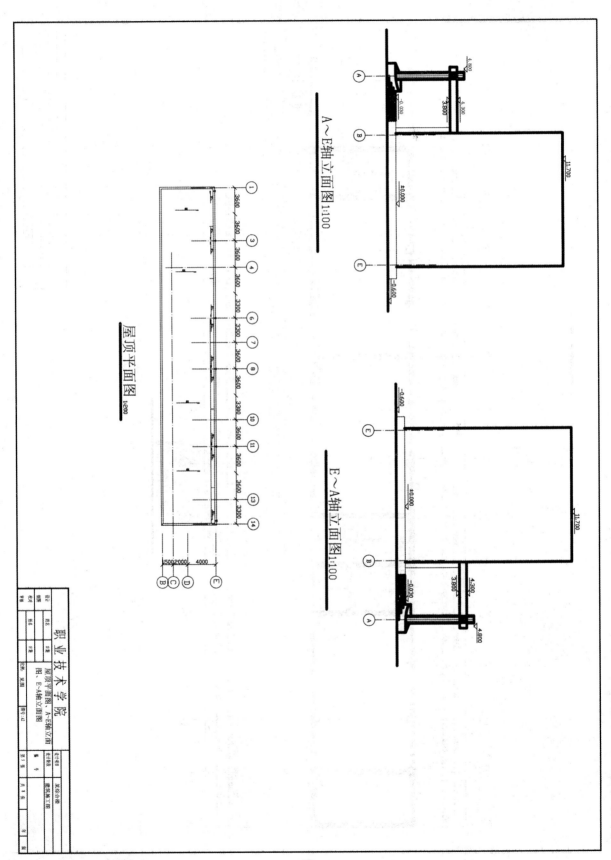

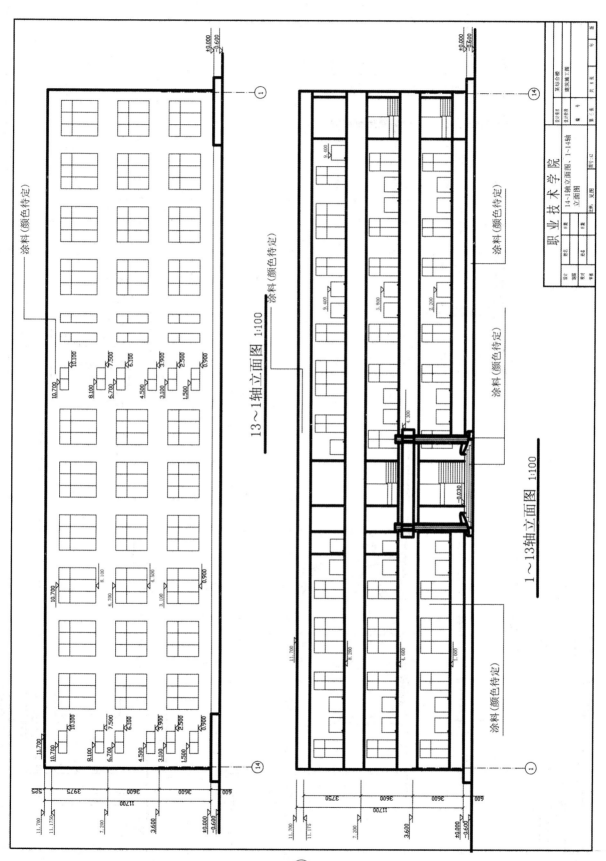

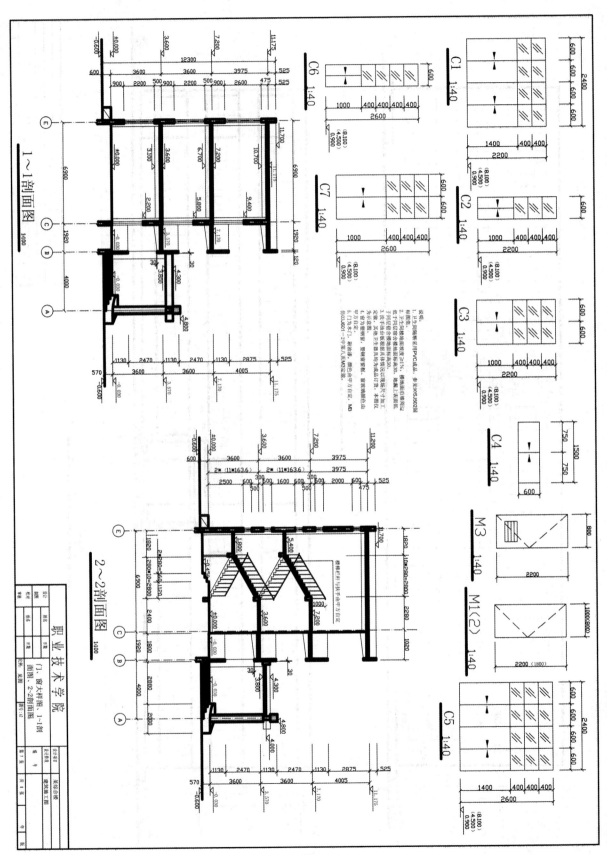

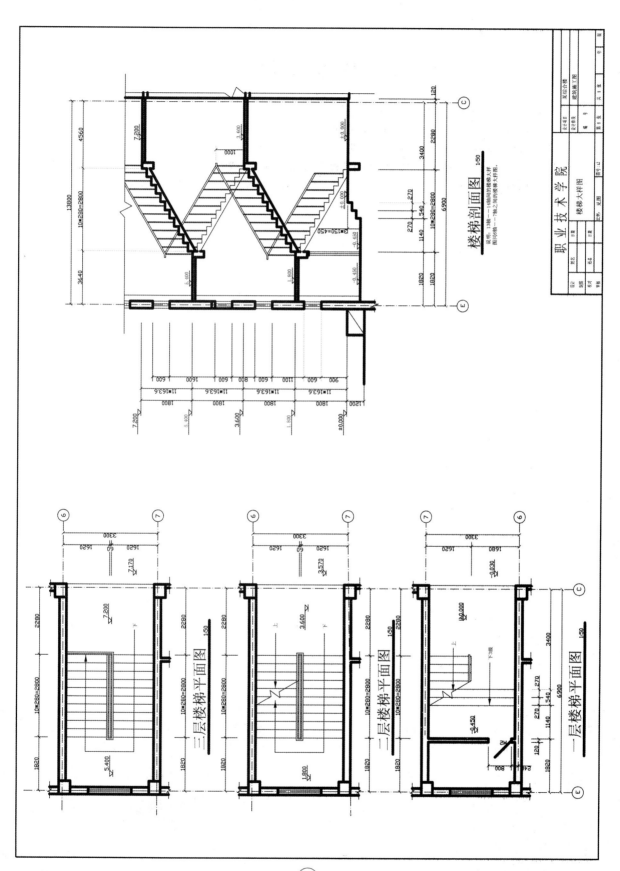

参 考 文 献

[1] 刘冬梅.建筑CAD[M].2版.北京:化学工业出版社,2016.
[2] 刘冬梅.建筑概论[M].北京:化学工业出版社,2010.
[3] 尚久明.建筑识图与房屋构造[M].2版.北京:电子工业出版社,2009.
[4] 崔文程,郭娟.中文版AutoCAD2012实用教程[M].北京:清华大学出版社,2020.
[5] 马玉仲,王珂,郝相林.AutoCAD2012中文版建筑设计标准教程[M].北京:清华大学出版社,2012.